普通高等教育"新工科"系列规划教材
暨智能制造领域人才培养"十三五"规划教材

材料成形工艺基础

（第二版）

主　　编　童幸生
副主编　帅玉妹　余竟成
参　　编　余小红　叶喜葱

华中科技大学出版社
中国·武汉

内 容 简 介

本书是在教育部深化工程教育改革，推进"新工科"的建设与发展的背景下，参照《普通高等学校工程材料及机械制造基础系列课程教学基本要求》，在普通高等学校"新工科"视域下的课程与教材建设小组的指导下编写而成的。

全书共六章，内容包括铸造成形工艺、金属的压力加工成形、焊接成形工艺、非金属材料的成形、材料成形方法的选择以及快速成形技术。每章附有适量的复习思考题。

本书力求内容简明扼要，突出实用性，并注重理论与实践的结合，可作为高等学校机械类、近机械类及非机械类专业的教材，也可供其他工程技术人员参考。

图书在版编目(CIP)数据

材料成形工艺基础/童幸生主编.—2版.—武汉：华中科技大学出版社,2019.8(2023.7重印)
普通高等教育"新工科"系列规划教材暨智能制造领域人才培养"十三五"规划教材
ISBN 978-7-5680-5515-4

Ⅰ.①材… Ⅱ.①童… Ⅲ.①工程材料-成型-工艺-高等学校-教材 Ⅳ.①TB3

中国版本图书馆 CIP 数据核字(2019)第 164098 号

材料成形工艺基础(第二版)　　　　　　　　　　　　　　　　童幸生　主编
Cailiao Chengxing Gongyi Jichu(Di-er Ban)

策划编辑：余伯仲
责任编辑：戢凤平
封面设计：原色设计
责任监印：周治超
出版发行：华中科技大学出版社(中国·武汉)　　　　电话：(027)81321913
　　　　　武汉市东湖新技术开发区华工科技园　　　　邮编：430223
录　　排：华中科技大学惠友文印中心
印　　刷：武汉市洪林印务有限公司
开　　本：787mm×1092mm　1/16
印　　张：16.75
字　　数：438千字
版　　次：2023 年 7 月第 2 版第 2 次印刷
定　　价：49.80元

第二版前言

为了适应我国高等教育的发展特别是"新工科"建设与发展的需要,根据新时期人才培养模式的新变化,针对"普通高等学校工程材料及机械制造基础创新人才培养系列教材"在近几年使用的情况,我们对原教材进行了修订和补充,以适应高等学校对人才培养的需要。

"材料成形工艺基础"是一门机械类专业和近机械类专业重要的专业基础课程,它系统阐述了常用工程材料成形的基本原理和基本工艺。按照《普通高等学校工程材料及机械制造基础系列课程教学基本要求》的最新要求,本书在内容体系上保留了金属工艺学的基本内容,增加了消失模铸造、机器人焊接、常用的快速成形技术等新内容,对非金属材料、复合材料的成形也做了必要的阐述。本书在编写过程中,力求理论和实践、工艺与生产相结合,突出基本理论、基本概念,强化成形工艺和生产实际,注重新知识、新技术、新工艺的引入,列举了许多和实际生产中相关的应用实例,选用了最新的国家标准,包括名词术语、符号、单位等,内容充实,结构合理,体系完整。通过本书的学习,学生可掌握常用工程材料成形的基本原理、基本方法,了解和掌握材料成形中的基本生产工艺过程。

参加本书编写的有江汉大学童幸生(前言、第 1 章、第 5 章),长江大学帅玉妹(第 2 章),江汉大学余竟成(第 3 章),江汉大学余小红(第 4 章),三峡大学叶喜葱(第 6 章)。本书由童幸生任主编,帅玉妹和余竟成任副主编。

由于编者的水平有限,书中难免有不足之处,恳请广大读者批评指正。

编 者
2019 年 4 月

目　　录

第1章 铸造成形工艺

将金属液浇注到与零件形状、尺寸相适应的铸型型腔中，待其冷却凝固后，获得一定形状的毛坯或零件的方法称为铸造，也称金属的液态成形。铸造是生产机器零件、毛坯的主要方法之一，在机械制造中占有很重要的地位，应用极其广泛，各种类型的现代机器设备中铸件所占的比重很大。例如，以重量计算，铸件在机床、内燃机、重型机械中占机器的70%～90%，在风机、压缩机中占60%～80%，在拖拉机中占50%～70%，在农业机械中占40%～70%，在汽车中占20%～30%。铸造之所以得到广泛应用，是因为它具有以下优点。

（1）能够制成形状复杂、特别是具有复杂内腔的毛坯，如各类箱体、阀体、缸体等，还有机床的床身、机械设备中的底座、支座等。

（2）铸造的适应性广，铸件的大小几乎不受限制，重量可从几克到几百吨。尺寸由小到大，铸造金属可以是钢、铁和非铁合金。

（3）铸造所用原材料来源广泛，价格低廉，铸件成本低。一般不需要昂贵的设备。

（4）采用特种铸造方法生产的铸件，部分可直接成为零件，能节省金属，提高效率。

铸造生产也存在不足：铸造组织疏松、晶粒粗大，内部易产生缩孔、缩松、气孔等缺陷，铸件的力学性能差；同时铸造工序多，铸件质量不够稳定，废品率较高；劳动条件差，劳动强度比较大。

随着铸造技术的发展，铸造生产的不足正在不断得到克服和改进。现代技术的发展推动了铸造生产的机械化、自动化和信息化，各种铸造新工艺、新技术和新材料的出现，形成了优质、高效、低能耗的铸造生产态势，使得铸造成品率和铸件质量大为提高，工人的劳动强度减小，劳动条件也大为改善。铸造生产正朝着专业化、智能化、精密化方向发展。

1.1 铸造成形的理论基础

铸造成形过程主要是金属液在铸型里从高温到室温的凝固结晶、冷却的过程，它涉及铸造金属的工艺性能，也称铸造性能，通常是指金属液的流动性、收缩性、吸气性及偏析性等性能。不同的铸造金属的铸造性能是不同的，它直接影响着铸件的质量，在进行铸造材料选择、铸造工艺及铸件结构设计时必须充分考虑铸造金属的铸造性能。

1.1.1 金属液的充型能力

金属液填充铸型的过程简称充型。金属液充满铸型型腔，获得形状准确、轮廓清晰的铸件的能力，称为金属液的充型能力。充型能力首先取决于金属液本身的流动性，同时又受外界条件，如铸型性质、浇注条件、铸件结构等因素影响。因此，充型能力是上述各种因素的综合反映。这些因素通过两个途径发生作用：一是影响金属与铸型之间的热交换条件，从而改变金属液的流动时间;二是影响金属液在铸型中的流体动力学条件,从而改变金属液的流动速度。延长金属液的流动时间、加快流动速度,都可以改善充型能力。

影响金属液充型能力的主要因素如下。

1. 金属液的流动性

流动性是指熔融金属自身的流动能力,它是影响充型能力的主要因素之一,是金属液固有

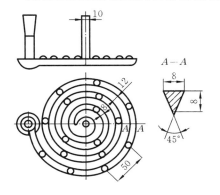

图 1-1　螺旋形标准试样

的属性。流动性仅与金属本身的化学成分、温度、杂质的量及物理性质有关。金属液的流动性好,充填铸型的能力就强,易于获得形状准确、轮廓清晰的铸件,可避免产生铸造缺陷。金属液的流动性用浇注流动性试样的方法来衡量。流动性试样的种类很多,如螺旋形、球形、真空试样等,应用最多的是螺旋形试样,如图 1-1 所示。

决定金属液流动性的因素主要如下。

(1) 铸造金属的种类　金属液的流动性与其黏度及铸造金属的熔点、热导率等物理性能有关。如铸钢熔点高,在铸型中散热快、凝固快,故流动性差。

(2) 铸造金属的成分　同种铸造金属中,成分不同,结晶特点就不同,金属液的流动性也不同。例如,纯金属和共晶成分合金的结晶是在恒温下进行的,结晶时从表面开始向中心逐层凝固。由于凝固层的内表面比较平滑,对尚未凝固的金属液流动的阻力小(见图 1-2a),有利于金属液充填型腔。此外,在相同浇注温度下,共晶成分的合金凝固温度最低,相对来说,金属液的过热度(即浇注温度与金属凝固点(熔点)温度之差)大,推迟了金属液的凝固,因此共晶成分的金属液流动性最好。其他成分金属液的结晶是在一定温度范围内进行的,即结晶区域为一个液相和固相并存的两相区。在此区域初生的树枝状枝晶使凝固层内表面参差不齐,会阻碍金属液的流动。而且因固态晶体的热导率大,使液体冷却速度加快,故流动性差(见图 1-2b)。合金结晶温度范围愈宽,液相线和固相线距离愈大,凝固层内表面愈参差不齐,这样流动阻力就愈大,流动性也愈差。因此,选择铸造金属时,在满足使用要求的前提下,应尽量选择靠近共晶成分的合金。

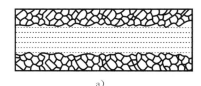　　　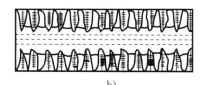

a)　　　　　　　　　　　　　　　b)

图 1-2　结晶特性对流动性的影响

a) 纯金属及共晶成分合金在恒温下结晶　b) 非共晶合金在一定温度范围内结晶

2. 浇注条件

(1) 浇注温度　浇注温度对金属液的充型能力有决定性影响。浇注温度高,金属液所含的热量多,在同样冷却条件下,保持液态的时间长,所以流动性好。浇注温度越高,金属液的黏度越低,传给铸型的热量多,保持液态的时间长,流动性好,充型能力强。但浇注温度过高,会使金属液的吸气量和总收缩量增大,从而增加铸件产生其他缺陷的可能性(如缩孔、缩松、黏砂、晶粒粗大等)。因此,在保证流动性足够的条件下,浇注温度应尽可能低些,在实际生产中掌握的原则是“高温出炉,低温浇注”。

（2）充型压力　金属液在流动方向上所受的压力愈大,充型能力愈强。砂型铸造时,充型压力是由直浇道的静压力产生的,适当提高直浇道的高度,可提高充型能力。但过高的砂型浇注压力,易使铸件产生砂眼、气孔等缺陷。在低压铸造、压力铸造和离心铸造时,因人为加大了充型压力,故充型能力较强。

3. 铸型条件

金属液充型时,铸型的阻力及铸型对金属液的冷却作用,都将影响金属液的充型能力。

（1）铸型的蓄热能力　铸型的蓄热能力是指铸型从金属液中吸收热量并储存的能力。铸型材料的热容和热导率愈大,对金属液的冷却作用越强,金属液在型腔中保持流动的时间缩短,金属液的充型能力越弱。

（2）铸型温度　铸型温度越高,则金属液与铸型温差越小,充型能力越强。

（3）铸型中的气体　浇注时因金属液在型腔中的热作用而产生大量气体。如果铸型的排气能力差,则型腔中气体的压力增大,会阻碍金属液的充型。铸造时,除应尽量减小气体的来源外,应增加铸型的透气性,并开设出气口,使型腔及型砂中的气体顺利排出。

（4）铸件结构　当铸件壁厚过小,壁厚急剧变化、结构复杂时,金属液的流动阻力就增大,铸型的充填就困难。因此在进行铸件结构设计时,铸件的形状应尽量简单,壁厚应大于规定的最小壁厚。对于形状复杂、薄壁、散热面大的铸件,应尽量选择流动性好的合金或采取其他相应措施。

1.1.2　铸造合金的凝固与收缩

1. 合金的凝固

物质由液态转化为固态的过程称为凝固,合金的凝固过程又称结晶。铸造的实质是金属液逐步凝固冷却而成形铸件的过程。在铸件凝固过程中,其截面上一般存在三个区域,即固相区、凝固区和液相区（见图 1-3）,其中,对铸件质量影响较大的主要是液相和固相并存的凝固区的宽窄。铸件的"凝固方式"依据凝固区的宽窄分为以下三种。

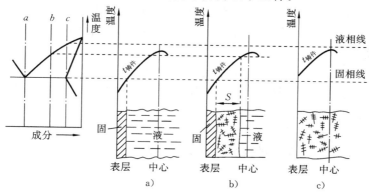

图 1-3　铸件的凝固方式
a）逐层凝固　b）中间凝固　c）糊状凝固

（1）逐层凝固　纯金属或共晶成分合金在凝固过程中因不存在液、固并存的凝固区（见图 1-3a）,故截面上外层的固体和内层的液体由一个界面（凝固前沿）清楚地分开。随着温度的下降,固体层不断加厚、液体层不断减薄,直达铸件的中心,这种凝固方式称为逐层凝固。

（2）中间凝固   大多数合金的凝固介于逐层凝固和糊状凝固之间（见图 1-3b），称为中间凝固。

铸件质量与其凝固方式密切相关。一般说来，逐层凝固时，合金的充型能力强，便于防止缩孔和缩松；糊状凝固时，难以获得结晶紧实的铸件。

（3）糊状凝固   如果合金的结晶温度范围很宽，且铸件的温度分布较为平坦，则在凝固的某段时间内，铸件表面并不存在固体层，而液、固并存的凝固区贯穿整个截面（见图 1-3c）。由于这种凝固方式与水泥类似，即先呈糊状而后固化，故称糊状凝固。

铸件的凝固方式决定了铸件的组织结构形式，是影响铸件质量的内在因素。

影响铸件凝固方式的主要因素有合金的结晶温度范围和铸件的温度梯度。

（1）合金的结晶温度范围   如前所述，合金的结晶温度范围愈小，凝固区域愈窄，愈倾向于逐层凝固。如砂型铸造时，低碳钢为逐层凝固；高碳钢结晶温度范围甚宽，为糊状凝固。

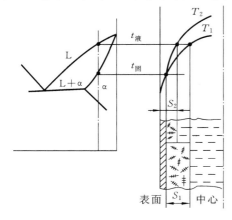

图 1-4   温度梯度对凝固区域的影响

（2）铸件的温度梯度   在合金结晶温度范围已定的前提下，凝固区域的宽窄取决于铸件内外层间的温度梯度（见图 1-4）。若铸件的温度梯度由小变大，则其对应的凝固区由宽变窄。铸件的温度梯度主要取决于以下三个因素。

① 合金的性质   合金的凝固温度愈低、热导率愈高、结晶潜热愈大，铸件内部温度均匀化能力愈大，而铸型的激冷作用变小，故温度梯度小（如多数铝合金）。

② 铸型的蓄热能力   铸型蓄热能力愈强，激冷能力愈强，铸件温度梯度愈大。

③ 浇注温度   浇注温度愈高，带入铸型中热量增多，铸件的温度梯度减小。

通过以上讨论可以得出：具有逐层凝固倾向的合金（如灰铸铁、铝硅合金等）易于铸造，应尽量选用。当必须采用有糊状凝固倾向的合金（如锡青铜、铝铜合金、球墨铸铁等）时，需考虑采用适当的工艺措施，例如，选用金属型铸造等，以减小其凝固区域。

2. 合金的收缩

（1）收缩的概念   液态合金在凝固和冷却过程中，其体积或尺寸缩小的现象称为收缩。收缩是绝大多数合金的物理本性。它是影响铸件几何形状、尺寸、致密性，甚至造成某些缺陷的重要铸造性能之一。

合金的收缩量常用体收缩率或线收缩率来表示。合金从液态到常温的体积改变量称为体收缩。合金在固态由高温到常温的线尺寸改变量称为线收缩，分别以单位体积和单位长度的变化量来表示，即体收缩率

$$\varepsilon_V = \frac{V_0 - V_1}{V_0} \times 100\% = \alpha_V(t_0 - t_1) \times 100\%$$

线收缩率

$$\varepsilon_l = \frac{l_0 - l_1}{l_0} \times 100\% = \alpha_l(t_0 - t_1) \times 100\%$$

式中 t_0、t_1——合金在常态和液态时的温度（℃）；

V_0、V_1——合金在 t_0、t_1 时的体积（m^3）；

l_0、l_1——合金在 t_0、t_1 时的长度(m);

α_V、α_l——合金在 t_0 至 t_1 温度范围内的体积收缩系数、线收缩系数(K^{-1})。

合金的收缩可分为三个阶段(见图 1-5)。

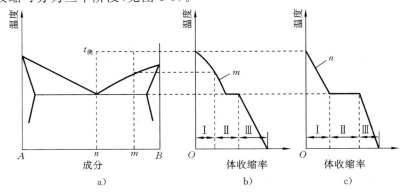

图 1-5　铸造合金收缩过程示意图

a) 合金状态图　b) 一定温度范围合金(m)的收缩过程　c) 共晶合金(n)的收缩过程

Ⅰ—液态收缩　Ⅱ—凝固收缩　Ⅲ—固态收缩

① 液态收缩　从浇注温度冷却到凝固开始温度(液相线温度)的收缩。

② 凝固收缩　从凝固开始温度冷却到凝固终止温度(固相线温度)的收缩。

③ 固态收缩　从凝固终止温度冷却到室温的收缩。

合金的液态收缩和凝固收缩表现为合金的体积缩小,通常以体收缩率来表示。它们是铸件产生缩孔、缩松缺陷的基本原因。合金的固态收缩尽管也是体积变化,但它只引起铸件各部分尺寸的变化。因此,通常用线收缩率来表示。固态收缩是铸件产生内应力、裂纹和变形等缺陷的主要原因。

合金的总体收缩为上述三个阶段收缩之和。它与合金的成分、温度和相变有关。不同合金收缩率是不同的,表 1-1 给出了几种铸造合金的体收缩率。常用铸造合金的线收缩率如表 1-2 所示。

表 1-1　几种铸造合金的体收缩率

合金种类	碳的质量分数 /(%)	浇注温度 /℃	液态收缩 /(%)	凝固收缩 /(%)	固态收缩 /(%)	总体积收缩 /(%)
碳钢	0.35	1 610	1.6	3.0	7.86	12.46
白口铸铁	3.0	1 400	2.4	4.2	5.4~6.3	12.0~12.9
灰铸铁	3.5	1 400	3.0	0.1	3.3~4.0	6.9~7.8

表 1-2　常用铸造合金的线收缩率　　　　　　　　　　(%)

合金种类	灰铸铁	可锻铸铁	球墨铸铁	碳钢	铝合金	铜合金
线收缩率	0.8~1.0	1.2~2.0	0.8~1.3	1.38~2.0	0.8~1.6	1.2~1.4

(2) 影响收缩的因素　主要体现在以下三个方面。

① 化学成分　不同的合金,其收缩率不同,碳素钢随含碳量增加,凝固收缩增加,而固态收缩略减。灰铸铁中,碳是形成石墨化元素,硅是促进石墨化元素,所以碳、硅含量增加,收缩率减小。硫阻碍石墨的析出,使铸铁的收缩率增大。适量的锰可与硫合成 MnS,抵消硫对石

墨的阻碍作用,使收缩率减小。但含锰量过高,铸铁的收缩率又有增加。

②　浇注温度　浇注温度主要影响液态收缩。浇注温度愈高,过热度愈大,合金的液态收缩增加。

③　铸件结构和铸型条件　铸件在铸型中冷却时,因形状和尺寸不同,各部分的冷却速度不同,铸件各部分相互制约也会对其收缩产生阻碍。又因铸型和型芯对铸件的收缩也会产生机械阻力,铸件的实际线收缩率比自由线收缩率小。所以设计模样时,应根据合金的种类、铸件的形状、尺寸等因素,选取适合的收缩率。

3. 缩孔和缩松

铸型内的金属液在凝固过程中,由于液态收缩和凝固收缩所缩减的体积得不到补充,在铸件最后凝固部位将形成孔洞。按孔洞的大小和分布可分为缩孔和缩松。大而集中的孔洞称为缩孔,细小而分散的孔洞称为缩松。缩孔和缩松可使铸件的力学性能、气密性和物理化学性能大大降低,严重时会导致铸件报废,必须设法防止。

1) 缩孔和缩松的形成

(1) 缩孔　缩孔是在铸件最后凝固的部位形成容积较大而且集中的孔洞。缩孔多呈倒圆锥形,内表面粗糙,通常隐藏在铸件的内层,但在某些情况下,也可暴露在铸件的表面,呈明显的凹坑。缩孔产生的条件是合金在恒温或很小的温度范围内结晶,铸件壁以逐层凝固的方式进行凝固。

缩孔的形成过程如图 1-6 所示。液态合金充满铸型(见图 1-6a)后,因铸型吸热,靠近型腔表面的合金很快就降到凝固温度,凝固成一层外壳(见图 1-6b),同时,内浇道也被封堵;温度下降,合金逐层凝固,凝固层加厚,内部的剩余液体,由于液态收缩和补充凝固层的凝固收缩,体积缩减,液面下降,铸件内部出现空隙(见图 1-6c);最后,铸件内部完全凝固,在铸件上部形成缩孔(见图 1-6d)。已经形成缩孔的铸件继续冷却到室温时,因固态收缩使铸件的外形轮廓尺寸略有缩小(见图 1-6e)。

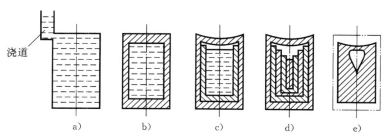

浇道

a)　　　　　b)　　　　　c)　　　　　d)　　　　　e)

图 1-6　缩孔的形成过程示意图

a) 充满铸型　b) 凝固成一层外壳　c) 出现空隙　d) 形成缩孔　e) 外形轮廓尺寸略有缩小

(2) 缩松　形成缩松的基本原因和形成缩孔的相同,但形成的条件不同。缩松主要出现在结晶温度范围宽、以糊状凝固方式凝固的合金或厚壁铸件中。

缩松形成过程如图 1-7 所示。一般合金在凝固过程中都存在液-固两相区,树枝状晶在其中不断扩大。枝晶长到一定程度(见图 1-7a),枝晶分叉间的熔融金属被分离成彼此孤立的状态,它们继续凝固时也将产生收缩(见图 1-7b),这种凝固方式称为糊状凝固。这时铸件中心虽有液体存在,但由于树枝晶的阻碍使之无法补缩,在凝固后的枝晶分叉间就形成许多微小的孔洞(见图 1-7c)。这些孔洞有时只有在显微镜下才能辨认出来,通常称这种很细小的孔洞为疏松或显微缩松。

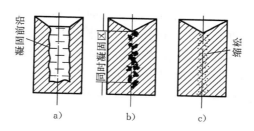

图 1-7　缩松的形成过程示意图

a）枝晶生长　b）糊状凝固　c）显微缩松

由以上缩孔和缩松的形成过程，可得到以下规律：

① 合金的液态收缩和凝固收缩愈大（如铸钢、白口铸铁、铝青铜等），铸件愈易形成缩孔；

② 合金的浇注温度愈高，液态收缩愈大，愈易形成缩孔；

③ 结晶温度范围宽的合金，倾向于糊状凝固，易形成缩松；

④ 纯金属和共晶成分合金倾向于逐层凝固，易形成集中缩孔。

2）防止缩孔和缩松形成的措施

缩孔和缩松都会使铸件的力学性能下降，缩松还会使得铸件因渗漏而报废。因此必须采取适当的工艺措施，防止缩孔和缩松的形成。主要工艺措施如下。

（1）按照定向凝固原则进行凝固　定向凝固原则是指采用各种工艺措施，使铸件上从远离冒口的部分到冒口之间建立一个逐渐递增的温度梯度，从而实现由远离冒口的部分向冒口的方向顺序地凝固，如图 1-8 所示。这样铸件上每一部分的收缩都得到稍后凝固部分的液态合金的补充，缩孔转移到冒口部位，切除后便可得到无缩孔的致密铸件。

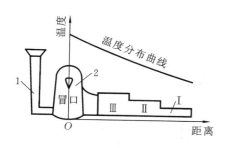

图 1-8　顺序凝固原则示意图

1—浇注系统　2—冒口

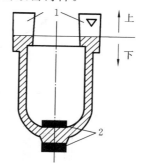

图 1-9　冒口和冷铁的应用

1—冒口　2—冷铁

（2）合理地确定内浇道位置及浇注工艺　内浇道的引入位置对铸件的温度分布有明显影响，应按照定向凝固的原则确定。例如，内浇道应从铸件厚实处引入，尽可能靠近冒口或由冒口引入。

（3）合理地应用冒口、冷铁和补贴等工艺措施　冒口、冷铁和补贴的综合运用是消除缩孔、缩松的有效措施。图 1-9 所示为冒口和冷铁的应用。

1.1.3　铸造内应力及铸件的变形与裂纹

1. 铸造应力

铸件在凝固、冷却过程中，由于各部分体积变化不一致、彼此制约而使其固态收缩受到阻碍引起的内应力,称为铸造应力。按阻碍收缩原因的不同,铸造内应力分为热应力和收缩应力。铸造内应力是液态成形件产生变形和裂纹的基本原因。铸件各部分由于冷却速度不同、收缩量不同而引起的阻碍称热阻碍,铸型、型芯对铸件收缩的阻碍,称机械阻碍。由热阻碍引起的应力称热应力,由机械阻碍引起的应力称收缩应力(机械应力)。铸造应力可能是暂时的,当引起应力的原因消除以后,应力随之消失,称为临时应力,也可能是长期存在的,称残余应力。

1) 热应力

热应力是由于铸件壁厚不均,各部分收缩受到热阻碍而引起的。落砂后热应力仍存在于铸件内,是一种残余铸造应力。

现以图 1-10 所示的框形铸件来说明热应力的形成过程。它由一根粗杆Ⅰ和两根细杆Ⅱ组成,图 1-10 上部表示杆Ⅰ和杆Ⅱ的冷却曲线,$t_临$ 表示金属弹塑性临界温度。当铸件处于高温阶段时,$T_0 \sim T_1$ 间两杆均处于塑性状态。尽管杆Ⅰ和杆Ⅱ的冷却速度不同,收缩不一致,但两杆都是塑性变形,不产生内应力。继续冷却到 $T_1 \sim T_2$ 间,此时杆Ⅱ温度较低,已进入弹性状态,但杆Ⅰ仍处于塑性状态。杆Ⅱ由于冷却快,收缩大于杆Ⅰ,在横杆的作用下将对杆Ⅰ产生压应力而杆Ⅰ反过来给杆Ⅱ以拉应力(见图 1-10b)。处于塑性状态的杆Ⅰ受压应力作用产生压缩塑性变形,使杆Ⅰ、Ⅱ的收缩趋于一致,也不产生应力(见图 1-10c)。当进一步冷却至 $T_2 - T_3$ 间,杆Ⅰ和杆Ⅱ均进入弹性状态,此时杆Ⅰ温度较高,冷却时还将产生较大收缩,杆Ⅱ温度较低,收缩已趋停止,在最后阶段冷却时,杆Ⅰ的收缩将受到杆Ⅱ强烈阻碍,因此杆Ⅰ受拉,杆Ⅱ受压。到室温时形成残余应力(见图 1-10d)。

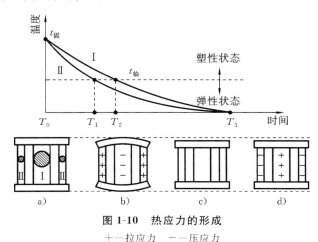

图 1-10　热应力的形成

＋—拉应力　　—压应力

热应力使冷却较慢的厚壁处受拉伸,冷却较快的薄壁处或表面受压缩,铸件的壁厚差别愈大,合金的线收缩率或弹性模量愈大,热应力愈大。定向凝固时,由于铸件各部分冷却速度不一致,产生的热应力较大,铸件易出现变形和裂纹,采用时应予以考虑。

2) 收缩应力

铸件在固态收缩时,因受铸型、型芯、浇注系统和冒口等外力的阻碍而产生的应力称收缩应力。一般铸件冷却到弹性状态后,收缩受阻都会产生收缩应力,如图 1-11 所示。收缩应力常表现为拉应力,与铸件部位无关。形成原因一经消除(如铸件落砂或去除浇冒口后),收缩应力也随之消失,因此收缩应力是一种临时应力。但在落砂前,如果铸件的收缩应力和热应力共同作用,其瞬间应力大于铸件的抗拉强度时,铸件会产生裂纹。

3）减小和消除铸造应力的措施

（1）合理地设计铸件的结构　铸件的形状愈复杂，各部分壁厚相差愈大，冷却时温度愈不均匀，铸造应力愈大。因此，在设计铸件时应尽量使铸件形状简单、对称、壁厚均匀。

（2）合理选材　尽量选用线收缩率小、弹性模量小的合金，设法改善铸型、型芯的退让性，合理设置浇注系统和冒口等。

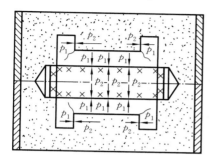

图 1-11　收缩应力的形成

p_1—铸件对砂型的作用力

p_2—砂型对铸件的反作用力

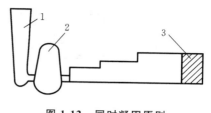

图 1-12　同时凝固原则

1—直浇道　2—暗冒口　3—外冷铁

（3）采用同时凝固的工艺　所谓同时凝固是指采取一些工艺措施，使铸件各部分温差很小，几乎同时进行凝固（见图 1-12）。因各部分温差小，不易产生热应力和热裂，铸件变形小。

（4）对铸件进行时效处理是消除铸造应力的有效措施　时效处理分自然时效、热时效和共振时效等。所谓自然时效，是将铸件置于露天场地半年以上，让其内应力自然消除。热时效（人工时效）又称去应力退火，是将铸件加热到 $550\sim650℃$，保温 $2\sim4$ h，随炉冷却至 $150\sim200℃$，然后出炉。共振时效是将铸件在其共振频率下振动 $10\sim60$ min，以消除铸件中的残余应力。

2. 铸件的变形与防止

当残留铸造应力超过铸件材料的屈服强度时，铸件将发生塑性变形，带有残留应力的铸件是不稳定的，会自发地变形使应力减小而趋于稳定。

对于厚薄不均匀、截面不对称及具有细长特点的杆类、板类及轮类等铸件，当残留铸造应力超过铸件材料的屈服强度时，往往产生翘曲变形。如前述框形铸件，粗杆Ⅰ受拉伸，细杆Ⅱ受压缩，但两杆都有恢复自由状态的趋势，即杆Ⅰ总是力图压缩，杆Ⅱ总是力图伸长，如果连接两杆的横梁刚度不够，结果会出现如图 1-13 所示的翘曲变形。变形使铸造应力重新分布，残留应力会减小一些，但不会完全消除。图 1-14 所示 T 形梁铸钢件，当板Ⅰ厚、板Ⅱ薄时，浇注后板Ⅰ受拉、板Ⅱ受压。各自都有力图恢复原状的趋势，板Ⅰ力图缩短一点，板Ⅱ力图伸长一点。若铸钢件刚度不够，将发生板Ⅰ内凹板Ⅱ外凸的变形；反之，当板Ⅰ薄，板Ⅱ厚时，将发生反向翘曲。

对于形状复杂的铸件，也可应用上述分析方法来确定其变形方向。图 1-15 所示车床床身的导轨部分厚，侧壁部分薄，铸造后导轨产生拉应力，侧壁产生压应力，导轨面往往下凹变形。有的铸件虽无明显变形，但经切削加工后，破坏了铸造应力的平衡，将产生变形。

前述防止铸造应力的方法，也是防止变形的根本方法。此外，工艺上还可采取某些措施，如反变形法，即在模样上做出与挠度相等但方向相反的预变形量来消除床身导轨的变形，对某些重要的易变形铸件，可采取提早落砂，落砂后立即将铸件放入炉内焖火的办法消除应力与变

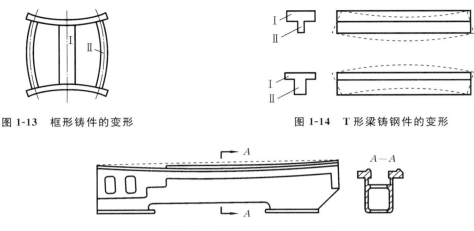

图 1-13　框形铸件的变形　　　　　　　　图 1-14　T 形梁铸钢件的变形

图 1-15　车床床身导轨面的变形

形。

3. 铸件的裂纹与防止

当铸造应力超过材料的抗拉强度时,铸件便产生裂纹,裂纹是严重的铸造缺陷,多使铸件报废,必须设法防止。按裂纹形成的温度范围可分为热裂和冷裂两种。

(1) 热裂　热裂是铸件在凝固后期在接近固相线的高温下形成的。因为金属的线收缩并不是在完全凝固后开始的,在凝固后期,结晶出来的固态物质已形成了完整的骨架,开始了线收缩,但晶粒间还存有少量液体,故金属的高温强度很低。在高温下铸件的线收缩若受到铸型、型芯及浇注系统的阻碍,机械应力超过了其高温强度,即发生热裂。热裂的形状特征是:裂纹短,缝隙宽,形状曲折,缝内呈氧化色。

防止热裂的措施有:① 尽量选择凝固温度范围小,热裂倾向小的合金;② 提高铸型和型芯的退让性,以减小机械应力;③ 浇注系统和冒口的设计要合理;④ 对于铸钢件和铸铁件,必须严格控制硫的含量,防止热脆性。

(2) 冷裂　冷裂是在较低温度下,由于热应力和收缩应力的综合作用,铸件内应力超过金属的抗拉强度而产生的。冷裂多出现在铸件受拉应力的部位,尤其是具有应力集中处(如尖角、缩孔、气孔及非金属夹杂物等的附近)。冷裂的特征是裂纹细小,呈连续直线状,缝内有金属光泽或轻微氧化色。

壁厚差别大,形状复杂,特别是大而薄壁的铸件,容易产生冷裂纹。不同铸造合金的冷裂倾向不同。灰铸铁、白口铸铁、高锰钢等塑性差的合金较易产生冷裂;塑性好的合金因内应力可通过其塑性变形来自行缓解,冷裂倾向小。铸钢中含磷量愈高,冷裂倾向愈大。

1.1.4　铸件的常见缺陷

在铸造过程中特别是砂型铸造中经常产生的缺陷除缩孔、缩松、变形、裂纹外,还有黏砂、夹砂、砂眼、胀砂、气孔、浇不足与冷隔等(见图 1-16)。

(1) 黏砂　铸件表面上黏附有一层难以清除的砂粒称为黏砂。黏砂不仅影响铸件的外观,而且增加铸件清理和切削加工的工作量。如不及时清理干净,将直接影响零件的表面质量,甚至影响机器的寿命。

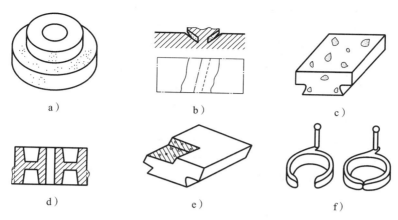

图 1-16 常见的铸造缺陷

a）黏砂 b）夹砂 c）砂眼 d）胀砂 e）气孔 f）浇不足与冷隔

（2）夹砂 夹砂是铸件表面形成的沟槽和疤痕缺陷，在铸造厚大平板件时容易产生。夹砂产生的部位大多是与砂型上表面相接触的地方，型腔上表面受到金属液的辐射热，容易拱起和翘曲，翘曲的砂层受金属液流不断冲刷而断裂破碎，留在或被带入其他部位形成夹砂。

（3）砂眼 砂眼是铸件内部或表面出现的一些孔洞。它是造型、合型和浇注过程中，砂粒砂块剥落或冲落留在铸件内部造成的。

（4）胀砂 胀砂是浇注时在金属液的压力作用下，铸型型壁移动、铸件局部胀大形成的。它主要发生在水分过高和湿态强度不足的砂型铸型中。

（5）气孔 气孔是气体在金属液结壳前未及时逸出而在铸件内生成的孔洞。气孔的内壁光滑，明亮或带有轻微的氧化色。铸件有了气孔，将会减少其有效的承载面积，且在气孔周围会引起应力集中而降低铸件的抗冲击力和抗疲劳性，还会降低铸件的致密性。

（6）浇不足与冷隔 当金属液充型能力不足或充型条件较差时，在型腔被填满之前金属液便会停止流动，使铸件形成浇不足与冷隔。浇不足时，铸件不能获得完整的形状；冷隔时，铸件虽可获得完整的外形，但因存在未完全融合的接缝，其力学性能严重受损。

1.2 铸造成形方法

1.2.1 砂型铸造成形

以型砂为材料制备铸型的铸造方法称为砂型铸造。铸型主要包括外型和型芯两大部分，外型也称砂型，用来形成铸件的外部轮廓；型芯也称砂芯，用来形成铸件的内腔。从广义上讲，砂型包括砂芯。

砂型铸造是应用最为广泛的金属液态成形方法。目前，世界各国砂型铸件占铸件总产量的 80% 以上。掌握砂型铸造方法是合理选择铸造方法和正确设计铸件的基础。砂型铸造的基本工艺过程如图 1-17 所示。

1. 造型材料的选择

制造铸型的材料为造型材料，主要由砂、黏土、有机或无机黏结剂和其他附加物组成。造

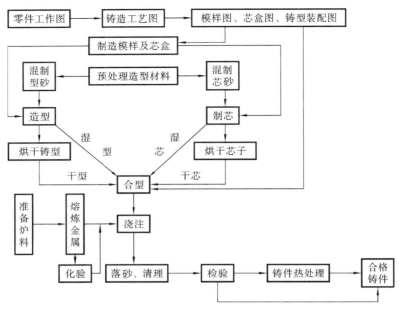

图 1-17　砂型铸造工艺过程示意图

型材料是按一定比例经混制而成,混制出的型(芯)砂应具备良好的性能,如透气性、退让性及足够的强度和高的耐火性等。

按使用黏结剂的不同,型(芯)砂有下列几种。

1) 黏土砂

黏土砂是由砂、黏土、水及附加物(如煤粉、木屑等)按一定比例制备而成,黏土砂适应性强,铸铁、铸钢及铝、铜合金等均适宜,而且不受铸件大小、重量、形状和批量的限制。它既可以制造外型,又可制造形状简单的中小砂芯。黏土砂的原料来源广、储量丰富、价格低廉,而且回用性好,可重复使用多次,因此应用广泛。

2) 水玻璃砂

水玻璃砂是以水玻璃作为黏结剂的一种型砂。它一般不需要烘干,常用二氧化碳气体来硬化,其硬化速度快,生产周期短,型砂强度高,易于实现机械化,劳动条件也得到改善。但也存在着铸件清砂困难、回用性差等缺点。

3) 油砂、合脂砂、树脂砂

黏土砂和水玻璃砂虽然可以用来制造型芯,但对于结构形状复杂、要求很高的型芯,难以满足要求,因此要求芯砂具备更高的干强度、透气性、耐火性、退让性和良好的出砂性。为满足上述性能要求,型砂常用特殊黏结剂来配制。

油砂是以桐油、亚麻仁油等作为黏结剂制成的芯砂。油砂的强度高,烘干后不易返潮,而且在合金浇注后,由于油料燃烧掉,故芯砂强度低,其芯砂的退让性和出砂性好,不易产生黏砂。

合脂砂是用"合脂"作为黏结剂制成的芯砂。"合脂"是制皂工业的副产品,性能与植物油相比其价格便宜,来源丰富,故得到广泛应用。

树脂砂是以合成树脂作为黏结剂制成的型(芯)砂。树脂砂包括热芯盒砂和冷芯盒砂。热芯盒砂是用液态树脂作黏结剂,芯砂射入热芯盒后,在热的作用下固化;冷芯盒砂是用液态树脂作黏结剂,芯砂射入冷芯盒后,在催化剂的作用下硬化。树脂砂制造的型(芯)不需要烘干,可迅速硬化,故生产率高;型芯强度比油砂高,且型芯尺寸精确,表明光滑。其退让性和出砂性好,便于实现机械化和自动化生产。

2. 造型方法

造型(芯)是砂型铸造最基本的工序,按型(芯)砂紧实和起模方法不同,造型方法分为手工造型和机器造型两大类。

1) 手工造型

全部用手工或手动工具完成的造型工序称为手工造型。手工造型操作灵活,工艺装备简单,适应性强,但劳动强度大,生产率低,常用于单件和小批生产,适用于各种形状的铸件。手工造型的方法很多,常用手工造型方法的特点和应用范围如表 1-3 所示。

表 1-3　常用手工造型方法的特点和应用范围

造型方法名称		主 要 特 点	适 用 范 围
按模样特征分类	整模造型	模样为整体模,分型面是平面,铸型型腔全部在一个砂箱内。造型简单,铸件精度和表面质量较好	最大截面位于一端并且为平面的简单铸件的单件、小批生产
	分模造型	模样沿最大截面分为两半,型腔位于上、下两个砂箱内。造型简便,节省工时	最大截面在中部,一般为对称性铸件,适用于套类、管类及阀体等形状较复杂的铸件的单件、小批生产
	挖砂造型	模样虽为整体,但分型不为平面。为了取出模样,造型时用手工挖去阻碍起模的型砂。其造型费工时,生产率低,要求工人技术水平高	用于分型面不是平面的铸件的单件、小批生产
	假箱造型	为了克服上述挖砂造型的缺点,在造型前特制一个底胎(假箱),然后在底胎上造下箱。由于底胎不参加浇注,故称为假箱。此法比挖砂造型简便,且分型面整齐	用于成批生产需挖砂的铸件
	活块造型	当铸件上有妨碍起模的小凸台、肋板时,制模时将它们做成活动部分。造型起模时先起出主体模样,然后再从侧面取出活块。造型生产率低,要求工人技术水平高	主要用于带有凸出部分难以起模的铸件的单件、小批生产
	刮板造型	用刮板代替模样造型。大大节约木材,缩短生产周期。但造型生产率低,铸件尺寸精度差,要求工人技术水平高	主要用于等截面或回转体大、中型铸件的单件、小批生产。如带轮、铸管、弯头等
按砂箱特征分类	两箱造型	铸型由上箱和下箱构成,操作方便	造型的最基本方法。适用于各种铸型,各种批量
	三箱造型	铸件的最大截面位于两端,必须用分开模、三个砂箱造型,模样从中箱两端的两个分型面取出。造型生产率低,且需合适的中箱(中箱高度与中箱模样的高度相同)	主要用于手工造型,单件、小批生产具有两个分型面的中、小型铸件
	脱箱造型(无箱造型)	采用活动砂箱造型,在铸型合箱后,将砂箱脱出,重新用于造型。浇注时为了防止错箱,需用型砂将铸型周围填紧,也可在铸型上加套箱	用于小铸件的生产。砂箱尺寸大多小于 400 mm×400 mm×40 mm
	地坑造型	在地面砂床中造型,不用砂箱或只用上箱。减少了制造砂箱的投资和时间。操作麻烦	生产要求不高的中、大型铸件,或用于砂箱不足时批量不大的中、小铸件。劳动量大,要求工人技术水平较高

2) 机器造型

用机器全部完成或至少完成紧砂和起模两项主要操作工序的造型方法称为机器造型。与手工造型相比,机器造型生产效率高,劳动条件好,对环境污染小,铸件的尺寸精度和表面质量高,加工余量小。但设备和工装费用高,生产准备时间较长,适用于中、小型铸件成批、大量生产。

(1) 紧砂方法　　目前机器造型绝大部分都是以压缩空气为动力来紧实型砂的。机器造型的紧砂方法为压实、震实、震压和抛砂四种基本方式,其中以震压式应用最广,图 1-18 所示为震压紧砂机构原理图。工作时首先将压缩空气自震实进气口引入震实气缸,使震实活塞带动工作台及砂箱上升,震实活塞上升使震实气缸的排气孔露出,排出空气,工作台便下落,完成一次振动。如此反复多次,将型砂紧实。当压缩空气引入压实气缸时,工作台再次上升,压头压入砂箱,最后排除压实气缸的压缩空气,砂箱下降,完成全部紧实过程。

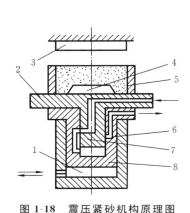

图 1-18　震压紧砂机构原理图

1—压实气缸　2—工作台　3—压头　4—模板　5—砂箱
6—震实进气口　7—震实活塞　8—压实活塞

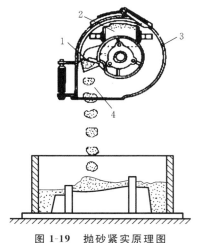

图 1-19　抛砂紧实原理图

1—铁勺　2—带轮　3—抛砂头　4—砂团

抛砂紧实的方法如图 1-19 所示,它是利用抛砂机头的电动机驱动高速叶片(900~1 500 r/min),连续地将传送带运来的型砂在机头内初步紧实,并在离心力的作用下,型砂呈团状被高速(30~60 m/s)抛到砂箱中,使型砂逐层地紧实。抛砂紧实同时完成填砂与紧实两个工序,生产效率高、型砂紧实密度均匀。抛砂机适应性强,可用于任何批量的大、中型铸型或大型芯的生产。

(2) 起模方法　　型砂紧实以后,就要从型砂中顺利地把模样起出,使砂箱内留下完整的型腔。造型机大都装有起模机构(见图 1-20),其动力多半也是应用压缩空气,目前应用广泛的起模机构有顶箱、漏模和翻转三种。

① 顶箱起模　　图 1-20a 为顶箱起模示意图。型砂紧实后,开动顶箱机构,使四根顶杆自模板四角的孔(或缺口)中上升,而把砂箱顶起,此时固定模型的模板仍留在工作台上,这样就完成起模工序。顶箱起模的机构比较简单,但起模时易漏砂,因此只适用于型腔简单且高度较小的铸型,多用于制造上箱,以省去翻箱工序。

② 漏模起模　　漏模起模方法如图 1-20b 所示,为了避免起模时掉砂,将模型上难以起模部分做成可以从漏板的孔中漏下的形式,即将模型分成两部分,模型本身的平面部分固定在模板上,模型上的各凸起部分可向下抽出,在起模过程中由模板 1 托住型砂,因而可以避免掉砂,

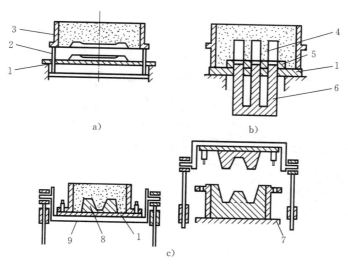

图 1-20　起模方法示意图
a) 顶箱起模　b) 漏模起模　c) 翻转起模

1—模板　2—顶杆　3—砂箱　4—型砂　5—模型平面部分　6—模型凸起部分　7—承受台　8—模型　9—转板

漏模起模机构一般用于形状复杂或高度较大的铸型。

③ 翻转起模　如图 1-20c 所示,型砂紧实后,砂箱夹持器将砂箱夹持在造型机转板上,在翻转气缸推动下,砂箱随同模板、模型一起翻转 180°,然后承受台上升,接住砂箱后,夹持器打开,砂箱随承受台下降,与模板脱离而起模。这种起模方法不易掉砂。适用于型腔较深,形状复杂的铸型。由于下箱通常比较复杂,且本身为了合箱的需要,也需翻转 180°,因此翻转起模多用来制造下箱。

3. 造型生产线简介

造型生产线是根据铸造工艺流程,将造型机、翻转机、下芯机、合型机、压铁机、落砂机等,用铸型输送机或辊道等运输设备联系起来并采用一定控制方法组成的机械化、自动化造型生产体系。

自动造型生产线如图 1-21 所示。其工艺流程为:造型机分别造上型、下型;下型由翻转机翻转 180°后被运至铸型输送机的小车上,在行进中下芯并由合型机、压铁机放压铁后,铸型被送到浇注工位浇注,然后输送到冷却室;冷却后压铁机取走压铁,铸型被捅箱机推到落砂机上;落砂后,旧砂和铸件被分别送到砂处理和铸件清理工位,空砂箱被送回造型机处继续造型。

1.2.2　特种铸造成形

特种铸造是指砂型铸造以外的其他铸造方法。各种特种铸造方法均有其突出的特点和一定的局限性,下面简要介绍常用的特种铸造方法。

1. 熔模铸造

熔模铸造又称失蜡铸造,它是在易熔模样(简称熔模)的表面包覆多层耐火材料,然后将模样熔去制成无分型面的型壳,经焙烧、浇注而获得铸件的铸造方法。

1) 熔模铸造工艺过程

(1) 制造压型　压型如图 1-22a 所示,是制造熔模的模具。压型尺寸精度和表面质量要

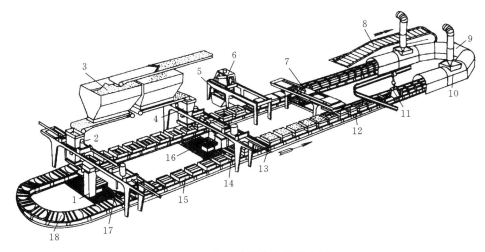

图 1-21　自动造型生产线示意图

1—下箱造型机　2,4—加砂机　3—型砂　5—落砂工步　6—捅箱机　7—压铁传送机
8—铸件输送机　9—冷却罩　10—冷却工步　11—浇注工步　12—压铁　13—合箱工步
14—合箱机　15—下芯工步　16—上箱造型机　17—下箱翻箱、落箱机　18—铸型输送机

求高,它决定了熔模和铸件的质量。批量大、精度高的铸件所用压型常用钢或铝合金加工制成,小批量生产可用易熔合金。

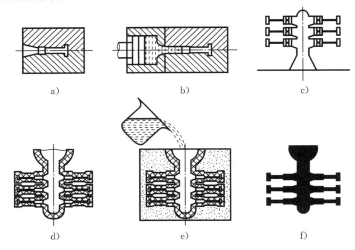

图 1-22　熔模铸造工艺过程

a) 压型　b) 压制蜡模　c) 焊蜡模组　d) 结壳脱模　e) 浇注　f) 带有浇注系统的铸件

(2)制造熔模　熔模材料主要有蜡基模料和松香基模料,后者用于生产高精度铸件。生产中常把由质量分数 50%石蜡和 50%硬脂酸配成的糊状蜡基模料压入压型(见图 1-22b),待其冷凝后取出,然后将多个熔模焊在蜡制的浇注系统上制成熔模组(见图 1-22c)。

(3)制造型壳　在熔模组表面浸涂一层硅石粉水玻璃涂料,然后撒一层细硅砂并浸入氯化铵溶液中硬化。重复挂涂料、撒砂、硬化 4~8 次,便制成 5~10 mm 厚的型壳。型壳内面层撒砂粒度细小,外表层(加固层)粒度粗大。制得的型壳如图1-22d所示。

(4)脱模、焙烧　通常脱模是把型壳浇口向上浸在 80~90℃的热水中,模料熔化后从浇口溢出。焙烧是把脱模后的型壳在 800~950℃焙烧,保温 0.5~5 h,以烧去型壳内的残蜡和水分,并使型壳强度提高。

（5）浇注、清理 型壳焙烧后可趁热浇注（见图1-22e）。去掉型壳,清理型砂、毛刺便得到所需铸件（见图1-22f）。

2）熔模铸造特点及适用范围

（1）由于铸型精密又无分型面,铸件精度高,表面质量好,尺寸公差等级为IT4～IT7,表面粗糙度 Ra 值可达 12.5～1.6 μm。

（2）可制造形状复杂的铸件,最小壁厚可达 0.7 mm,最小孔径可达 1.5 mm。

（3）适合各类铸造合金,尤其适于生产高熔点和难以加工的合金铸件。

（4）生产批量不受限制,单件、小批、大量生产均可适用。

但熔模铸造工序复杂,生产周期长,铸件成本较高,铸件尺寸和质量受到限制,一般不超过 25 kg。

熔模铸造适用于制造形状复杂,难以加工的高熔点合金及有特殊要求的精密铸件。目前,主要用于汽轮机、燃汽轮机叶片、切削刀具、仪表元件、汽车、拖拉机及机床等的生产。

2. 金属型铸造

金属型铸造是指将金属液浇入金属铸型内而获得铸件的方法。由于金属型可重复使用多次,故又称永久型。

1）金属型的构造与材料

根据分型面的位置不同,金属型分为整体式、垂直分型式、水平分型式和复合分型式。图1-23为水平分型式和垂直分型式结构简图,其中垂直分型式便于布置浇注系统,铸型开合方便,容易实现机械化,应用较广。

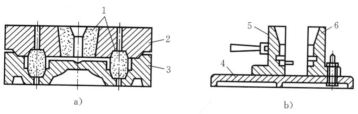

图 1-23 金属型结构简图
a）水平分型式 b）垂直分型式
1—型芯 2—上型 3—下型 4—模底板 5—动型 6—定型

制造金属型的材料熔点一般应高于浇注合金的熔点,生产中常根据铸造合金的种类选择金属型材料,如浇注低熔点合金（如锡、锌、镁等）可选用灰铸铁,浇注铝合金、铜合金可选用合金铸铁,浇注铸铁和钢可选用球墨铸铁、碳钢和合金钢等。

2）金属型铸造的工艺特点

（1）金属型预热 金属型浇注前需预热,预热温度为:铸铁件 250～350℃,非铁合金铸件 100～250℃。预热目的是减缓铸型的激冷作用,避免产生浇不足、冷隔、裂纹等缺陷。

（2）涂料 为保护铸型,调节铸件冷却速度,改善铸件表面质量,铸型表面应喷刷涂料。涂料由粉状耐火材料（如氧化锌、石墨、硅石粉等）、水玻璃黏结剂和水制成。

（3）浇注温度 由于金属型导热快,所以浇注温度应比砂型铸造高 20～30℃,铝合金为 680～740℃,铸铁为 $1\ 300$～$1\ 370$℃。

（4）及时开型 因为金属型无退让性,铸件在金属型内停留时间过长,容易产生铸造应力而开裂,甚至会卡住铸型。因此,铸件凝固后应及时从铸型中取出。通常铸铁件出型温度为780～950℃,出型时间为 10～60 s。

3) 金属型铸造的生产特点和应用范围

金属型铸造生产特点如下。

(1) 铸件冷却速度快,组织致密,力学性能好。

(2) 铸件精度和表面质量较高,铸件尺寸公差等级为 IT9～IT6,表面粗糙度 Ra 值可达12.5～6.3 μm。

(3) 实现了"一型多铸",提高了生产率,且节约造型材料,减轻了环境污染,改善了劳动条件。

但金属型的制造成本高,不适宜生产大型、形状复杂和薄壁铸件;由于冷却速度快,铸铁件表面易产生白口,切削加工困难。

金属型铸造主要适用于大批量生产的非铁合金铸件,如铝合金的活塞、气缸体、气缸盖、油泵壳体及铜合金轴瓦、轴套等,对于钢铁金属只限于形状简单的中、小件生产。

3. 压力铸造

压力铸造(简称压铸)是将熔融金属在高压、高速下充型并凝固而获得铸件的方法。常用压力为 5～150 MPa,压射速度为 0.5～50 m/s,有时高达 120 m/s,充型时间为 0.01～0.2 s。高压、高速充填铸型是压铸的重要特征。

1) 压铸机和压铸工艺过程

压铸通过压铸机完成,根据压室的工作条件不同,压铸机分为热压室和冷压室两大类。热压室压铸机的压室与坩埚连成一体,适于压铸低熔点合金。冷压室压铸机的压室和坩埚分开,广泛用于压铸铝、镁、铜等合金铸件。卧式冷压室压铸机应用最广,其工作原理如图 1-24 所示。合型后,把金属液浇入压室,压射冲头将液态金属压入型腔,保压冷凝后开型,利用顶杆顶出铸件。

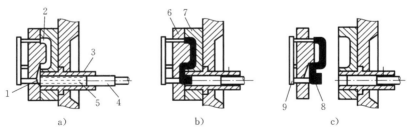

图 1-24　卧式冷压室压铸机工作原理图

a) 合型　b) 压铸　c) 开型

1—浇道　2—型腔　3—浇入金属液处　4—压射冲头

5—金属液　6—动型　7—定型　8—铸件及余料　9—顶杆

2) 压力铸造的生产特点和应用范围

压力铸造有如下特点。

(1) 铸件尺寸精度高　尺寸公差等级为 IT8～IT4,表面粗糙度 Ra 值可达 3.2～0.8 μm,压铸件大都不需机加工即可直接使用。

(2) 可压铸形状复杂的薄壁精密铸件　铝合金铸件最小壁厚可达 0.5 mm,最小孔径 ϕ0.7 mm,在铸件表面可获得清晰的图案及文字,可直接铸出螺纹和齿形。

(3) 铸件组织致密,力学性能好　其强度比砂型铸件高 25%～40%。

（4）生产率高　冷压室压铸机的生产率为 75～85 次/h,热压室压铸机高达300～800 次/h,并容易实现自动化。

但压铸也存在一些不足:由于压射速度高,型腔内气体来不及排除而最后在铸件中形成针孔;铸件凝固快,补缩困难,易产生缩松,影响铸件内在质量;设备投资大,铸型制造费用高,周期长,故只适于大批量生产。

压铸主要用于生产铝、锌、镁等合金铸件,在汽车、拖拉机等工业中得到广泛应用。目前,生产的压铸件重的达 50 kg,轻的只有几克,如发动机缸体、缸盖、箱体、支架、仪表及照相机壳体等。近年来,真空压铸、加氧压铸、半固态压铸的开发利用,扩大了压铸的应用范围。

4. 低压铸造

低压铸造是指用较低的压力(0.02～0.06 MPa)使金属液自下而上充填型腔,并在压力下结晶以获得铸件的方法。

1) 低压铸造的工艺过程

如图 1-25 所示,低压铸造的工艺过程为:把熔炼好的金属液倒入保温坩埚,装上密封盖,升液导管使金属液与铸型相通,锁紧铸型;将干燥的压缩空气通入坩埚内,金属液便经升液导管自下而上平稳地压入铸型并在压力下结晶,直至全部凝固;撤除液面压力,升液导管内金属液流回坩埚,开启铸型,取出铸件。

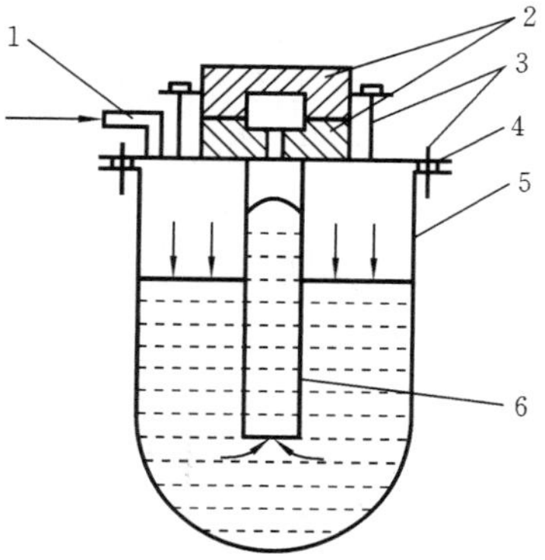

2) 低压铸造的特点和应用范围

低压铸造特点如下。

（1）采用底注式充型,金属充型平稳,无飞溅现象,不易产生夹渣、砂眼、气孔等缺陷。

（2）借助压力充型和凝固,铸件轮廓清晰,组织致密,对于薄壁、耐压、防渗漏、气密性好的铸件尤为有利。

（3）浇注系统简单,浇口兼冒口,金属利用率通常可高达 90% 以上。

（4）充型压力和速度便于调节,可适用于金属型、砂型、石膏型、陶瓷型及熔模型壳等,容易实现机械化、自动化生产。

图 1-25　低压铸造示意图
1—进气管　2—铸型　3—紧固螺栓
4—密封盖　5—坩埚　6—升液导管

低压铸造主要用于生产质量要求高的铝、镁合金铸件,如气缸体、气缸盖、活塞、曲轴箱等,并成功地铸造了重达 200 kg 的铝活塞、30 t 重的铜螺旋桨及大型球墨铸铁曲轴。从 20 世纪 70 年代起出现了侧铸式、组合式等高效低压铸造机,开展了定向凝固及大型铸件的生产等研究,提高了铸件质量,扩大了低压铸造的应用范围。

5. 离心铸造

离心铸造是将金属液浇入高速旋转的铸型中,在离心力作用下充填铸型并凝固成形的铸造方法。离心铸造适合生产中空状的回转体铸件,并可省去型芯。

1) 离心铸造的类型

根据铸型旋转轴空间位置不同,离心铸造机可分为立式和卧式两大类,如图1-26所示。

立式离心铸造机的铸型绕垂直轴旋转(见图 1-26a)。离心力和液态金属本身重力的共同作用,使铸件的内表面为一回转抛物面,造成铸件上薄下厚,而且铸件愈高,壁厚差愈大。因此,它主要用于生产高度小于直径的圆环类铸件,也能浇注成形铸件(见图 1-26b)。

卧式离心铸造机的铸型绕水平轴旋转(见图 1-26c)。由于铸件各部分冷却条件相近,故铸

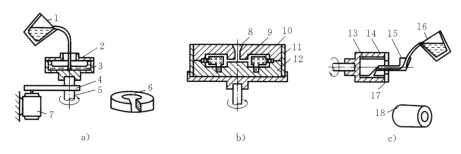

图 1-26　离心铸造示意图

a) 铸型绕垂直轴旋转　b) 浇注成形铸件　c) 铸型绕水平轴旋转

1,16—浇包　2,14—铸型　3,13—金属液　4—带轮和传动带　5—旋转轴　6,18—铸件　7—电动机
8—浇注系统　9—型腔　10—型芯　11—上型　12—下型　15—浇注槽　17—端盖　18—铸件

件壁厚均匀。适于生产长度较大的管、套类铸件。

2）离心铸造的特点和应用范围

离心铸造特点如下。

（1）铸件在离心力作用下结晶，组织致密，无缩孔、缩松、气孔、夹渣等缺陷，力学性能好。

（2）铸造圆形中空铸件时，可省去型芯和浇注系统，简化了工艺，节约了金属材料。

（3）便于铸造双金属铸件，如钢套镶铸铜衬，不仅表面强度高，内部耐磨性好，还可节约贵重金属。

（4）离心铸件内表面粗糙，尺寸不易控制，需增大加工余量来保证铸件质量，且不适宜生产易偏析的合金。

目前，离心铸造已广泛应用于制造铸铁管、铜套、气缸套、双金属钢背铜套、双金属轧辊、加热炉辊道、造纸机滚筒等铸件的生产。

6. 消失模铸造

用泡沫塑料模样造型后，不取出模样而直接浇注，使模样气化消失而形成铸件的方法，称为消失模铸造或实型铸造。

1）消失模铸造的工艺过程

消失模铸造根据造型材料及模样制作工艺的不同主要有两种方法。

图 1-27 所示为铝合金进气管消失模铸造工艺过程，它是把聚苯乙烯（EPS）颗粒放入金属模具内，加热使其膨胀发泡制成模样；将表面覆有耐火涂料的泡沫塑料放入特制的砂箱内，填入干砂震实；在砂箱顶部覆盖一层塑料薄膜，抽真空让铸型保持不变；浇注后高温金属液使模样气化，并占据模样的位置而凝固成铸件；然后释放真空，干砂又恢复了流动性，倒出干砂取出铸件。

在工业中还可采用聚苯乙烯发泡板材，先分块切削加工，然后黏合成整体模样，采用水玻璃砂或树脂砂造型。

2）消失模铸造的特点及应用

消失模铸造特点如下。

（1）消失模铸造是一种近无余量、精确成形的新工艺　该工艺不需起模和修型，无分型面，无型芯，工序简单、生产周期短、效率高、铸件尺寸精度高，表面质量好。

（2）铸件结构设计的自由度大　各种形状复杂的模样，均可采用先分块制造，再黏合成整体的方法制成，减少了加工装配时间，降低了生产成本。

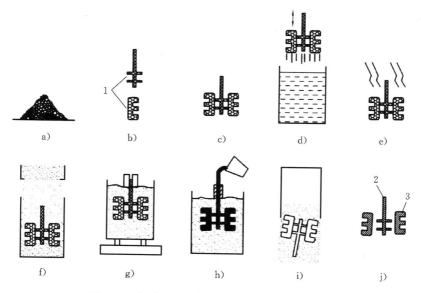

图 1-27　铝合金进气管的消失模铸造工艺过程

a) 制备 EPS 珠粒　b) 制造模样　c) 黏合模样　d) 浸涂料
e) 烘干　f) 加砂　g) 紧砂　h) 浇注　i) 落砂　j) 切割、清理
1—模样　2—浇注系统　3—铸件

（3）生产工序简单，工艺技术容易掌握，易于实现机械化和绿色化生产。

消失模铸造适合于除低碳钢以外的各类合金（因为泡沫塑料熔失时会对低碳钢产生增碳作用，所以不适合于低碳钢铸件的生产），如铝合金、铜合金、铸铁（灰铸铁和球墨铸铁）及各种铸钢等的生产。对铸件的结构、大小及生产类型几乎无特殊限制，是一种适应性广、生产率高、经济适用的生产方法。

1.2.3　铸造成形方法的选择

各种铸造成形工艺方法均有其优缺点和适用范围，因此必须结合具体情况，对铸件大小、结构形状、合金种类、质量要求、生产批量和生产条件等，进行全面的分析、比较才能正确地选择出合理的成形方法。表 1-4 列出了常用铸造方法的比较。下面对几种常用铸造成形方法进行简要分析。

表 1-4　常用铸造方法比较

铸造方法 比较项目	砂型 铸造	熔模 铸造	金属型 铸造	压力 铸造	低压 铸造	消失模 铸造
适用合金	各种合金	碳钢、合金钢、非铁合金	各种合金、以非铁合金为主	非铁合金	非铁合金	不限制
适用铸件大小	不受限制	几十克至几千克的复杂铸件	中、小铸件	中、小铸件，几克至几十千克	中、小铸件，有时达数百千克	不限制

比较项目 ＼ 铸造方法	砂型铸造	熔模铸造	金属型铸造	压力铸造	低压铸造	消失模铸造
铸件最小壁厚 /mm	铸铁＞3	0.5～0.7 孔径0.5～2.0	铸铝＞3 铸铁＞5	铝合金0.5 锌合金0.3 铜合金2	2	—
表面粗糙度 Ra 值 /μm	50～12.5	12.5～1.6	12.5～6.3	3.2～0.8	12.5～3.2	—
铸件尺寸公差 等级	IT11～IT7	IT7～IT4	IT9～IT6	IT8～IT4	IT9～IT6	IT8～IT4
金属收得率 /（%）	30～50	60	40～50	60	50～60	70
毛坯利用率 /（%）	70	90	70	95	80	90
投产的最小批量 /件	单件	1 000	700～1 000	1 000	1 000	不限
生产率（一般 机械化程度）	低中	低中	中高	最高	中	高
应用举例	机床床身、箱体、支座、轴承盖、曲轴、气缸体、气缸盖、水轮转子等	各种批量的铸钢和高熔点合金的小型复杂精密铸件	大量生产非铁合金铸件，也用于生产钢铸件	大量生产铝、锌、铜、镁等合金的中小型薄壁件	各种批量的大、中型铝、铜合金铸件	不同批量较复杂的各种合金铸件

在适用合金种类方面，主要取决于铸型的耐热状况。砂型铸造所用硅砂耐火度达 1 700 ℃，比钢的浇注温度还高出 100～200 ℃，因此砂型铸造可用于铸钢、铸铁、非铁合金等各种材料。熔模铸造的型壳是由耐火度更高的纯硅石粉和硅砂制成，因此它还可以用于熔点更高的合金铸钢件。金属型铸造、压力铸造和低压铸造一般都使用金属铸型和金属型芯，因此一般只用于非铁合金铸件。

在适用铸件大小方面，主要与铸型尺寸、金属熔炉、起重设备的吨位等条件有关。砂型铸造限制较小，可生产小、中、大件。熔模铸造由于难以用蜡料制出较大模样及受型壳强度和刚度限制，一般只适宜生产小件。金属型铸造、压力铸造和低压铸造，由于制造大型金属铸型和型芯较困难，同时受设备吨位所限，一般用于生产中、小型铸件。

在铸件的尺寸精度和表面粗糙度方面，主要与铸型的精度和表面粗糙度有关。砂型铸件的尺寸精度最差，表面粗糙度 Ra 值最大。其他特种铸造方法均能获得较高的尺寸精度和表面质量。压力铸造由于压型加工较精确，且在高压高速下成形，故压铸件的尺寸精度和表面质量很高。

从以上分析看出，砂型铸造尽管有着许多缺点但其适应性最强，在铸造方法的选择中应优先考虑；而各种特种铸造方法仅是在相应的条件下才能显示出其优越性。

当具体选择某种铸造方法时，还需要对铸件的成本作一定量分析，看其经济效益如何？铸件成本的计算公式为

$$C = C_S + C_M / N$$

式中　C——铸件成本；

　　　C_S——除模具和专用设备费用外的铸件成本；

　　　C_M——模具和专用设备费用；

　　　N——生产件数。

由上式等号两边同乘以 N，有

$$CN = NC_S + C_M$$

式中　CN——铸件总成本。

在实际生产中，一方面要根据铸件成本、生产批量来决定铸造方法，同时还要考虑铸件的尺寸精度、表面质量等因素。采用特种铸造方法时，由于提高了铸件的尺寸精度和表面质量，降低了机械加工的工作量，使铸件的制造成本降低，即使生产批量小一点，也可能是经济的。因此，在选择各种铸造方法时，应进行全面的技术经济分析。

1.3　铸造成形件的工艺设计

铸造成形件的工艺设计是根据铸件结构特点、技术要求、生产批量、生产条件等，确定铸造方案和工艺参数，并绘制工艺图，编制工艺卡和工艺规范。铸造成形件又以砂型铸件所占比例最大，故本节主要阐述砂型铸造成形件的工艺设计，即砂型铸造工艺设计。具体设计内容包括：选择铸件的浇注位置和分型面；确定工艺参数（如机械加工余量、起模斜度、铸造圆角、收缩量等）；确定型芯的数量、芯头形状及尺寸；设计浇注系统和冒口、冷铁等的形状、尺寸及在铸型中的布置等。然后将工艺设计的内容（工艺方案）用工艺符号或文字在零件图上表示出来，即构成了铸造工艺图。

1.3.1　铸造成形方案的选择

铸件成形方案的选择，是铸造成形工艺的关键，它主要包括浇注位置和分型面的选择两个方面。

1. 浇注位置的选择

浇注位置是指浇注时铸件在铸型中所处的空间位置。浇注位置选择正确与否对质量影响很大。选择时应考虑以下原则。

（1）铸件的重要加工面应朝下或位于侧面。这是因为铸件上部凝固速度慢，晶粒较粗大，易在铸件上部形成砂眼、气孔、渣孔等缺陷。铸件下部的晶粒细小，组织致密，缺陷少，质量优于上部。当铸件有几个重要加工面或重要面时，应将主要的和较大的加工面朝下或侧立，受力部位也应置于下部。无法避免在铸件上部出现加工面时，应适当加大加工余量，以保证加工后铸件质量。如图 1-28 所示，机床床身导轨和铸造锥齿轮的锥面都是主要的工作面，浇注时应朝下。如图 1-29 所示，吊车卷筒的主要加工面为外侧柱面，采用立位浇注，卷筒的全部圆周表面位于侧位，可保证质量均匀一致。

（2）铸件宽大平面应朝下。这是因为在浇注过程中，熔融金属对型腔上表面的强烈辐射，容易使上表面型砂急剧地膨胀而拱起或开裂，在铸件表面造成夹砂结疤缺陷（见图 1-30a、b）。因此，具有大平面的铸件，应将大平面朝下放置（见图 1-30c）。

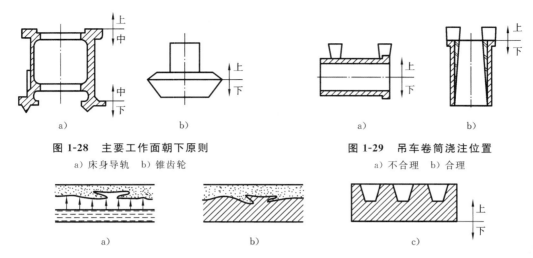

图 1-28　主要工作面朝下原则　　　　　　　　　图 1-29　吊车卷筒浇注位置

a) 床身导轨　b) 锥齿轮　　　　　　　　　　　　a) 不合理　b) 合理

图 1-30　大平面的浇注位置选择

a) 拱起开裂　b) 夹砂结疤　c) 具有大平面铸件的浇注位置

（3）面积较大的薄壁部分应置于铸型下部或垂直、倾斜位置。如图 1-31a 所示，将箱盖铸件的薄壁部分置于铸型上部易产生浇不足、冷隔等缺陷。改置于铸型下部后，可避免出现缺陷，如图 1-31b 所示。

（4）形成缩孔的铸件，应将截面较厚的部分置于上部或侧面，便于安放冒口，使铸件自下而上（朝冒口方向）定向凝固（见图 1-32）。

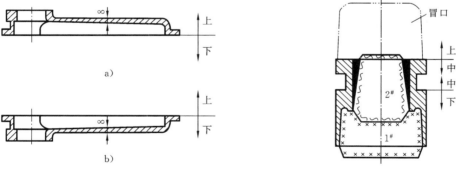

图 1-31　箱盖的浇注位置　　　　　　　　图 1-32　双排链轮的浇注位置

a) 不合理　b) 合理

（5）应尽量减小型芯的数量，且便于安放、固定和排气。图 1-33 所示为床脚铸件，采用如图 1-33a 所示的方案，中间空腔需一个很大的型芯，增加了制芯的工作量；采用如图 1-33b 所示的方案，中间空腔由自带型芯形成，简化了造型工艺。

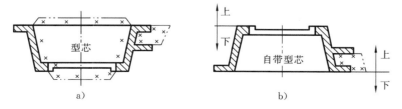

图 1-33　机床床脚的浇注位置

a) 不合理　b) 合理

2. 铸型分型面的选择

分型面为铸型之间的结合面。分型面选择合理与否,对造型工艺、铸件质量、工装设备的设计与制作有着重要影响。分型面的选择要在保证铸件质量的前提下,尽量简化铸造工艺过程,以节省人力物力。分型面选择应考虑以下原则。

(1) 便于起模,使造型工艺简化。主要考虑以下几个方面。

① 为了便于起模,分型面应选在铸件的最大截面处。

② 分型面的选择应尽量减小型芯和活块的数量,以简化制模、造型、合型工序。

③ 分型面应尽量平直。图 1-34 所示为起重臂分型面的选择,按如图 1-34a 所示的方案分型,必须采用挖砂或假箱造型;采用如图 1-34b 所示的方案分型,可采用分模造型,使造型工艺简化。

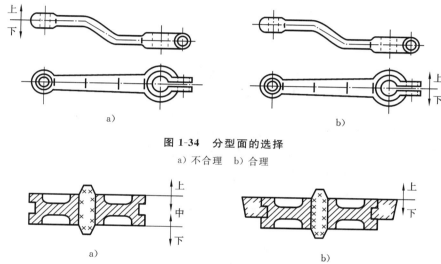

图 1-34 分型面的选择

a) 不合理 b) 合理

图 1-35 用外芯减少分型面

a) 两个分型面 b) 设置外芯,一个分型面

④ 尽量减少分型面,特别是机器造型时,只能有一个分型面。如果铸件不得不采用两个或两个以上的分型面,可以如图 1-35 中一样,利用外芯等措施减少分型面。

(2) 尽量将铸件重要加工面或大部分加工面、加工基准面放在同一个砂箱中,以避免产生错箱、披缝和毛刺,降低铸件精度和增加清理工作量。图 1-36 所示的箱体如采用 I 分型面选型,铸件两尺寸变动较大,以箱体底面为基准面加工 A、B 面时,凸台高度、铸件的壁厚等难以保证;若用 II 分型面,整个铸件位于同一砂箱中,则不会出现上述问题。

(3) 使型腔和主要芯位于下箱,便于下芯、合型和检查型腔尺寸(见图 1-37)。

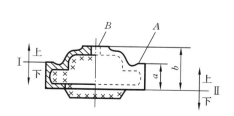

图 1-36 箱体分型面的选择

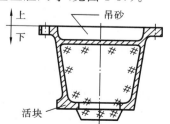

图 1-37 机床床脚的铸造工艺图

1.3.2　工艺参数的确定

铸造工艺参数包括收缩率、加工余量、起模斜度、铸造圆角及芯头、芯座的尺寸等。

1. 收缩余量

为了补偿收缩,模样比铸件图样尺寸增大的数值称为收缩余量。收缩余量的大小与铸件尺寸大小、结构的复杂程度和铸造合金的线收缩率有关,常常以铸件线收缩率表示。铸造线收缩率 K 的计算公式为

$$K = \frac{L_模 - L_件}{L_模} \times 100\%$$

式中　$L_模$——模样或芯盒工作面的尺寸(mm);

　　　$L_件$——铸件的尺寸(mm)。

2. 加工余量

铸件为进行机械加工而加大的尺寸称为机械加工余量。在零件图上标有加工符号的地方,制模时必须留有加工余量。加工余量的大小,要根据铸件的大小、生产批量、合金种类、铸件复杂程度及加工面在铸型中的位置来确定。灰铸铁件表面光滑平整,精度较高,加工余量较小;铸钢件的表面粗糙,变形较大,其加工余量比铸铁件要大些;非铁合金件由于表面光洁、平整,其加工余量可以小些;机器造型比手工造型精度高,故加工余量可小一些。

零件上的孔与槽是否铸出,应考虑工艺上的可行性和使用上的必要性。一般说来,较大的孔与槽应铸出,以节约金属、减少切削加工工时,同时可以减小铸件的热节;较小的孔,尤其是位置精度要求高的孔、槽则不必铸出,留待机加工反而更经济。砂型铸造最小铸出孔如表 1-5 所示。

表 1-5　常用合金铸件的最小铸出孔

生 产 批 量	最小铸出孔直径/mm	
	灰 铸 铁 件	铸 钢 件
大量生产	12～15	—
成批生产	15～30	30～50
单件、小批生产	30～50	50

3. 起模斜度

为使模样容易地从铸型中取出或型芯自芯盒中脱出,所设计的平行于起模方向在模样或芯盒壁上的斜度,称为起模斜度,如图 1-38 所示。起模斜度的大小根据立壁的高度、造型方法和模样材料来确定。立壁愈高,斜度愈小;外壁斜度比内壁小;机器造型的一般比手工造型的小;金属模斜度比木模小。

4. 芯头和芯座

芯头分为垂直芯头和水平芯头(见图 1-39),是型芯的外伸部分,不形成铸件轮廓,只落入芯座内,用以定位和支承型芯。模样上用以在型腔内形成芯座并放置芯头的凸出部分也称芯头。因此芯头的作用是保证型芯能准确地固定在型腔中,并承受型芯本身所受的重力、熔融金属对型芯的浮力和冲击力等。此外,型芯还利用芯头向外排气。铸型中专为放置芯头的空腔称为芯座。芯头和芯座都应有一定斜度,便于下芯和合型,如图 1-39 所示。

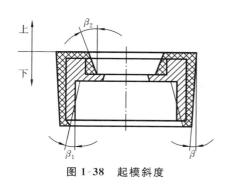

图 1-38　起模斜度

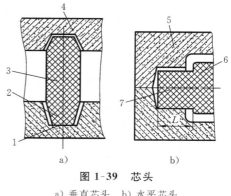

图 1-39　芯头
a) 垂直芯头　b) 水平芯头
1—芯座　2,7—芯头　3,6—型芯　4,5—铸型

1.3.3　浇注系统

浇注系统是引导金属液进入铸型型腔的一系列通道的总称。合理的设置浇注系统,能避免铸造缺陷的产生。对浇注系统一般有以下要求。

(1) 使金属液平稳、连续、均匀地流入铸型,避免对砂型和型芯造成冲击。

(2) 防止熔渣、砂粒或其他杂质进入铸型。

(3) 调节铸件各部分的温度分布,控制冷却和凝固的顺序,避免缩孔、缩松及裂纹的产生。

1. 浇注系统的组成及作用

它的基本组成有浇口杯、直浇道、横浇道和内浇道,如图 1-40 所示。

(1) 浇口杯　浇口杯的作用是承受金属液的冲击和分离熔渣,避免金属液对砂型的直接冲击。

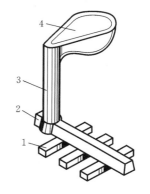

图 1-40　浇注系统
1—内浇道　2—横浇道
3—直浇道　4—浇口杯

(2) 直浇道　直浇道是一个圆锥形的竖直通道,利用它的高度所产生的静压力,可以控制金属液流入铸型的速度并提高充型能力。

(3) 横浇道　横浇道主要起挡渣作用,金属液在横浇道内速度减缓,熔渣及气体能充分上浮而不进入铸型。

(4) 内浇道　内浇道是把金属液直接引入铸型的通道。利用它的位置、大小和数量可以控制金属液流入铸型的速度和方向,以及调节铸件各部分的温度分布。

2. 浇注系统的常见类型

按浇注系统各组元截面积的比例,浇注系统可分为以下两种类型。

(1) 封闭式浇注系统　各组元中总截面积最小的是内浇道,即 $\sum F_{直} > \sum F_{横} > \sum F_{内}$,其组元截面比例为:$\sum F_{直} : \sum F_{横} : \sum F_{内} = 1.15 : 1.1 : 1$。这种浇注系统容易被金属液充满,撇渣能力较好,可防止金属液卷入气体,通常用于中小型铸铁件。但封闭式浇注系统中金属液流速较大,易引起喷溅和剧烈氧化,故不适用于易氧化的非铁合金铸件或压头大的铸件,也不宜用于用柱塞包浇注的铸钢件。

(2) 开放式浇注系统　这种浇注系统的最小截面(阻流截面)是直浇道的横截面,即

$\sum F_{\text{直}} < \sum F_{\text{横}} < \sum F_{\text{内}}$。显然金属液难于充满这种浇注系统中的所有组元,故其撇渣能力较差,熔渣及气体易随液流进入型腔,造成废品。但内浇道流出的金属液流速较低,流动平稳,冲刷力小,金属液受氧化的程度轻。它主要适用于易氧化的非铁金属件、球铁件和用柱塞包浇注的中大型铸钢件。在铝、镁合金铸件上常用的比例是 $\sum F_{\text{直}} : \sum F_{\text{横}} : \sum F_{\text{内}} = 1 : 2 : 4$。

按金属液导入铸件型腔的位置,浇注系统可分为顶注式浇注系统、底注式浇注系统、中注式浇注系统、阶梯式浇注系统、缝隙式浇注系统等。

3. 冒口

冒口是在铸型中设置的一个储存金属液的空腔。其主要作用是在铸件凝固收缩过程中,提供由于铸件体积收缩所需要的金属液,对其进行补缩,防止铸件产生缩孔、缩松等缺陷。铸件清理时,再将冒口切除,获得质量优良的铸件。

冒口的类型如下所述。

明冒口一般都设置在铸件顶部,它与大气相通,排气及浮渣效果较好。在轻合金铸件、铸铁件及中小型铸钢件的生产中多使用明冒口。

暗冒口可设置在铸件的任何位置上。如需要补缩的部位与铸型顶面的距离较大,或冒口的上部受到铸件另一部分结构的阻碍,以及在高压釜中浇注时,常常采用暗冒口。暗冒口的顶部一般开有出气孔,以保证冒口空腔中的气体在浇注时能逸出铸型。

顶冒口一般为明冒口,一般设置于铸件最高位置或热节部位的上面,这样补缩压力大,补缩效果好,而且排气和撇渣也比较容易。当铸件的热节部位处于铸件的侧面和下部时,应选用侧冒口。侧冒口也有明冒口和暗冒口两种形式,依热节在铸件所处的位置而定。

冒口应设置在铸件热节圆直径较大的部位。冒口尺寸计算的方法有多种,生产中目前应用最简便的方法多为比例法,它是一种经验方法。设计冒口时可参阅有关铸造手册。

1.3.4　铸造成形工艺图

铸造工艺图是利用各种工艺符号,把制造模样和铸造所需的资料直接绘在零件图上的图样。它决定了铸件的形状、尺寸、生产方法和工艺过程。

铸造工艺图通常是在零件蓝图上加注红、蓝色的各种工艺符号,把分型面、加工余量、起模斜度、芯头、浇注系统等表示出来,铸件线收缩率可用文字说明。

对于大批量生产的定型产品或重要的试验产品,应画出铸件图、模样(或模板)图、芯盒图、砂箱图和铸型装配图等。下面用实例对铸造成形工艺图的绘制加以说明。

铸造工艺设计的内容,最终归结到在对零件图进行工艺分析的基础上,绘制出铸造工艺图。下面给出 C6140 车床进给箱体(见图 1-41a)的铸造工艺实例。

- 材料　HT200;
- 生产批量　单件、小批或大量生产;
- 工艺分析　因该铸件没有质量要求特殊的表面,故浇注位置和分型面的选择主要以简化造型工艺为主要原则,同时应尽量保证基准面 D 的质量。进给箱体的工艺设计有如图 1-41b 所示的三种方案。

方案 I　分型面在轴孔中心线上,此时,凸台 A 距分型面较近,又处于上箱,若采用活块,型砂易脱落,故改用型芯来成形,槽 C 则用型芯或活块制出。本方案的主要优点是适于铸出

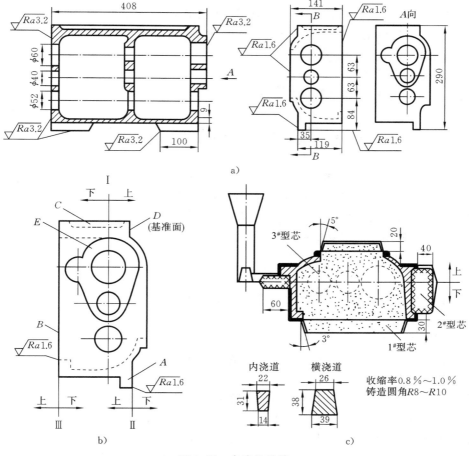

图 1-41 车床进给箱

a) 零件图 b) 分型面的选择 c) 铸造工艺图

轴孔,铸后轴孔的飞边少,便于清理。同时,下芯头尺寸较大,型芯稳定性好。其主要缺点是基准面 D 朝上,该面较易产生缺陷,且型芯数量较多。

方案 Ⅱ 从基准面 D 分型,铸件绝大部分位于下箱,此时,凸台 A 不妨碍起模,但凸台 E 和槽 C 妨碍起模,也需采用活块或型芯。其缺点除基准面朝上外,其轴孔难以直接铸出。轴孔若拟铸出,因无法制出芯头,必须加大型芯与型壁间的间隙,致使飞边较大,清理困难。

方案 Ⅲ 从 B 面分型,铸件全部位于下箱,其优点是铸件不会产生错箱缺陷,基准面朝下,其质量易于保证,同时铸件最薄处在铸型下部,铸件不易产生浇不足、冷隔的缺陷。其缺点是凸台 E、A 和槽 C 都需采用活块或型芯,内腔型芯上大下小稳定性差,若拟铸出轴孔,其缺点与方案 Ⅱ 相同。

上述诸方案虽各有其优缺点,但结合具体生产条件,仍可通过对比找出最佳方案。

（1）大量生产。在大量生产条件下,为减少切削加工量,轴孔需要铸出。此时,为了使下芯、合箱及铸件的清理简便,只能按照方案 Ⅰ 从轴孔中心线处分型。为便于采用机器造型,应避免活块,故凸台和凹槽均采用型芯。为了克服基准面朝上的缺点,必须加大 D 面的加工余量。

（2）单件、小批生产。在此条件下,因采用手工造型,故活块较型芯更为经济;同时,因铸件的精度较低,尺寸偏差较大,轴孔不必铸出,留待直接切削加工。显然,在单件生产条件下,宜采用方案Ⅱ或方案Ⅲ;小批生产时,三个方案均可考虑,视具体条件而定。

● 铸造工艺图的绘制　　在工艺分析的基础上,根据生产批量及具体生产条件,首先确定浇注位置和分型面;然后确定工艺参数:机械加工余量、起模斜度、铸造圆角、铸造收缩率等。同时还要确定型芯的数量、芯头尺寸及浇注系统的尺寸等。图 1-41c 所示为在大量生产条件下所绘制的铸造工艺图,图中组装而成的型腔大,型芯的细节未能表示。

1.4　铸造成形件的结构设计

铸件结构设计是指铸件结构应符合铸造生产要求,即满足铸造性能和铸造工艺对铸件结构的要求。生产中铸件的结构是否合理,不仅直接影响到铸件的力学性能、尺寸精度、质量要求和其他使用性能,同时,对铸造生产过程也有很大的的影响。所谓铸造工艺性良好的铸件结构,应该是铸件的使用性能容易保证,生产过程及所使用的工艺装备简单,生产成本低,生产率高。

1.4.1　铸造成形工艺对铸件结构的要求

合理的铸件结构设计,除了满足零件的使用性能要求外,还应使其铸造工艺过程尽量简化,以提高生产效率,降低废品率,为生产过程的机械化创造条件。

1. 铸件外形设计

铸件的外形应便于起模,应避免侧凹、窄槽和不必要的曲面,以简化外形,便于操作。图 1-42a 所示的端盖存在侧凹,需三箱造型或增加环状型芯。若改为图 1-42b 所示的结构,简化了外形结构,可采用简单的两箱造型,使造型过程大为简化。图 1-43a 所示的箱体具有窄小沟槽,操作困难且容易掉砂。若改为图 1-43b 所示的结构,既便于操作又能保证铸件质量。图 1-44a 所示的托架 A、B 为曲面,制造模样、芯盒费工、费料。若改为图 1-44b 所示的直线结构,可降低制模费用 30%。凸台、肋条的设计应便于起模。图 1-45a、c 中,凸台、肋条的设计均阻碍起模,需采用活块或型芯。图 1-45b、d 所示的结构避免了活块或型芯,造型简单。

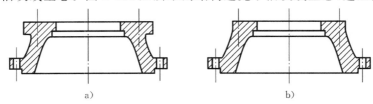

a)　　　　　　　　　　　　　　　　　b)

图 1-42　端盖铸件

a) 端盖存在侧凹　b) 简化外形结构

2. 铸件内腔设计

良好的内腔设计,既可以减少型芯数量,又有利于型芯的固定、排气和清理,因而可防止偏芯、气孔等缺陷的产生,并简化造型工艺,降低成本。因此,在设计铸件内腔时应尽量少用或不用型芯。如图 1-46a 所示铸件,其内腔只能用型芯成形,若改为图 1-46b 结构,可用自带型芯成形。图 1-47a 中为便于型芯固定、排气和清理,铸件有两个型芯,其中水平芯呈悬臂状态,需用芯撑 A 支撑,若按图 1-47b 改为整体芯,支撑稳固,排气畅通,清砂方便。薄壁或进行耐压

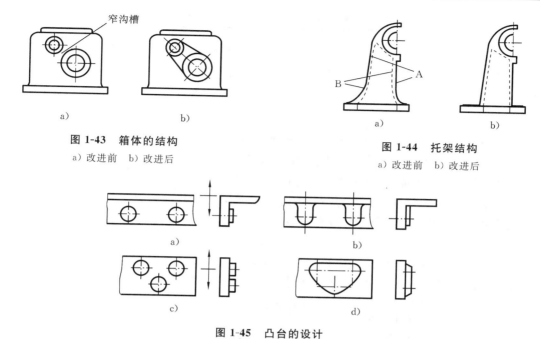

图 1-43　箱体的结构
a) 改进前　b) 改进后

图 1-44　托架结构
a) 改进前　b) 改进后

图 1-45　凸台的设计
a) 改进前　b) 改进后　c) 改进前　d) 改进后

实验的铸件尽量不用芯撑,可在铸件上设计工艺孔,增加芯头支撑点,也便于排气和清理。

图 1-46　内腔的设计
a) 改进前　b) 改进后

图 1-47　轴承架的结构
a) 改进前　b) 改进后

3. 结构斜度设计

为了起模方便,凡垂直于分型面的非加工表面应设计结构斜度。一般金属型或机器造型时,结构斜度可取 $0.5° \sim 1°$,砂型和手工造型时可取 $1° \sim 3°$。

1.4.2　铸造性能对铸件结构的要求

铸件的结构如果不能满足合金铸造性能的要求,将可能产生浇不足、冷隔、缩松、气孔、裂纹和变形等缺陷。

1. 铸件壁厚的设计

(1) 铸件的最小壁厚　在确定铸件壁厚时,首先要保证铸件达到所要求的强度和刚度,同时还必须从合金的铸造性能的可行性来考虑,以避免铸件产生某些铸造缺陷。由于每种铸造合金的流动性不同,在相同铸造条件下,所能浇注出的铸件最小允许壁厚亦不同。如果所设计铸件的壁厚小于允许的"最小壁厚",铸件就易产生浇不足、冷隔等缺陷。在各种工艺条件下,铸造合金能充满型腔的最小厚度,称为铸件的最小壁厚。铸件的最小壁厚主要取决于合金的种类、铸件的大小及形状等因素。表 1-6 给出了一般砂型铸造条件下的铸件最小壁厚。

表 1-6　砂型铸造条件下几种合金的铸件最小壁厚　　　　　　(mm)

铸件尺寸 /(mm×mm)	铸钢	灰铸铁	球墨铸铁	可锻铸铁	铝合金	铜合金
<200×200	8	5~6	6	5	3	3~5
200×200~500×500	10~12	6~10	12	8	4	6~8
>500×500	15~20	15~20	15~20	10~12	6	10~12

（2）铸件的临界壁厚　在铸造厚壁铸件时,容易产生缩孔、缩松、结晶组织粗大等缺陷,从而使铸件的力学性能下降。因此,在设计铸件时,如果一味地采取增加壁厚的方法来提高铸件的强度,其结果可能适得其反。因为各种铸造合金都存在一个临界壁厚。在最小壁厚和临界壁厚之间就是适宜的铸件壁厚。一般在砂型铸造条件下,各种铸造合金的临界壁厚约等于其最小壁厚的三倍。

（3）铸件壁厚应均匀、避免厚大截面　铸件壁过厚容易使铸件内部晶粒粗大,并产生缩孔、缩松等缺陷。图 1-48a 所示为圆柱座铸件,其内孔需装配一根轴。现因壁厚过大,而出现

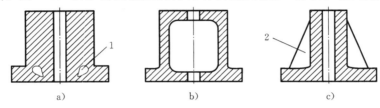

图 1-48　壁厚对铸件的影响
a) 出现缩孔　b) 挖空　c) 设置肋板
1—缩孔　2—肋板

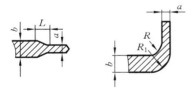

图 1-49　壁厚对铸件的影响

缩孔。若采用如图 1-48b 所示的挖空或设置如图 1-48c 所示的肋板,则其壁厚呈均匀分布,在保证使用性能的前提下,既可消除缩孔缺陷,又能节约金属材料。当铸件各部分的壁厚难以做到均匀一致,甚至存在有很大差别时,为减小应力集中采用逐步过渡的方法,防止壁厚的突变,如图1-49所示。

2. 铸件壁间连接的设计

为减少热节,防止缩孔,减小应力,防止裂纹,壁间连接应采用圆角连接逐步过渡,避免十字交叉和锐角连接(见图 1-50)。

图 1-50　铸件接头结构
a) 交错接头　b) 环状接头　c) 锐角连接过渡形式

3. 避免铸件收缩受阻的设计

当铸件收缩受到阻碍,产生的内应力超过材料的抗拉强度时将产生裂纹。如图 1-51 所示的轮形铸件,可借助弯曲轮辐的微量变形自行减缓内应力,或者采用奇数轮辐数,防止开裂。

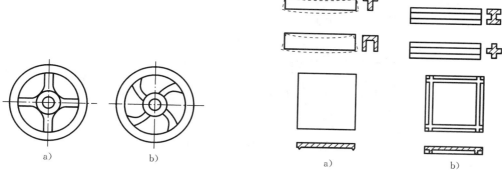

图 1-51　轮辐的设计
a) 直轮辐　b) 弯曲轮辐

图 1-52　防止变形的铸件结构设计
a) 不合理　b) 合理

4. 防止铸件翘曲变形的设计

细长形或平板类铸件在收缩时易产生翘曲变形。如图 1-52 所示,改不对称结构为对称结构或采用加强肋,提高其刚度,均可有效地防止铸件变形。

1.4.3　铸造成形方法对铸件结构的要求

当设计铸件结构时,除应考虑上述工艺和合金所要求的一般原则外,对于采用特种铸造方法的铸件,还应根据其工艺特点考虑一些特殊要求。

1. 熔模铸件的结构设计

(1) 便于从压型中取出蜡模和型芯。图 1-53a 所示的结构由于带孔凸台朝内,注蜡后无法从压型中抽出型芯;而图 1-53b 所示的结构则克服了上述缺点。

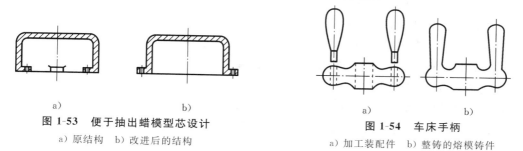

图 1-53　便于抽出蜡模型芯设计
a) 原结构　b) 改进后的结构

图 1-54　车床手柄
a) 加工装配件　b) 整铸的熔模铸件

(2) 为了便于浸渗涂料和撒砂,孔、槽不宜过小或过深,孔径应大于 2 mm。通孔时,孔深/孔径一般为 4~6 mm;盲孔时,孔深/孔径不超过 2 mm;槽深为槽宽的 2~6 倍,槽深度应大于2 mm。

(3) 壁厚尽可能满足顺序凝固要求,不要有分散的热节,以便利用浇口进行补缩。

(4) 因蜡模的可熔性,所以可铸出各种复杂形状的铸件。可将几个零件合并为一个熔模铸件,以减小加工和装配工序,图 1-54 所示为车床的手轮手柄,图 1-54a 所示为加工装配件,图 1-54b 所示为整铸的熔模铸件。

2. 金属型铸件的结构设计

(1)铸件的外形和内腔应力求简单,尽可能加大铸件的结构斜度,避免采用直径过小或过深的孔,以保证铸件能从金属型中顺利取出,以及尽可能地采用金属型芯。图1-55a所示的铸件,其内腔内大外小及 $\phi18$ mm孔过深,金属型芯难以抽出。在不影响使用的条件下,改成图1-55b所示的结构后,增大内腔结构斜度,则金属型芯抽出顺利。

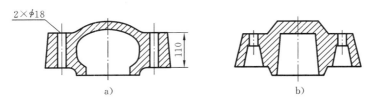

图 1-55　金属型铸件结构与抽芯

a)无法抽芯　b)便于抽芯

(2)铸件的壁厚差别不能太大,以防出现缩松或裂纹。同时为防止浇不足、冷隔等缺陷,铸件的壁厚不能太薄。如铝合金铸件的最小壁厚为 2～4 mm。

3. 压铸件的结构设计

(1)压铸件的外形应使铸件能从压型中取出,内腔也不应使金属型芯抽出困难。因此要尽量消除侧凹,在无法避免而必须采用型芯的情况下,也应便于抽芯。如图 1-56a 所示,B 处妨碍抽芯,改成图 1-56b 所示的结构后,利于抽芯。

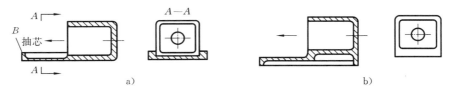

图 1-56　压铸件结构与抽芯

a)改进前　b)改进后

(2)压铸件壁厚应尽量均匀一致,且不宜太厚。对厚壁压铸件,应采用加强肋减小壁厚,以防壁厚处产生缩孔和气孔。

(3)充分发挥镶嵌件的优越性,以便制出复杂件,改善压铸件局部性能和简化装配工艺。为使嵌件在铸件中连接可靠,应将嵌件镶入铸件的部分制出凹槽、凸台或滚花等。

4. 离心铸件的结构设计

离心铸造件的内、外直径不宜相差太大,否则内、外壁的离心力相差太大。此外,若是绕竖轴旋转,铸件的直径应大于高度的三倍,否则内壁下部的加工余量过大。

1.4.4　铸件结构的组合设计

铸件结构设计应考虑生产的全过程,可以将大铸件或形状复杂的铸件设计成几个较小的铸件,经机械加工后,再用焊接或螺纹连接等将其组合成整体。图1-57所示为大型铸钢机座,为使铸造工艺简化,将其分成两半铸造,然后焊接成整体。图1-58所示为床身铸件,图1-58a采用整体铸造,因形状复杂,工艺难度较大;采用如图1-58b所示的结构,分为两件铸造,然后用螺栓装配在一起,则使工艺大大简化。

焊缝

图 1-57　铸钢机座的铸焊

因工艺的局限性而无法整体铸造的结构可采用改变铸造方法的组合设计。如图 1-59 所示铸件，原为砂型铸造，因内腔采用砂芯，故铸造并无困难，但改为压铸时，则无法抽芯，出型也较困难（见图 1-59a），若改成如图 1-59b 所示的两件组合，则出型和抽芯均可顺利进行。

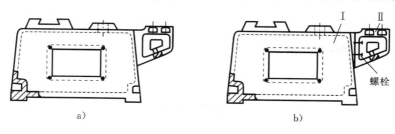

a)　　　　　　　　　　　　　　　　　　b)

图 1-58　组合床身铸件

a) 整体铸造　　b) 分为两件铸造

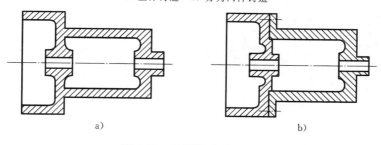

a)　　　　　　　　　　　　　　　　　　b)

图 1-59　砂型铸造改为压铸

a) 砂型铸件　　b) 两件组合

复习思考题

1-1　什么是熔融合金的充型能力？它与合金的流动性有什么关系？不同成分的合金为何流动性不同？

1-2　区分下列名词

缩孔与缩松　浇不足与冷隔　出气口与冒口　逐层凝固与定向凝固

1-3　什么是定向凝固原则？什么是同时凝固原则？各需要采取什么措施来实现？各适用在什么场合？

1-4　何谓合金的收缩？由哪几个阶段组成？影响合金收缩的因素有哪些？

1-5 铸造应力分为哪几类？其对铸件质量有何影响？如何防止和减小铸造应力？

1-6 试分析题图 1-1 所示轨道铸件热应力的分布,并用虚线表示出铸件的变形方向。

1-7 砂型铸造的主要工艺过程有哪些？

1-8 什么是熔模铸造？其工艺过程与特点有哪些？

1-9 金属型铸造和砂型铸造相比,在生产方法、造型工艺和铸件结构方面有何异同和优缺点？

1-10 下列铸件大批量生产时采用什么铸造方法为宜？

车床床身、铝合金活塞、缝纫机头、汽轮机叶片、发动机钢背铜套、煤气管道、大模数齿轮滚刀

1-11 什么是铸件的结构斜度？它与起模斜度有何不同？

1-12 某厂铸造一个 $\phi 1\ 500$ mm 的铸铁顶盖,有如题图 1-2 所示的两种设计方案,试分析哪种方案易于生产？简述其理由。

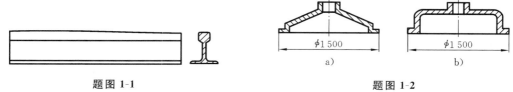

题图 1-1

题图 1-2

a) 方案 1 b) 方案 2

1-13 分析题图 1-3 所示铸件的分型面和浇注位置,有几种方案？哪种方案较合理？为什么？

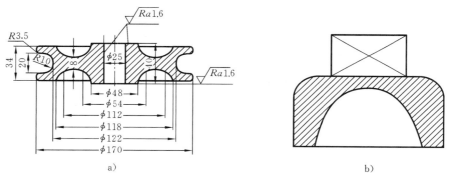

题图 1-3

a) 铸件 1 b) 铸件 2

1-14 在设计铸件壁时应注意些什么？为什么要规定铸件的最小壁厚？灰铸铁件壁厚过大或局部过薄会出现什么问题？

1-15 试修改题图 1-4 中铸件结构,使之合理。

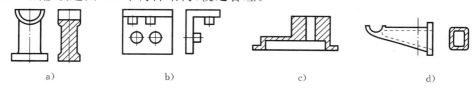

题图 1-4

a) 结构 1 b) 结构 2 c) 结构 3 d) 结构 4

1-16　题图 1-5 中所示铸件在单件生产条件下应采用什么造型方法？试确定其浇注位置与分型面的最佳方案，试绘制铸造工艺图。

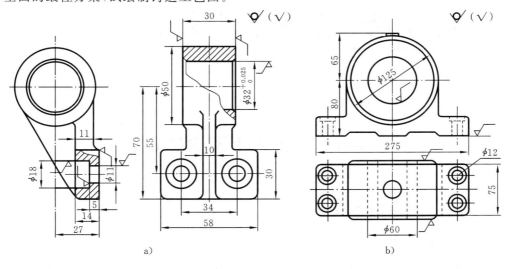

题图 1-5

a）铸件 1　b）铸件 2

第2章 金属的压力加工成形

2.1 压力加工理论基础

2.1.1 金属塑性变形

金属材料在外力作用下,利用自身的塑性产生变形,改变形状、尺寸及其力学性能,以获得符合要求的工件或毛坯,此种成形加工方法称为金属塑性成形,也称金属的压力加工。

在金属塑性成形过程中,作用在金属坯料上的外力主要有两种:冲击力和压力。锤类设备通过冲击力使金属变形,压力机与轧机利用压力使金属变形。

钢和大多数非铁金属及其合金都具有一定的塑性,因此它们可以在热态或冷态下进行压力加工。

1. 金属塑性成形工艺方法及分类

金属塑性成形工艺方法很多,其产品范围也非常广泛,小到几克的精密零件,大到几百吨的巨型锻件,均可由塑性成形方法生产。

金属塑性成形分为生产原材料的一次塑性加工和生产零件及其毛坯的二次塑性加工。

1) 一次塑性加工

一次塑性加工是冶金工业中生产板材、型材、管材、线材等的加工方法。变形过程稳定,适合于大批量连续生产。包括挤压、轧制、拉拔等工艺,如图 2-1a、b、c 所示。

(1) 挤压 金属坯料在挤压模内受压被挤出模孔而变形的成形工艺称为挤压。挤压时坯料在很强的三向压应力状态下成形,允许采用很大的变形量,适用于对低碳钢、非铁金属及其合金的加工,如采用适当工艺措施,还可对合金钢和难熔合金进行加工。

(2) 轧制 金属坯料在两个回转轧辊之间受压变形而获得一定截面形状材料的成形工艺称为轧制。

(3) 拉拔 将金属坯料拉过拉拔模的模孔而变形的成形工艺称为拉拔。拉拔模模孔在工作时受到强烈摩擦,为使拉拔模具有足够的使用寿命,应选用耐磨的特殊合金钢或硬质合金制造模具。

2) 二次塑性加工

二次塑性加工是机械制造工业中生产零件及其毛坯的加工方法。除大锻件采用钢锭直接锻成锻件外,一般都是以一次塑性加工获得的线、棒、管、板、型材为原材料进行再次塑性成形获得所需制件。其主要成形方法包括自由锻、模锻、板料冲压等(见图 2-1d、e、f)。

(1) 自由锻 金属坯料在上、下砧铁间受冲击力或压力而变形的成形工艺称为自由锻。

(2) 模锻 金属坯料在具有一定形状的锻模模膛内受冲击力或压力而变形的成形工艺称

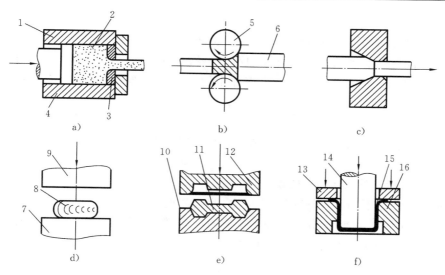

图 2-1　常用的压力加工方法

a) 挤压　b) 轧制　c) 拉拔　d) 自由锻　e) 模锻　f) 板料冲压

1,14—凸模　2,6,8,11,15—坯料　3—挤压模　4—挤压筒　5—轧辊
7—下砧铁　9—上砧铁　10—下模　12—上模　13—压板　16—凹模

为模锻。

（3）板料冲压　金属板料在冲模之间受压产生变形或分离的成形工艺称为冲压。该方法多在常温下进行，又称冷冲压或板料冲压。

2. 金属塑性成形工艺特点及应用

金属塑性成形与其他加工方法，如金属切削、铸造、焊接等相比，具有以下特点。

1）改善金属的组织，提高力学性能

金属在塑性成形过程中，其组织和性能都得到改善和提高，塑性加工能消除金属铸锭内部的气孔、缩孔和树枝状晶等缺陷，并由于金属的塑性变形和再结晶，可使粗大晶粒细化，得到致密的金属组织，从而提高金属的力学性能。在零件设计时，若正确选用零件的受力方向与纤维组织方向，可以提高零件的抗冲击性能。对于承受重载、冲击或交变应力的重要零件一般都采用锻件。

2）材料利用率高

金属塑性成形依靠材料形状的变化和体积的转移来实现，不产生切屑，材料利用率高，可以节约大量的金属材料和切削加工工时。

3）生产效率高

金属塑性成形工艺是用成形设备和工、模具进行生产，适合于大批量生产，并随着机械化、自动化程度的提高，生产效率得到大幅度提高。如锻造一根汽车发动机曲轴只需几十秒，成形一个汽车覆盖件仅需几秒钟；而多工位自动冷镦螺栓比用棒料切削的工效可提高几百倍。

4）毛坯或零件的尺寸精度较高

金属塑性成形的很多工艺方法不但可以获得精度较高的毛坯，有些已经达到少、无切削加工的要求，向近净成形发展。如精密锻造的伞齿轮齿形部分可不经切削加工直接使用，复杂曲面形状的叶片精密锻造后只需磨削便可达到所需精度。

但金属塑性成形不适宜加工脆性材料（如铸铁）和形状特别复杂（特别是内腔形状复杂）或

体积特别大的零件或毛坯。

总之,金属塑性成形不但能获得强度高、性能好的零件,而且具有生产率高、材料消耗少等优点,因而在冶金、机械、汽车、航空、军工、仪表、电器和日用五金等工业领域得到广泛应用,在制造业中占有十分重要的地位。如飞机零件中约85%、汽车零件中约65%为金属塑性成形件。

2.1.2　金属的锻造性及影响成形的因素

1. 金属塑性变形后的组织和性能

金属在外力作用下,其内部必将产生应力,此应力迫使原子离开原来的平衡位置,改变原子间的距离,使金属发生变形,并引起原子位能的增高,但处于高位能的原子具有返回到原来低位能平衡位置的倾向。因而当外力停止作用后,应力消失,变形也随之消失。金属的这种变形称为弹性变形。

当外力增大到使金属的内应力超过该金属的屈服点之后,即使外力停止作用,金属的变形并不消失,这种变形称为塑性变形。金属塑性变形的实质是晶体内部产生滑移的结果。塑性变形过程中伴随着弹性变形的存在,当外力去除后,弹性变形将恢复,这种现象称为"弹复"。

金属在常温下经过塑性变形后,其内部组织将发生如下变化(见图2-2):① 晶粒沿最大变形的方向伸长;② 晶格与晶粒均发生扭曲,产生内应力;③ 晶粒间产生碎晶。

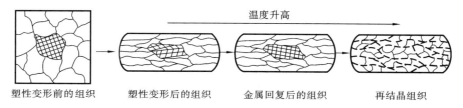

图 2-2　金属的回复和再结晶

金属的力学性能随其内部组织的改变而发生明显变化。变形程度增大时,金属的强度及硬度提高,而塑性和韧性下降,这种现象称为加工硬化。利用加工硬化提高金属的强度,是工业生产中强化金属材料的一种手段,尤其适用于不能用热处理工艺强化的金属材料。

加工硬化是一种不稳定的现象,具有自发地回复到稳定状态的倾向,但在室温下不易实现,由于温度升高,原子获得热能,热运动加剧,原子排列会回复到正常状态,从而消除晶格扭曲,并部分消除加工硬化,这个过程称为"回复"。此时的温度称为回复温度 $T_回$,一般 $T_回 = (0.25\sim0.3)T_熔$($T_熔$ 为金属熔化温度(K))。

当温度继续升高到 $T_熔$ 的 0.4 倍时,金属原子获得更多热能,开始以碎晶或杂质为核心结晶成细小而均匀的再结晶新晶粒,从而消除全部加工硬化现象,这个过程称为再结晶。此时的温度称为再结晶温度 $T_再$,$T_再 = 0.4T_熔$。在压力加工生产中,加工硬化给金属继续进行塑性变形带来了困难,应加以消除。在实际生产中,常采用加热的方法使金属发生再结晶,从而再次获得良好的塑性,这种工艺操作称为再结晶退火。

2. 金属塑性变形的类型

由于金属在不同温度下变形对其组织和性能的影响不同,通常以再结晶温度为界,将金属的塑性变形分为冷变形和热变形。

　　1）冷变形

　　在再结晶温度以下的变形称为冷变形。变形过程中无再结晶现象而只有加工硬化,冷变形需要很大的变形力,变形程度不宜过大,以免缩短模具寿命或使工件破裂。但冷变形可使金属获得较高的强度、硬度和较低的表面粗糙度值,一般不需再切削加工,可用它来提高产品性能。如金属在冷镦、冷轧、冷挤以及冷冲压中的变形均属于冷变形。

　　2）热变形

　　在再结晶温度以上的变形称为热变形。变形后的金属具有细而均匀的再结晶等轴晶粒组织而无任何加工硬化痕迹,金属只有在热变形的情况下,才能以较小的功达到较大的变形,加工出尺寸较大和形状较复杂的塑性成形件。但是,由于热变形是在高温下进行,金属在加热过程中表面容易形成氧化皮,影响产品尺寸精度和表面质量,劳动条件较差,生产率也较低。如金属在自由锻、热模锻、热轧、热挤压中的变形均属于热变形。

　　3. 金属的纤维组织

　　金属压力加工的初始坯料是钢锭,其内部组织很不均匀,晶粒较粗大,并存在气孔、缩松、非金属夹杂物等缺陷。钢锭加热后经过压力加工,由于塑性变形及再结晶,其组织由粗大的铸态组织变为细小的再结晶组织,同时可以将钢锭中的气孔、缩松等压合在一起,使金属更加致密,力学性能得到很大的提高。

　　此外,钢锭在压力加工中产生塑性变形时,基体金属的晶粒形状和沿晶界分布的杂质形状将沿着变形方向被拉长,呈纤维形状,金属再结晶后也不会改变,仍然保留下来,使金属组织具有一定方向性,称为纤维组织(即流线)。纤维组织形成后,不能用热处理方法消除,只能通过塑性变形改变纤维的方向和分布。

　　纤维组织的存在对金属的力学性能有较大影响。变形程度越大,纤维组织越明显,各向异性越严重,横向塑性和冲击韧度下降较大,在设计和制造零件时,应加以注意。

　　(1)对一般的轴类锻件,要使零件工作时的最大拉应力方向与纤维方向一致,最大切应力方向与纤维方向垂直。

　　(2)对容易疲劳受损的零件,工作表面应避免纤维露头,要使纤维的分布与零件的外形轮廓相符合,而不被切断。例如,齿轮应镦粗成形,使其纤维呈放射状,有利于齿面的受力;曲轴采用拔长、弯曲工步,避免机加工割断纤维,提高强度和使用寿命,如图 2-3 所示。

　　(3)对受力比较复杂的锻件,如锻模、锤头等,因各方面性能都有要求,所以不希望具有明显的纤维组织,锻造时应镦、拔结合,减小异向性。

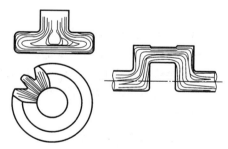

图 2-3　纤维组织的分布比较

　　4. 最小阻力定律

　　金属塑性成形的实质是金属的塑性流动。影响金属塑性成形时流动的因素十分复杂,要定量描述线性流动规律非常困难,但可应用最小阻力定律定性地描述金属质点的流动方向。最小阻力定律是塑性成形最基本的规律之一,它是指塑性变形时,如果金属质点在几个方向上都可流动,那么,金属质点就优先沿着阻力最小的方向流动。

　　通过调整流动阻力来改变某些方向上金属的流动量,以便合理成形,消除缺陷。例如,调整锻模毛边槽结构,增大金属流向分模面的阻力,有利于锻件充满型腔;采用闭式滚挤和闭式

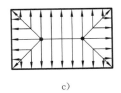

a)   b)   c)

图 2-4　坯料镦粗时不同截面上质点的流动方向
a) 圆形　b) 正方形　c) 矩形

拔长模膛制坯,增大金属横向流动阻力,可以提高滚挤和拔长效率。此外,运用最小阻力定律可解释为什么用平头锤镦粗时金属坯料的截面形状随着坯料的变化都逐渐接近于圆形。

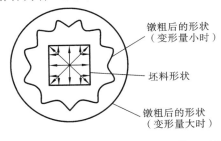

图 2-5 表示正方形截面坯料镦粗后的截面形状

镦粗后的形状(变形量小时)
坯料形状
镦粗后的形状(变形量大时)

图 2-5　正方形截面坯料镦粗后的截面形状

图 2-4a、b、c 分别表示镦粗时圆形、方形、矩形坯料截面上各质点的流动方向。图 2-5 表示正方形截面坯料镦粗后的截面形状,由图可见,坯料在平砧间自由镦粗时,随着变形程度的增加,方形截面将趋于圆形。因为,沿四边垂直方向流动距离短,摩擦阻力小,金属流动量大,而沿对角线方向距离长,阻力大,流动很少。由于相同面积的任何形状总是圆形周边最短,因而最小阻力定律在镦粗中也称为最小周边法则。

5. 体积不变条件

弹性变形时必须考虑体积的变化,但在塑性变形时,由于金属材料连续且致密,体积变化很微小,与形状变化相比可以忽略,因此认为塑性变形时,金属材料在变形前后体积保持不变。也就是说,塑性变形时,只有形状和尺寸的改变,而无体积的增减。

体积不变规律对塑性成形有很重要的指导意义,根据塑性变形前后体积不变规律,可以确定毛坯的尺寸;并结合最小阻力定律,便可大体确定塑性成形时的金属流动模型,从而决定所采用的变形工步。

6. 金属塑性变形程度

压力加工时,塑性变形程度的大小对金属组织和性能有重大的影响。随着变形程度的增加,可以消除铸态粗大树枝晶组织,获得均匀细小的等轴晶组织;可以破碎并分散碳化物和非金属夹杂物在钢中的分布;还可以锻合内部孔隙和疏松,使组织致密,使材料的宏观和微观缺陷得到改善和消除,各项力学指标如强度、抗疲劳性能得以提高,特别是塑性、韧度指标(断后伸长率 A、断面收缩率 Z、冲击韧度 α_K)提高很大。

然而,变形程度过小,起不到细化晶粒、提高金属力学性能的目的;变形程度过大,不但增加了锻造工作量,还会出现纤维组织,导致材料的各向异性,使横向性能明显下降;当变形程度超过金属允许的变形极限时,将会开裂。

在锻造工艺中,常用锻造比(坯料变形前后的截面积之比)来表示变形程度的大小。拔长时,锻造比(F_0/F)为拔长前后金属坯料的横截面积之比;镦粗时,锻造比(H_0/H)为镦粗前后金属坯料的高度之比。显然,锻造比越大,材料的变形程度也越大。

正确选择锻造比具有重要的意义,它关系到锻件的质量,应根据金属材料的种类和锻件尺寸及所需性能、锻造工序等多方面因素进行选择。

(1)用钢锭作为锻造坯料时,因钢锭内部组织不均匀,存在较多的缺陷,为消除铸造缺陷,改善性能,并使纤维分布符合要求,应选择适当的锻造比进行锻造。对于碳素结构钢,拔长锻造比大于等于 2.5,镦粗锻造比大于等于 2 即可;对于合金结构钢,锻造比为 3～4;对于无相变的不锈钢和耐热钢,不能靠热处理而只能依靠锻造来细化晶粒,故应选择较大的锻造比;对于铸造缺陷严重、碳化物粗大的高碳、高合金工具钢,应选择更大的锻造比,如高速钢的锻造比取 5～12,并从多方向反复锻造,才能使钢中的碳化物分散细化。

（2）用棒料或锻坯作为锻造坯料时,由于坯料已经过大变形轧制或锻造,内部组织和力学性能已经得到改善,并具有纤维流线组织,故应选择较小的锻造比,通常取 1.3～1.5 即可。

在板料冲压工艺中,表示变形程度的参数有相对弯曲半径、拉深系数、翻边系数等。挤压成形时,则用挤压断面缩减率等参数表示变形程度。

7. 影响金属塑性变形的因素

金属材料经压力加工而产生塑性变形的工艺性能,常用金属的可锻性来衡量。金属的可锻性好,说明该材料宜用压力加工方法成形;金属的可锻性差,说明该材料不宜用压力加工方法成形。可锻性是衡量材料通过塑性加工获得优质零件难易程度的工艺性能。可锻性常用金属的塑性和变形抗力来综合衡量。塑性越好,变形抗力越小,则金属的可锻性好;反之则差。

塑性是指金属材料在外力作用下产生永久变形而不破坏其完整性的能力,常用单向拉伸试验中材料断裂时的塑性变形量即断后伸长率 A 和断面收缩率 Z 来表示。变形抗力指在压力加工过程中金属对变形的抵抗力。变形抗力越小,则变形中所消耗的能量越少。金属材料若具有较高的塑性,又有较小的变形抗力,则具有良好的可锻性。

金属的可锻性取决于材料的性质和加工条件等。

1) 材料的性质

（1）化学成分的影响　不同化学成分的金属,塑性不同,其可锻性也不同。一般情况下,纯金属的可锻性比合金好;钢中加入合金元素,特别是加入强碳化物形成元素时,合金碳化物在钢中形成硬化相,使钢的变形抗力增大,塑性下降,通常合金元素含量越高,其塑性越差,变形抗力越大,可锻性越差。碳钢中的基本元素碳、硅、锰、磷、硫等对钢的锻造性能有重要影响,其中,碳的影响最显著,随着碳质量分数的增加,钢的塑性降低。杂质元素对钢的可锻性也有较大的影响,磷会使钢出现冷脆性,硫会使钢出现热脆性,它们都会降低钢的塑性成形性能。

（2）金属组织的影响　金属内部的组织结构不同,其可锻性也有很大差别。一般情况下,纯金属及固溶体(如奥氏体)的可锻性好,而碳化物(如渗碳体)的可锻性差。例如,碳钢在高温下为单相奥氏体组织,可锻性好。纯铁和低碳钢主要以铁素体为基体,塑性比高碳钢好,变形抗力也较小,随着碳质量分数的增加,钢中的碳化物逐渐增多,在高碳钢中甚至出现硬而脆的网状渗碳体,使钢的塑性下降,抗力增加,可锻性变差。通常,铸态柱状晶和粗大树枝晶组织的塑性较差,而均匀细小的等轴晶组织塑性就好,如超细晶粒在特定的变形条件下,还会出现超塑性现象。

2) 加工条件

（1）变形温度的影响　提高金属变形时的温度,是改善金属可锻性的有效措施,并对生产率、产品质量及金属的有效利用等均有极大的影响。

在一定的变形温度范围内,随着温度的升高,原子动能增加,金属塑性提高,变形抗力减少,锻造性能得到明显改善。如碳钢在锻造温度下的变形抗力仅为室温下的 5%～10%。因此,温度是金属塑性变形中重要的加工条件。

加热温度要控制在一定范围之内,碳素钢加热到相变线(亚共析钢为 Ac_3 线,过共析钢为

Ac_{cm}线)以上时,成为具有良好塑性的单相奥氏体组织,同时,在高温变形过程中,动态再结晶可以随时消除加工硬化,使变形抗力减少,有利于塑性变形继续进行。如果加热温度过高且时间过长,不但会使坯料表层氧化(烧损)、脱碳严重,还会使奥氏体晶粒急剧长大,导致锻后粗晶,金属力学性能降低,这种现象称为过热。若加热温度接近熔点,会使晶界氧化,晶间连接遭到破坏,金属失去塑性而报废,这种现象称为过烧。因此,碳钢的开始锻造温度(始锻温度)应低于固相线 200 ℃左右,终止锻造温度(终锻温度)应高于再结晶温度,大约为 800 ℃,以便获得均匀细密的锻后再结晶组织,如图 2-6 所示。终锻温度过低,金属无再结晶,加工硬化严重,变形抗力急剧增加,甚至导致锻件破裂。锻造温度是指始锻温度与终锻温度之间的温度。

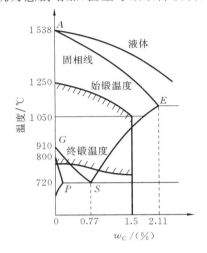

图 2-6　碳钢锻造温度范围

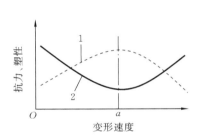

图 2-7　变形速度对塑性及变形抗力的影响
1—变形抗力曲线　2—塑性变化曲线

　　(2) 变形速度的影响　变形速度即单位时间内的变形程度。它对金属锻造性的影响可分为两个阶段(见图 2-7):在变形速度小于 a 的阶段,由于变形速度的增大,回复和再结晶不能及时克服加工硬化现象,金属表现出塑性下降、变形抗力增大,可锻性变差;在变形速度大于 a 的阶段,金属在变形过程中,消耗于塑性变形的能量有一部分转化为热能,使金属温度升高,称为热效应现象。变形速度越大,热效应现象越明显,则金属的塑性提高,变形抗力下降,可锻性变好。

　　在锻压生产实践中,提高变形速度一般是为了减少热量的散失,还可以利用惯性作用,有利于复杂锻件的成形,如将复杂型槽放在锻锤的上模。目前只有采用高速锤锻造时,才考虑热效应的升温现象对金属塑性成形性能的影响。此外,某些对变形速度敏感的低塑性材料成形时,只能采用变形速度较低的液压机或机械压力机;否则,变形速度过快,来不及通过再结晶消除由变形产生的加工硬化,从而产生裂纹。

　　(3) 应力状态的影响　金属在不同的塑性加工方式下变形时,所产生应力的大小和性质(拉应力或压应力)是不同的。例如,挤压时为三向不等的压应力状态(见图 2-8),而拉拔时则为两向受压、一向受拉的应力状态(见图 2-9)。应力状态对金属成形的难易程度有重要影响。

　　金属材料在塑性变形时的应力状态不同,对塑性的影响是不同的。实践证明,在三向应力状态中,压应力的数量越多,金属的塑性越好;拉应力的数量越多,则金属的塑性越差。因为:拉应力易使滑移面分离,易在材料内部的缺陷处产生应力集中,促使缺陷扩展,造成破坏;压应力状态则与之相反,可以抑制和消除这些缺陷。例如,铅具有极好的塑性,但在三向等拉应力

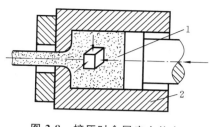

图 2-8　挤压时金属应力状态

1—坯料　2—模具

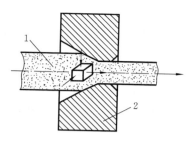

图 2-9　拉拔时金属应力状态

1—坯料　2—模具

的状态下,会像脆性材料一样破裂,大理石在三向压应力状态下,反而能产生较大的塑性变形。有时采用 V 形砧而不用平砧拔长,就是利用工具侧向压应力的作用,避免坯料心部产生拉应力甚至开裂。

　　应力状态不同,变形抗力也是不同的。拉应力使金属容易产生滑移变形,变形抗力减小;而压应力会使金属内部摩擦力增大,变形抗力增加。因此,对于塑性好的金属,变形时出现拉应力可以减少变形能量的消耗;对于塑性较差的金属,则应尽量在三向压应力状态下变形,以免产生裂纹,但需要相应增加锻压设备的吨位。因此,在选择具体的成形方法时,应充分考虑应力状态对金属可锻性的影响。

　　3)其他因素

　　在成形过程中,摩擦力对变形也有重要影响。摩擦力越大,变形不均匀程度越严重,引起的附加应力也越大,从而导致变形抗力增加,塑性降低。提高毛坯的表面质量,选用适当的润滑剂和润滑方法,可以减小金属流动时的摩擦阻力,这对于冷挤压和板料成形尤为重要。

　　塑性加工时要利用模具使材料成形,它们的结构对塑性成形有很大影响。应合理设计模具,使金属具有良好的流动条件,例如,模锻时,模腔转向深处应有适当圆角,这样可以减小金属成形时的流动阻力,避免割断纤维和出现折叠;板料成形时,拉深凹模应有合理的圆角,才能保证顺利成形。

　　综上所述,金属的可锻性既取决于金属材料的性质,又取决于加工条件。在采用塑性加工时,要选择合理的成形工艺,力求创造最有利的加工条件,充分利用金属的塑性,获得合格的制品,达到塑性加工目的。

2.2　金属热锻成形工艺

　　利用冲击力或压力使金属在砧铁间或锻模中变形,从而获得所需形状和尺寸的锻件,这类工艺方法称为锻造。锻造是重要的塑性成形方法之一,它能保证金属零件具有较好的力学性能,以满足使用要求。

2.2.1　自由锻

　　自由锻造简称自由锻,它是利用冲击力或压力,使金属在上、下砧铁之间,产生塑性变形而获得所需形状、尺寸及内部质量锻件的一种金属压力加工方法。锻造时,金属坯料除与上、下砧铁接触外,其他方向均能自由变形流动,不受约束,故无法精确控制锻件的尺寸。

自由锻的特点是可以迅速而经济地改变坯料的形状和尺寸,同时显著改善和提高坯料的组织性能。中小型的、碳素钢和低合金钢的锻件,主要是解决成形问题,而大型的、高合金钢的重要锻件,则主要是保证提高内部质量和节省金属材料。

自由锻分为手工锻造和机器锻造两种。手工锻造只能生产小型锻件,生产率也较低。机器锻造是自由锻的主要方法,又可分为锻锤自由锻与水压机自由锻两大类,前者主要锻造中小型锻件,后者则主要锻造大型锻件。

自由锻的工具简单、通用,工艺灵活,生产准备周期短,应用范围广,尤其对于大型锻件,自由锻是唯一的加工方法,这使得自由锻在重型机械制造中具有特别重要的作用。例如水轮机主轴、多拐曲轴、大型连杆、重要的齿轮等零件,在工作时都承受很大的载荷,要求具有较高的力学性能,故常采用自由锻方法生产毛坯。自由锻主要应用于单件、小批生产及修配,以及大型锻件的生产和新产品的试制等。但是,由于自由锻件的形状与尺寸主要靠人工操作来控制,所以锻件的精度较低,加工余量大,劳动强度大,生产率低。

1. 自由锻工序

根据变形性质和变形程度的不同,自由锻工序可分为基本工序、辅助工序和精整工序。

1) 基本工序

基本工序是指使金属坯料产生一定程度的塑性变形,达到或基本达到所需形状、尺寸或改善材料性能的工艺过程。主要有镦粗、拔长、弯曲、冲孔、切割、扭转和错移等。实际生产中最常用的是镦粗、拔长和冲孔三个工序。

(1) 镦粗　沿工件轴向进行锻打,使其长度减小,横截面积增大的工序。常用来锻造齿轮坯、凸缘、圆盘等零件,也可用来作为锻造环、套筒等空心锻件冲孔前的预备工序。

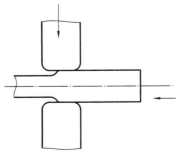

图 2-10　镦粗

a) 全镦粗　b) 局部镦粗

镦粗可分为全镦粗和局部镦粗两种形式,如图2-10所示。镦粗时,坯料不能过长,高度与直径之比应小于2.5,以免镦弯或出现细腰、夹层等现象。坯料镦粗的部位必须均匀加热,以防止出现变形不均匀。局部镦粗是对坯料的局部长度(端部或中间)进行镦粗,其他部位不变形,主要用于锻制轴杆类锻件的头部或凸缘。

(2) 拔长　拔长是指沿垂直于工件的轴向进行锻打,以使其截面积减小、而长度增加的工序,如图2-11所示。对于圆形坯料,一般先锻打成方形后再进行拔长,最后锻成所需形状,或者使用V形砧铁进行拔长,如图2-12所示,且在锻造过程中要将坯料绕轴线不断翻转。

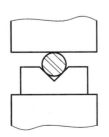

图 2-11　拔长　　　　　　　图 2-12　使用 V 形砧铁拔长圆坯料

拔长是锻造轴杆类锻件的主要工序。拔长耗时较长,对轴类锻件的质量和生产率有重要的影响。如何通过合理的拔长较快地使锻件成形,并且尽可能提高内部质量,是轴类锻件生产中的重要问题。

(3)冲孔　冲孔是指利用冲头在工件上冲出通孔或盲孔的工序,常用于锻造齿轮、套筒和圆环等空心锻件,对于环类件,冲孔后还应进行扩孔工作。

在薄坯料上冲通孔时,可用冲头一次冲出。若坯料较厚时,可先在坯料的一边冲到孔深的2/3 深度后,拔出冲头,翻转工件,再从反面冲通,以避免在孔的周围冲出毛刺,如图 2-13 所示。

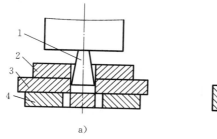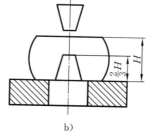

图 2-13　冲孔

a)薄坯料冲孔　b)厚坯料冲孔

1—冲头　2—坯料　3—垫环　4—芯料

(4)弯曲　弯曲是指使坯料轴线产生一定曲率的工序,用于制作弯轴类锻件,如吊钩、曲轴等。

(5)扭转　扭转是指使坯料的一部分相对于另一部分绕其轴线旋转一定角度的工序,可用来制作曲轴、麻花钻等锻件。

(6)错移　错移是指使坯料的一部分相对于另一部分平移错开的工序,是生产曲拐或曲轴类锻件所必需的工序。

(7)切割　分割坯料或去除锻件余量的工序。

2)辅助工序

为使基本工序操作方便而进行的预变形工序称为辅助工序,如压钳口、倒棱、切肩等。

3)精整工序

精整工序是在完成基本工序之后,用以提高锻件尺寸及位置精度的工序。

2. 自由锻工艺规程的制定

制定工艺规程、编写工艺卡片是进行自由锻生产必不可少的技术准备工作,是组织生产、规范操作、控制和检查产品质量的依据。制定工艺规程,必须结合生产条件、设备能力和技术水平等实际情况,力求技术上先进、经济上合理、操作上安全,以达到正确指导生产的目的。

自由锻工艺规程的内容包括:① 绘制锻件图,制定锻件技术条件;② 确定锻造工序;③ 计算坯料的质量与尺寸;④ 选择锻压设备;⑤ 确定锻造温度范围和加热、冷却规范;⑥ 填写锻造工艺卡片等。

1)锻件图的绘制

锻件图是以零件图为基础,结合自由锻工艺特点绘制而成的图形,它是工艺规程的核心内容,是制定锻造工艺规程和锻件检验的依据。锻件图必须准确而全面地反映锻件的特殊内容,如圆角、斜度等,以及对产品的技术要求,如性能、组织等。

绘制时主要考虑以下几个因素。

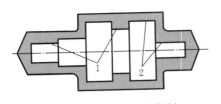

图 2-14　锻件余量及敷料

1—敷料　2—锻件余量

（1）敷料　对键槽、齿槽、退刀槽及小孔、盲孔、台阶等难以用自由锻方法锻出的结构，可以暂时添加一部分金属以简化锻件的形状。为了简化锻件形状以便进行自由锻造而增加的这一部分金属称为敷料，如图 2-14 所示。

（2）锻件余量　在零件的加工表面上增加供切削加工用的余量称为锻件余量，如图 2-14 所示。锻件余量的大小与零件的材料、形状、尺寸、批量大小、生产实际条件等因素有关。零件越大，形状越复杂，则余量越大。

（3）锻件公差　锻件公差是锻件名义尺寸的允许变动量，其值的大小与锻件形状、尺寸有关，并受到生产中具体情况的影响。锻件余量和锻件公差可查阅有关手册。

对于某些重要锻件，为了检验锻件内部组织和力学性能，还要在锻件上具有代表性的地方留出检验试样余量。有些锻件锻后要吊挂起来进行热处理，还需要留有热处理工艺卡头等。考虑上述问题以后，即可绘制锻件图。

在锻件图上，锻件的外形用粗实线，如图 2-15 所示。为了使操作者了解零件的形状和尺寸，在锻件图上用双点画线画出零件的主要轮廓形状，并在锻件尺寸线的上方标注出锻件尺寸与公差，尺寸线下方用圆括号标注出零件尺寸。

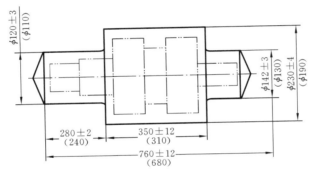

图 2-15　典型自由锻锻件图

2）确定自由锻工序

自由锻工艺灵活，可以锻出各种各样的锻件。根据形状相似、变形过程相近的锻件归为一类的方法，自由锻件可分为盘类锻件、轴杆类锻件、空心锻件、弯曲类锻件、曲轴类锻件和复杂形状锻件等。一般而言，盘类零件多采用镦粗（或拔长—镦粗）和冲孔等工序；轴类零件多采用拔长、切肩和锻台阶等工序。一般锻件的分类及采用的工序如表 2-1 所示。

表 2-1　自由锻件分类及所需锻造工序

锻件类别	图　例	锻造工序
盘类零件		镦粗（或拔长—镦粗），冲孔等
轴类零件		拔长（或镦粗—拔长），切肩，锻台阶等

续表

锻件类别	图　　例	锻　造　工　序
简类零件		镦粗(或拔长—镦粗),冲孔,在芯轴上拔长等
环类零件		镦粗(或拔长—镦粗),冲孔,在芯轴上扩孔等
弯曲类零件		拔长,弯曲等

此外,自由锻工艺方案的选取要综合考虑坯料状态、生产数量、锻件形状、变形工序特点、设备和工具条件、工人技术水平与经验等,才能确定出合理的变形方案。此外,还要考虑锻造火次(即坯料加热次数),每一火次中坯料所经历的成形工序都应明确规定在锻造工艺卡片上。

3) 坯料质量与坯料尺寸的确定

(1) 确定坯料质量　自由锻所用坯料的质量为锻件的质量与锻造时各种金属消耗的质量之和,可由下式计算:

$$G_{坯料} = G_{锻件} + G_{烧损} + G_{料头}$$

式中　　$G_{坯料}$——坯料质量(kg);

　　　　$G_{锻件}$——锻件质量(kg);

　　　　$G_{烧损}$——加热时坯料因表面氧化而烧蚀的质量(kg),第一次加热取被加热金属质量的
　　　　　　　　　2 %～3 %,以后各次加热取 1.5 %～2.0 %;

　　　　$G_{料头}$——锻造过程中被冲掉或切掉的那部分金属的质量(kg),如冲孔时坯料中部的料
　　　　　　　　　芯,修切端部产生的料头等,对于大型锻件,当采用钢锭作坯料进行锻造时,还
　　　　　　　　　要考虑切掉的钢锭头部和尾部的质量。

(2) 确定坯料尺寸　根据塑性加工过程中体积不变原则和采用的基本工序类型(如拔长、镦粗等)的锻造比、高度与直径之比等,计算出坯料横截面积、直径或边长等尺寸。

典型锻件的锻造比如表 2-2 所示。

表 2-2　典型锻件的锻造比

锻件名称	计算部位	锻造比	锻件名称	计算部位	锻造比
碳素钢轴类锻件	最大截面	2.0～2.5	锤头	最大截面	≥2.5
合金钢轴类锻件	最大截面	2.5～3.0	水轮机主轴	轴身	≥2.5
热轧辊	辊身	2.5～3.0	水轮机立柱	最大截面	≥3.0
冷轧辊	辊身	3.5～5.0	模块	最大截面	≥3.0
齿轮轴	最大截面	2.5～3.0	航空用大型锻件	最大截面	6.0～8.0

4) 选择锻压设备

根据作用在坯料上力的性质,自由锻设备分为锻锤和液压机两大类。

(1) 锻锤　锻锤产生冲击力使金属坯料变形。锻锤的吨位是以落下部分的质量来表示的。生产中常使用的锻锤是空气锤和蒸汽-空气锤。空气锤利用电动机带动活塞产生压缩空

气,使锤头上下往复运动进行锤击。它的特点是结构简单,操作方便,维护容易,但吨位较小,只能用来锻造质量 100 kg 以下的小型锻件。蒸汽-空气锤采用蒸汽和压缩空气作为动力,其吨位稍大,可用来生产质量小于 1 500 kg 的锻件,如图 2-16 所示。

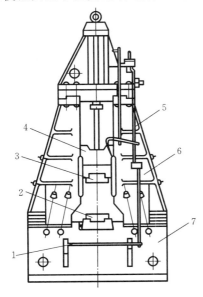

图 2-16 蒸汽-空气锤示意图
1—踏板　2—下模　3—上模　4—锤头
5—操纵机构　6—锤身　7—砧座

(2)液压机　液压机产生静压力使金属坯料变形。其规格用它所能产生的最大压力来表示。目前大型液压机的静压力可达万吨以上,能锻造 300 t 的锻件。由于静压力作用时间长,容易达到较大的锻透深度,故用液压机锻造可获得整个截面为细晶粒组织的锻件。液压机是大型锻件的唯一成形设备,大型先进液压机的生产常标志着一个国家工业技术水平发达的程度。另外,液压机工作平稳,金属变形过程中无振动、噪声小,劳动条件较好。但液压机设备庞大、造价高。

(3)自由锻设备的选择　设备的选择应根据锻件大小、质量、形状及基本变形工序,结合生产实际条件来确定。例如,用轧材或锻坯作坯料的中小锻件一般都用锻锤生产,而用钢锭作为大型锻件的坯料,心部不易锻透,应选用液压机锻造。液压机行程较大,下砧可前后移动,镦粗时可换用镦粗平台,操作方便。

5)确定锻造温度范围

锻造温度范围是指始锻温度和终锻温度之间的温度范围。

由于加热的目的是提高金属的塑性,减小变形抗力,使之易于变形,并获得良好的锻后组织和力学性能,因此,确定锻造温度范围的原则是:保证金属在锻造过程中具有良好的锻造性能,即塑性好,变形抗力小,锻后能获得良好的内部组织;同时锻造温度范围要尽可能宽一些,以便有较长的时间进行锻造,从而减少加热次数和烧蚀,提高生产率。

碳钢的锻造温度范围,以铁碳平衡相图为基础,始锻温度一般取固相线以下150～200 ℃,以保证金属不发生过热与过烧;终锻温度一般高于金属的再结晶温度50～100 ℃,以保证锻后再结晶完全,锻件内部得到细晶粒组织。随着合金元素的增加,高碳钢、高合金钢的始锻温度下降,终锻温度提高,锻造温度范围变窄,锻造难度增加。部分金属材料的锻造温度范围如表2-3所示。此外,锻件的终锻温度还与变形程度有关,变形程度较小时,终锻温度可稍低于规定温度。

表 2-3　部分金属材料的锻造温度范围

材 料 类 型	锻造温度/℃		保温时间 /(min/mm)
	始　锻	终　锻	
10、15、20、25、30、35、40、45、50	1 200	800	0.25～0.7
15CrA、16Cr$_2$MnTiA、38CrA、20MnA、20CrMnTiA	1 200	800	0.3～0.8
12CrNi$_3$A、12CrNi$_4$A、38CrMoAlA、25CrMnNiTiA、30CrMnSiA、50CrVA、18Cr$_2$Ni$_4$WA、20CrNi$_3$A	1 180	850	0.3～0.8

材 料 类 型	锻造温度/℃		保温时间 /(min/mm)
	始　锻	终　锻	
40CrMnA	1 150	800	0.3～0.8
铜合金	800～900	650～700	—
铝合金	450～500	350～380	—

6）填写锻造工艺卡片

典型自由锻件（半轴）的锻造工艺卡如表 2-4 所示。

表 2-4　半轴的自由锻工艺卡

锻件名称	半　轴	图　例
坯料质量	25 kg	
坯料尺寸	$\phi130\times240$	
材　料	18CrMnTi	
火　次	工　序	图　例
1	锻出头部	
火　次	工　序	图　例
1	拔长	
	拔长及修整台阶	
	拔长并留出台阶	
	锻出凹档及拔长端部并修整	

3. 自由锻件的结构工艺性

自由锻件的设计原则是：在满足使用性能的前提下，锻件的形状应尽量简单，易于锻造。

1）尽量避免锥体或斜面结构

锻造具有锥体或斜面结构的锻件时，需制造专用工具，锻件成形也比较困难，从而使工艺过程复杂，不便于操作，影响设备使用效率，应尽量避免，如图 2-17 所示。

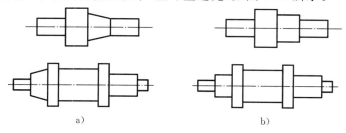

图 2-17　轴类锻件结构
a) 工艺性差的结构　b) 工艺性好的结构

2）避免几何体的交接处形成空间曲线

图 2-18a 所示的圆柱面与圆柱面相交，锻件成形十分困难；改成如图 2-18b 所示的平面相交，消除了空间曲线，锻造成形容易。

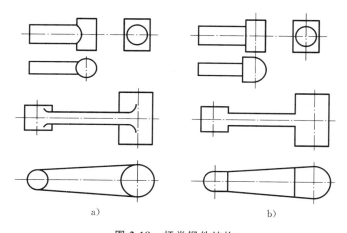

图 2-18　杆类锻件结构
a) 工艺性差的结构　b) 工艺性好的结构

3）避免特殊和非规则的截面和外形

图 2-19a 所示的锻件结构难以用自由锻方法获得，若采用特殊工具或特殊工艺来生产，则会降低生产率，增加产品成本。改进后的结构如图 2-19b 所示。

4）合理采用组合结构

当锻件的横截面积有急剧变化或形状较复杂时，可设计成由数个简单件构成的组合体，如图 2-20 所示。每个简单件锻造成形后，再用焊接或机械连接方式构成整体零件。

2.2.2　模锻

利用模锻设备，使金属坯料在模腔内受压产生塑性变形，从而获得锻件的加工方法称为模

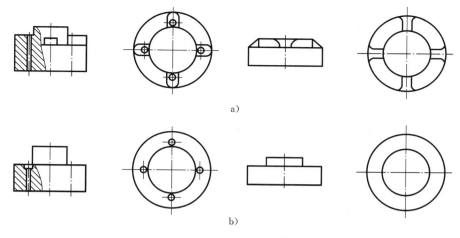

图 2-19 盘类锻件结构

a) 工艺性差的结构 b) 工艺性好的结构

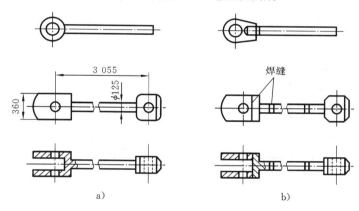

图 2-20 复杂件结构

a) 工艺性差的结构 b) 工艺性好的结构

型锻造,简称模锻。由于模具型腔对金属坯料流动的限制,锻造终了时就可获得与型腔形状相吻合的模锻件。

随着生产规模的扩大,生产相对集中,模锻越来越成为锻造生产的主要工艺,广泛应用于机械制造业和国防工业中,例如汽车、拖拉机、发动机、飞机、坦克制造等。

与自由锻相比,模锻具有如下优点。

① 生产效率较高。模锻时,金属的变形在模腔内进行,故能较快获得所需形状。

② 能锻造出形状复杂的锻件,并可使金属流线分布更为合理,提高零件的力学性能。

③ 模锻件的尺寸较精确,表面质量较好,加工余量较小。

④ 节省金属材料,减少切削加工工作量。在批量足够的条件下,能降低零件成本。

⑤ 模锻操作简单,劳动强度低。

模锻生产受到模锻设备吨位限制,模锻件的质量一般在 100 kg 以下,重型模锻件可达 200 ~300 kg。模锻设备投资大,模具费用较昂贵,工艺灵活性差,生产准备周期长,因此,模锻普遍用于中小型锻件的成批和大量生产,不适合单件小批生产及大型锻件的生产。

模锻按所使用的设备不同,分为锤上模锻、压力机上模锻、胎模锻等。

1. 锤上模锻

1) 工作原理及工艺特点

锤上模锻所用设备为模锻锤,锻模由上锻模和下锻模两部分组成。工作时将上模固定在锤头上,下模紧固在模垫上,通过随锤头做上下往复运动的上模,对置于下模中的金属坯料进行锻击,使金属产生塑性变形而获得锻件。

锤上模锻的工艺特点如下。

① 金属在模腔中,是在一定速度下经过多次连续锤击而逐步成形的。

② 锤头的行程、打击速度均可调节,能实现轻重缓急等不同的打击,因而可进行制坯工作。

③ 由于惯性作用,金属在上模模腔中具有更好的充填效果。

④ 适应性广,可生产多种类型的锻件,可以单腔模锻,也可以多腔模锻。

⑤ 由于锤击速度较快,对变形速度较敏感的低塑性材料(如镁合金等),进行锤上模锻不如在压力机上模锻的效果好。

2) 锻模结构

如图 2-21 所示,锤上模锻用的锻模由带燕尾的上模 2 和下模 4 两部分组成,上、下模通过燕尾和楔铁分别紧固在锤头和模垫上,上、下模合在一起在内部形成完整的模腔。

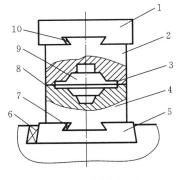

图 2-21　锤上锻模

1—锤头　2—上模　3—飞边槽　4—下模
5—模垫　6,7,10—紧固楔铁　8—分模面　9—模腔

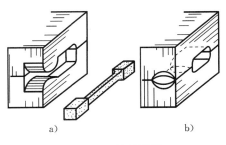

图 2-22　拔长模腔
a) 开式　b) 闭式

模锻模腔分为制坯模腔和模锻模腔。

(1) 制坯模腔　对于形状复杂的模锻件,为了使坯料基本接近模锻件的形状,以便模锻时金属能合理分布,并很好地充满模腔,必须预先在制坯模腔内制坯。制坯模腔有以下几种类型。

① 拔长模腔　其作用是减小坯料某部分的横截面积,以增加其长度,兼有清除氧化皮的用途。拔长模腔分为开式和闭式两种,开式拔长模腔边缘开通,结构较简单;闭式拔长模腔边缘封闭,拔长效率较高,如图 2-22 所示。

② 滚挤模腔　其作用是减小坯料某部分的横截面积,以增大另一部分的横截面积,主要是使金属坯料能够按模锻件的形状来分布。滚挤模腔也分为开式和闭式两种,如图 2-23 所示。当模锻件沿轴线的横截面积相差不很大,或者对拔长后的毛坯作修整时采用开式滚挤模腔;当模锻件的最大和最小截面相差较大时,采用闭式滚挤模腔。

③ 弯曲模腔　其作用是使坯料弯曲,如图 2-24 所示,适用于有弯曲外形的长轴类模锻件。根据外形需要,坯料可直接弯曲或先经拔长、滚挤制坯后再进行弯曲变形。

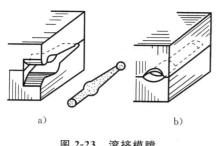

图 2-23　滚挤模膛
a) 开式　b) 闭式

图 2-24　弯曲模膛

④ 切断模膛　在上模与下模的角部组成一对刃口,用来切断金属,如图 2-25 所示,可用于从坯料上切下锻件或在锻件上切钳口,也可用于将多件同时锻造的锻件组分离成单个锻件。

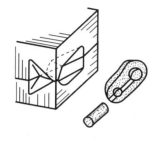

图 2-25　切断模膛

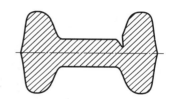

图 2-26　工字形截面锻件的折叠

此外,还有成形模膛、镦粗台及击扁面等制坯模膛。

(2) 模锻模膛　模锻模膛包括预锻模膛和终锻模膛。所有模锻件都要使用终锻模膛,预锻模膛则要根据实际情况决定是否采用。

① 预锻模膛　其作用是在制坯的基础上,进一步分配金属,使之更接近于锻件的形状和尺寸。

终锻时常见的缺陷有折叠和充不满等,工字形截面锻件的折叠如图 2-26 所示。这些缺陷都是由于终锻时金属不合理地变形流动或变形阻力太大引起的。为此,对于外形较为复杂的锻件,常采用预锻工步,使坯料先变形到接近锻件的外形与尺寸,以便合理分配坯料各部分的体积,避免折叠的产生,并有利于金属的流动,易于充满模膛,同时可减小终锻模膛的磨损,延长锻模的寿命。

预锻模膛和终锻模膛的主要区别是,前者的圆角和模锻斜度较大,高度较大,一般不设飞边槽。只有当锻件形状复杂、成形困难且批量较大的情况下,设置预锻模膛才是合理的。

② 终锻模膛　该模膛使金属坯料最终变形到所要求的形状与尺寸,如图 2-21 所示。由于模锻需要加热后进行,锻件冷却后尺寸会有所缩减,所以终锻模膛的尺寸应比实际锻件尺寸放大一个收缩量,钢制锻件的线膨胀系数可取 1.5 %。

终锻模膛分模面周围通常设有飞边槽(见图 2-21)。飞边槽用以增加金属从模膛中流出的阻力,促使金属充满整个模膛,同时容纳多余的金属,还可以起到缓冲作用,减弱对上下模的打击,防止锻模开裂。飞边槽的常见形式如图 2-27 所示,图 2-27a 所示为最常用的飞边槽形式,图 2-27b 所示飞边槽用于不对称锻件,切边时须将锻件翻转 180°,图 2-27c 所示飞边槽用于锻件形状复杂、坯料体积偏大的情况,图 2-27d 所示飞边槽设有阻力沟,用于锻件难以充满的局部位置。飞边槽在锻后利用压力机上的切边模去除。

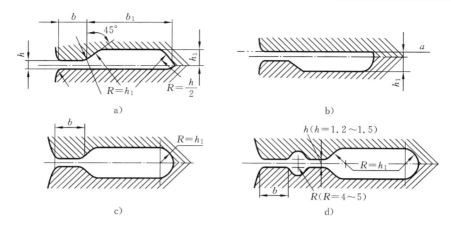

图 2-27　飞边槽形式

a) 最常用的形式　b) 用于不对称锻件

c) 用于形状复杂、坯料体积偏大的锻件　d) 设有阻力沟的形式

图 2-28 所示为带有飞边槽与冲孔连皮的模锻件。

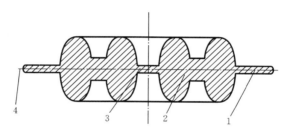

图 2-28　带有飞边槽与冲孔连皮的模锻件

1—飞边　2—锻件　3—冲孔连皮　4—分模面

根据模锻件的复杂程度不同,所需的模膛数量不等,可将锻模设计成单膛锻模或多膛锻模。弯连杆模锻件所用多膛锻模如图 2-29 所示。

3) 锤上模锻工艺规程的制定

锤上模锻工艺规程的制定主要包括绘制模锻件图、计算坯料尺寸、确定模锻工序(选择模膛)、选择模锻设备、确定锻造温度范围及安排修整工序等。

(1) 绘制模锻件图　模锻件图是设计和制造锻模、计算坯料及检验模锻件的依据。根据零件图绘制模锻件图时,应考虑以下几个问题。

① 选择模锻件的分模面　分模面即是上、下锻模在模锻件上的分界面。分模面位置的选择关系到锻件成形、锻件出模、材料利用率等一系列问题。绘制模锻件图时,应按以下原则确定分模面的位置。

i) 要保证模锻件能从模膛中顺利取出,并使锻件形状尽可能与零件形状相同,一般分模面应选在模锻件最大尺寸的截面上。如图 2-30 所示,若选 a—a 面为分模面,则无法从模膛中取出锻件。

ii) 按选定的分模面制成锻模后,应使上、下模沿分模面的模膛轮廓一致,以便在安装锻模和生产中容易发现错模现象。如图 2-30 所示,若选 c—c 面为分模面,就不符合此原则。

iii) 最好使分模面为一个平面,并使上、下锻模的模膛深度基本一致,差别不宜过大,以便于均匀充型。

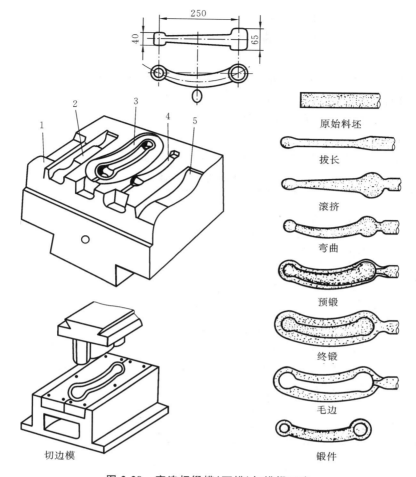

图 2-29 弯连杆锻模(下模)与模锻工序

1—拔长模膛 2—滚挤模膛 3—终锻模膛 4—预锻模膛 5—弯曲模膛

原始料坯

拔长

滚挤

弯曲

预锻

终锻

毛边

锻件

切边模

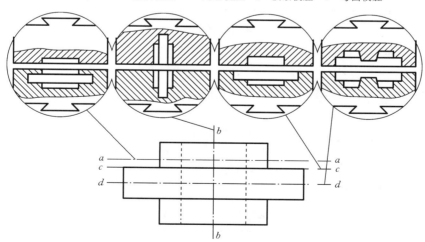

图 2-30 分模面选择比较

iv) 选定的分模面应使零件上所加的敷料最少。如图 2-30 所示,若将 $b—b$ 面选作分模面,零件中间的孔不能锻出,其敷料最多,既浪费金属材料,降低了材料的利用率,又增加了切削加工工作量,所以该面不宜选作分模面。

　　ⅴ)最好把分模面选取在能使模腔深度最浅处,这样可使金属很容易充满模腔,便于取出锻件。

　　按上述原则综合分析,图 2-30 所示的 d—d 面是最合理的分模面。

　　② 确定模锻件的加工余量和锻件公差　为了达到零件尺寸精度及表面粗糙度的要求,锻件上需切削加工而去除的金属层,称为锻件的加工余量。确定加工余量的原则是:在不影响产品零件加工的前提下,应尽量选用小加工余量。加工余量的大小取决于零件的轮廓尺寸、质量大小、精度和表面粗糙度等。模锻件内、外表面的加工余量如表 2-5 所示。

表 2-5　内、外表面的加工余量 Z_1(单面)　　　　　　　　　　(mm)

加工表面最大宽度或直径	加工表面的最大长度或最大高度					
	≤63	63~160	160~250	250~400	400~1 000	1 000~2 500
<25	1.5	1.5	1.5	1.5	2.0	2.5
25~40	1.5	1.5	1.5	1.5	2.0	2.5
40~63	1.5	1.5	1.5	2.0	2.5	3.0
63~100	1.5	1.5	2.0	2.5	3.0	3.5

　　锻件公差是指锻件的实际尺寸与锻件图规定的公称尺寸之间的偏差。在模锻过程中,由于欠压、错模、锻模磨损、锻件表面氧化及锻件冷却收缩不均等原因,锻件尺寸在一定的范围内上下波动。其大小取决于锻件外形尺寸、精度、表面粗糙度等。模锻件水平方向尺寸公差如表 2-6 所示。

表 2-6　锤上模锻水平方向尺寸公差　　　　　　　　　　(mm)

模锻件长(宽)度	<50	50~120	120~260	260~500	500~800	800~1 200
公　差	+1.0	+1.5	+2.0	+2.5	+3.0	+3.5
	-0.5	-0.7	-1.0	-1.5	-2.0	-2.5

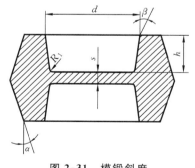

图 2-31　模锻斜度

　　③ 模锻斜度　为便于从模腔中取出锻件,模锻件上平行于锤击方向的表面必须具有斜度,称为模锻斜度,一般为 5°~15°之间。模锻斜度与模腔深度和宽度有关,通常模腔深度与宽度的比值(h/b)较大时,模锻斜度取较大值。此外,模锻斜度还分为外壁斜度 α 与内壁斜度 β,如图 2-31 所示。外壁指锻件冷却时锻件与模壁离开的表面;内壁指当锻件冷却时锻件与模壁夹紧的表面。内壁斜度值一般比外壁斜度大 2°~5°。生产中各金属锻件常用的模锻斜度如表 2-7 所示。

表 2-7　各种金属锻件常用的模锻斜度

锻 件 材 料	外壁斜度 α/(°)	内壁斜度 β/(°)
铝、镁合金	3~5	5~7
钢、钛、耐热合金	5~7	7、10、12

④ 模锻圆角半径 模锻件上所有两平面转接处均需圆弧过渡,此过渡处称为锻件的圆角,如图 2-32 所示。圆弧过渡有利于金属的变形流动,锻造时使金属易于充满模腔,提高锻件质量,并且可以避免在锻模上的内角处产生裂纹,减缓锻模外角处的磨损,提高锻模使用寿命。

钢的模锻件外圆角半径 r 一般取 $1.5\sim12$ mm,内圆角半径 R 比外圆角半径大 $2\sim3$ 倍。模腔深度越深,圆角半径值越大。为了便于制模和锻件检测,圆角半径尺寸已经形成系列,其标准是 1、1.5、2、2.5、3、4、5、6、8、10、12、15、20、25 和 30 等,单位为 mm。

⑤ 冲孔连皮 由于锤上模锻时不能靠上、下模的凸起部分把金属完全排挤掉,因此不能锻出通孔,终锻后,孔内留有金属薄层,称为冲孔连皮(见图 2-28),锻后利用压力机上的切边模将其去除。常用的连皮形式是平底连皮,如图 2-33 所示,连皮的厚度 s 通常在 $4\sim8$ mm 范围内。

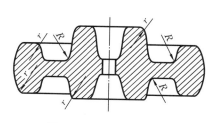

图 2-32 模锻圆角半径

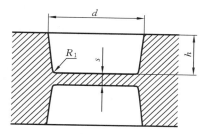

图 2-33 模锻件常用冲孔连皮

连皮上的圆角半径 R_1 可按下式确定:

$$R_1 = R + 0.1h + 2$$

式中 R_1——连皮上的圆角半径(mm);

h——连皮高度(mm);

R——锻件上的内圆角半径(mm)。

孔径 $d<25$ mm 或冲孔深度大于冲头直径的 3 倍时,只在冲孔处压出凹穴。

⑥ 绘锻件图并制定锻件技术条件 将上述内容确定之后,就可以绘制锻件图。图 2-34 所示为齿轮坯模锻件图。图中双点画线为零件轮廓外形,分模面选在锻件高度方向的中部。由于零件轮辐部分不加工,故无加工余量。图中内孔中部的两条直线为冲孔连皮切掉后的痕迹。

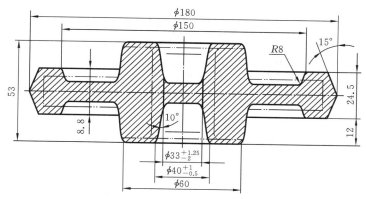

图 2-34 齿轮坯模锻件图

锻件技术条件是根据零件图的要求和模锻车间具体情况,经供需双方协商后制定的。凡是锻件图上不便标注的内容,可在技术条件中加以说明。一般说来,技术条件包含以下内容:未注明的模锻斜度和圆角半径、锻件允许的错模量、允许表面缺陷深度、允许残留毛边大小、热处理硬度值、锻件的清理方法以及其他特殊要求等。

　　(2) 计算坯料尺寸　　坯料质量包括锻件、飞边、连皮、钳口料头及氧化皮等的质量。通常,氧化皮占锻件和飞边总质量的 2.5%～4%。坯料尺寸要根据锻件形状和采用的变形工步计算:如短轴类锻件采用镦粗制坯,坯料截面积要符合镦粗规则,一般取坯料高径比为 1.8～2.2;长轴类锻件以计算出的带毛边锻件平均截面积为准,根据采用的制坯工步不同,乘以系数1.05～1.2 即可得到坯料截面积。有了截面尺寸,根据体积不变原则并考虑夹钳料头得出坯料长度。

　　(3) 确定模锻工序　　模锻工序主要根据锻件的形状与尺寸来确定。根据已确定的工序即可设计出制坯模腔、预锻模腔及终锻模腔。模锻件按形状可分为两类:长轴类零件与盘类零件,如图 2-35 所示。长轴类零件(如台阶轴、曲轴、连杆、弯曲摇臂等)的长度与宽度之比较大;盘类零件(如齿轮、法兰盘等)在分模面上的投影多为圆形或近于矩形。

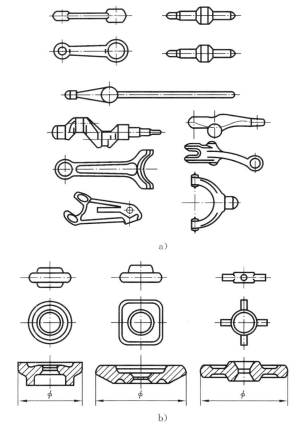

a)

b)

图 2-35　模锻零件

a) 长轴类零件　b) 盘类零件

　　① 长轴类模锻件基本工序　　常用的工序有拔长、滚挤、弯曲、预锻和终锻等。

　　拔长和滚挤时,坯料沿轴线方向流动,金属体积重新分配,使坯料的各横截面积与锻件相应的横截面积近似相等。坯料的横截面积大于锻件最大横截面积时,可只选用拔长工序;当坯料的横截面积小于锻件最大横截面积时,应采用拔长和滚挤工序。

锻件的轴线为曲线时,还应选用弯曲工序。

对于小型长轴类锻件,为了减少钳口料和提高生产率,常采用一根棒料上同时锻造数个锻件的锻造方法,因此应增设切断工序,将锻好的工件分离。

当大批量生产形状复杂、终锻成形困难的锻件时,还需选用预锻工序,最后在终锻模膛中模锻成形。

某些锻件选用周期轧制材料作为坯料时,如图 2-36 所示,可省去拔长、滚挤等工序,以简化锻模,提高生产率。

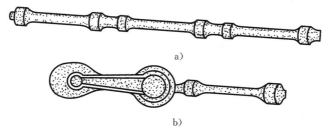

图 2-36　轧制坯料模锻

a) 周期轧制材料　　b) 模锻后形状

② 盘类模锻件基本工序　常选用镦粗、终锻等工序。

对于形状简单的盘类零件,可只选用终锻工序成形。对于形状复杂,有深孔或有高肋的锻件,则应增加镦粗、预锻等工序。

（4）选择模锻设备　锤上模锻的设备包括蒸汽-空气锤、无砧座锤、高速锤等。模锻设备的选择包括设备类型和吨位大小,应结合模锻件的大小和所用变形工步的要求并考虑车间实际情况综合确定。

模锻锤的吨位可按下列经验公式计算:

$$G=(3.5\sim6.3)KA$$

式中　G——模锻锤的吨位(kN);

　　　K——钢种系数,按表 2-8 选取;

　　　A——锻件在分模面的总投影面积(包括毛边的 1/2)（cm^2）。

当生产批量很大,要求较高生产率时,公式中取上限数值 6.3,进行终锻工步且生产率要求不高时,取下限数值。

表 2-8　钢种系数 K

钢　　　种	K
低、中碳结构钢,低碳合金钢,如 20、30、45、20CrMnTi	1
中、低碳合金钢,如 45Cr	1.1
高合金钢、耐热钢、不锈钢,如 GCr1、2Cr13、45CrNiMo	1.25

（5）确定锻造温度　模锻件的生产也在一定温度范围内进行,与自由锻生产相似。因模锻为中小锻件,加热时一般采用高温装炉,尽快加热完毕。

（6）修整工序　坯料在锻模内制成模锻件后,还需经过一系列修整工序,以保证和提高锻件质量。修整工序包括以下内容。

① 切边与冲孔　模锻件一般都带有飞边及连皮,需在压力机上进行切除。

切边模如图 2-37a 所示,由活动凸模和固定凹模组成。凹模的通孔形状与锻件在分模面上的轮廓一致,凸模工作面的形状与锻件上部外形相符。

冲孔模如图 2-37b 所示,凹模作为锻件的支座,冲孔连皮从凹模孔中落下。

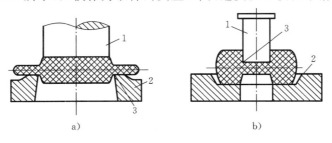

a)   b)

图 2-37 切边模及冲孔模

a) 切边模   b) 冲孔模

1—凸模   2—凹模   3—刃口

② 校正   在切边及其他工序中都可能引起锻件的变形,许多锻件,特别是形状复杂的锻件在切边冲孔后还应该进行校正。校正可在终锻模膛或专门的校正模内进行。

③ 热处理   其目的是消除模锻件的过热组织或加工硬化组织,以达到所需的力学性能。常用的热处理方式为正火或退火。

④ 清理   为了提高模锻件的表面质量,改善模锻件的切削加工性能,模锻件需要进行表面清理,去除在生产中产生的氧化皮、所沾油污及其他表面缺陷等。

⑤ 精压   对于要求尺寸精度高和表面粗糙度小的模锻件,还应在压力机上进行精压。精压分为平面精压和体积精压两种。

平面精压如图 2-38a 所示,用来获得模锻件某些平行平面间的精确尺寸。体积精压如图 2-38b所示,主要用来提高锻件所有尺寸的精度、减小模锻件的质量差别。精压模锻件的尺寸精度偏差可达$\pm(0.1\sim0.25)$mm,表面粗糙度 Ra 值可达 $0.8\sim0.4$ μm 。

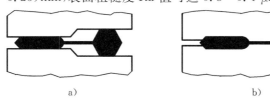

a)   b)

图 2-38 精压

a) 平面精压   b) 体积精压

4) 锤上模锻件的结构工艺性

设计模锻零件时,应根据模锻特点和工艺要求,使其结构符合下列原则,以便于模锻生产和降低成本。

(1) 模锻零件应具有合理的分模面,以使金属易于充满模膛,模锻件易于从锻模中取出,且敷料最少,锻模容易制造。

(2) 模锻零件上,除与其他零件配合的表面外,均应设计为非加工表面。模锻件的非加工表面之间形成的角应设计模锻圆角,与分模面垂直的非加工表面,应设计出模锻斜度。

(3) 零件的外形应力求简单、平直、对称,避免零件截面间差别过大,或者具有薄壁、高肋等不合理结构。一般说来,零件的最小截面与最大截面之比不要小于 0.5,如图 2-39a 所示零件的凸缘太薄、太高,中间下凹太深,金属不易充型。如图 2-39b 所示零件过于扁薄,薄壁部分金属模锻时容易冷却,不易锻出,对保护设备和锻模也不利。如图 2-39c 所示零件有一个高而薄的凸缘,使锻模的制造和锻件的取出都很困难。改成如图 2-39d 所示形状则较易锻造成形。

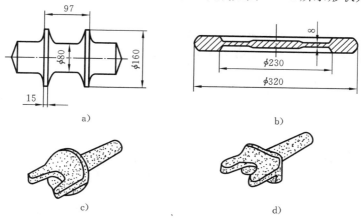

a)

b)

c)

d)

图 2-39 模锻件结构工艺性

金属不易充型 b) 零件过于扁薄 c) 高而薄的凸缘 d) 易锻造成形的形状

(4)在零件结构允许的条件下,应尽量避免深孔或多孔结构。孔径小于 30 mm 或孔深大于直径两倍时,锻造困难。如图 2-40 所示齿轮零件,为保证纤维组织的连贯性以及更好的力学性能,常采用模锻方法生产,但齿轮上的四个 ϕ20 mm 的孔不方便锻造,只能采用机加工成形。

图 2-40 模锻齿轮零件

图 2-41 锻焊结构模锻零件

a) 模锻件 b) 锻焊组合件

(5)对复杂锻件,为减少敷料,简化模锻工艺,在可能条件下,应采用锻造-焊接或锻造-机械连接组合工艺,如图 2-41 所示。

2. 压力机上模锻

锤上模锻具有工艺适应性广的特点,目前仍在锻压生产中得到广泛的应用。但是,模锻锤在工作中存在震动和噪声大、劳动条件差、热效率低、能源消耗多等缺点。因此,近年来大吨位模锻锤有逐步被压力机取代的趋势。压力机上模锻主要为曲柄压力机、平锻机和摩擦压力机上模锻。

1)曲柄压力机上模锻

曲柄压力机的传动系统如图 2-42 所示。曲柄连杆机构的运动由离合器控制,离合器使曲柄旋转,然后再通过连杆将曲柄的旋转运动转换成滑块的上下往复运动,从而实现对毛坯的锻压加工。曲柄压力机的吨位一般是 2 000～120 000 kN。

曲柄压力机上模锻的特点如下。

① 由于滑块行程固定,并具有良好的导向装置和顶件机构,因此锻件的余量、公差和模锻斜度都比锤上模锻小。

② 曲柄压力机的作用力是静压力,因此锻模的主要模腔都设计成镶块式的,这种组合模制造简单,更换容易,节省贵重模具材料。

③ 由于静载惯性小且滑块行程固定,不论在什么模腔中都是一次成形,不易使金属充满终锻型腔,因此变形应该分步进行,终锻前常采用预成形及预锻工艺。

④ 因为在各型腔中都是一次成形,坯料表面的氧化皮不易被清除掉,影响锻件表面质量;此外,曲柄压力机不适宜进行拔长和滚挤制坯。如果采用电感应快速加热和辊锻机制坯,就能克服上述缺陷,锻出高质量的长轴类锻件。

综上所述,与锤上模锻比较,曲柄压力机上模锻具有生产率高、锻件精度高、节省材料、劳动条件好等优点,适合于成批、大量生产,但设备复杂、投资较大。

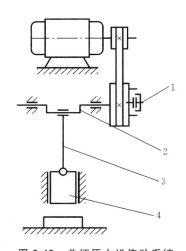

图 2-42　曲柄压力机传动系统

1—离合器　2—曲柄　3—连杆　4—滑块

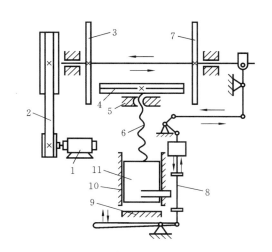

图 2-43　摩擦压力机传动系统

1—电动机　2—传动带　3,7—摩擦盘　4—飞轮　5—螺母
6—螺杆　8—操纵杆　9—机座　10—导轨　11—滑块

2) 摩擦压力机上模锻

摩擦压力机的传动系统如图 2-43 所示。在摩擦压力机上进行模锻主要是靠飞轮、螺杆和滑块向下运动时所积蓄的能量来实现的。常用摩擦压力机的吨位大多为 3 500 kN,最大吨位可达 16 000 kN。

摩擦压力机上模锻的特点如下。

① 摩擦压力机的滑块行程不固定,并具有一定的冲击作用,因而可实现轻打、重打,可在一个型腔内进行多次锻打。不仅能满足模锻各种主要成形工序的要求,还可以进行弯曲、校正、切边、精压和精密模锻。

② 由于滑块运动速度低,金属变形过程中的再结晶现象可以充分进行,因而特别适合于锻造对变形速度敏感的低塑性金属材料。

③ 由于工作速度慢,设备本身又具有顶料装置,生产中可以采用特殊结构的组合式模具,锻制出形状更为复杂,余量和模锻斜度都很小的锻件,并可将杆类锻件直立起来进行局部镦锻。

④ 摩擦压力机承受偏心载荷能力差,通常只适用于单腔锻模。对于形状复杂的锻件,需要在自由锻设备或其他设备上制坯。

综上所述,摩擦压力机具有结构简单、造价低、使用维修方便、工艺用途广泛等优点,许多中小型工厂都用它来取代模锻锤、平锻机、曲柄压力机。

3）平锻机上模锻

平锻机的主要结构与曲柄压力机相同,只因滑块是做水平运动,故称平锻机(见图 2-44)。平锻机的吨位一般为 5 000～31 500 kN,可加工直径为 25～230 mm 的棒料。最适合在平锻机上模锻的锻件是长杆大头件和带孔环形件,如汽车半轴、倒车齿轮等。主要模锻工步有聚料、冲孔、穿孔、预锻、终锻、弯曲、切断、切毛边等。

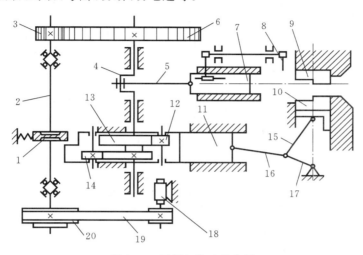

图 2-44　平锻机传动示意图

1—制动器　2—传动轴　3,6—齿轮　4—曲轴　5—连杆　7—主滑块　8—挡料板　9—定模　10—活动模
11—副滑块　12,14—导轮　13—凸轮　15,16,17—连杆系统　18—电动机　19—传动带　20—带轮

平锻机上模锻的特点如下。

① 平锻模有相互垂直的两个分模面,扩大了模锻适用范围,可以锻出锤上和曲柄压力机上无法锻出的锻件,如侧面有凹挡的双联齿轮。但平锻机设备复杂,造价昂贵。

② 坯料水平放置,其长度几乎不受限制,故适合锻造带头部的长杆类锻件,也便于用长棒料逐个连续锻造。

③ 锻件尺寸精确,表面质量好,生产率高,易于实现机械化操作。

④ 平锻件的斜度小,余量、余块少,冲孔不留连皮,是锻造通孔锻件的唯一方法。锻件几乎没有飞边,材料利用率可达 85 %～95 %。

⑤ 对非回转体及中心不对称的锻件用平锻机较难锻造,且投资大。

常用压力机上模锻方法的工艺特点如表 2-9 所示。

表 2-9　常用压力机上模锻方法的工艺特点

锻造方法	设备类型		工 艺 特 点	应 用
	结构	构 造 特 点		
摩擦压力机上模锻	摩擦压力机	滑块行程可控,速度为 0.5～1.0 m/s,带有顶料装置,机架受力,形成封闭力系,每分钟行程次数少,传动效率低	特别适合于锻造低塑性合金钢和非铁合金;简化了模具设计与制造,同时可锻造更复杂的锻件;承受偏心载荷能力差;可实现轻、重打,能进行多次锻打,还可进行弯曲、精压、切飞边、冲连皮、校正等工序	中、小型锻件的小批和中批生产

续表

锻造方法	设备类型		工 艺 特 点	应 用
	结构	构 造 特 点		
曲柄压力机上模锻	曲柄压力机	工作时,滑块行程固定,无震动,噪声小,合模准确,有顶杆装置,设备刚度好	金属在模膛中一次成形,氧化皮不易除掉,终锻前常采用预成形及预锻工步,不宜拔长、滚挤,可进行局部镦粗,锻件精度较高,模锻斜度小,生产率高,适合短轴类锻件	大批、大量生产
平锻机上模锻	平锻机	滑块水平运动,行程固定,具有互相垂直的两组分模面,无顶出装置,合模准确,设备刚度好	扩大了模锻适用范围,金属在模膛中一次成形,锻件精度较高,生产率高,材料利用率高,适合锻造带头的杆类和有孔的各种合金锻件,对非回转体及中心不对称的锻件较难锻造	大批、大量生产
水压机上模锻	水压机	行程不固定,工作速度为 0.1～0.3 m/s,无振动,有顶杆装置	模锻时一次压成,不宜多膛模锻,适合于锻造镁铝合金大锻件,深孔锻件,不太适合于锻造小尺寸锻件	大批、大量生产

3. 胎模锻

胎模锻在自由锻设备上使用可移动模具(胎模)生产模锻件的一种锻造方法。锻造时,胎模放在砧座上,将加热的坯料放入胎模锻制成形,也可先将坯料经过自由锻预锻,然后用胎模终锻成形。

1)胎模锻的主要工艺特点

① 与模锻相比,不需要专用的模锻设备,可以在自由锻锤上生产模锻件。胎模制造简单,成本低,生产准备周期短。

② 与自由锻相比,生产率和锻件精度成倍提高,节省金属材料、降低锻件成本。

③ 胎模采用人力抬动操作,劳动强度大。

④ 设备吨位小,只适用于小锻件小批生产。

2)胎模的类型与应用

根据胎模的结构特点,胎模可分为摔子、扣模、套模和合模四种,如图 2-45 所示。

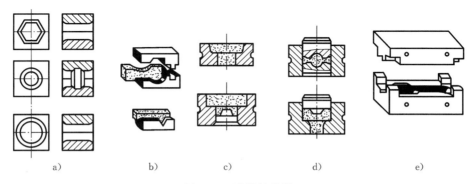

图 2-45　胎模的种类
a)摔子　b)扣模　c)开式套模　d)闭式套模　e)合模

摔子(又称摔模)分为光摔和型摔,是用于锻造回转体或对称锻件的一种简单胎模。它有整形和制坯之分,图 2-45a 为锻造圆形截面时用的光摔和锻造台阶轴时用的型摔结构简图。

扣模是相当于锤锻模成形模腔作用的胎模,多用于简单非回转体轴类锻件局部或整体的成形。扣模一般由上下扣组成,或者只有下扣而上扣由上砧代替,如图2-45b所示。在扣模中锻造时,坯料不翻转,扣形后将坯料翻转 90°,再用上下砧平整锻件的侧面。

套模一般由套筒及上下模垫组成,它有开式套模和闭式套模两种,最简单的开式套模只有下模(套模),上模用上砧代替,图 2-45c 所示为有模垫的开式套模,其模垫的作用是使坯料的下端面成形,闭式套模是由模套和上、下模垫组成的,也可只有上模垫,如图 2-45d 所示,它与开式套模的不同之处,在于上砧的打击力是通过上模垫作用于坯料上的,坯料在模腔内成形,一般不产生飞边或毛刺。闭式套模主要用于有凸台和凹坑的回转体锻件,也可用于非回转体锻件。

合模由上模、下模和导向装置组成,如图2-45e 所示。在上、下 模的分模面上,环绕模腔开有飞边槽,锻造时多余的金属被挤入飞边槽中。锻件成形后须将飞边切除。合模锻多用于非回转体类且形状比较复杂的锻件,如连杆、叉形锻件等。

2.3　板料冲压成形工艺

板料冲压是利用冲模使板料产生分离或变形的一种塑性成形方法。板料冲压通常在冷态下进行,所以也称冷冲压。只有当板料厚度超过 8～10 mm 时才采用热冲压。

板料冲压采用的原材料可以是具有塑性的金属材料,如低碳钢、奥氏体不锈钢、铜或铝及其合金等,也可以是非金属材料,如胶木、云母、纤维板、皮革等。

板料冲压广泛应用于现代汽车、家用电器、仪器仪表、飞机、导弹及日用品生产中。例如汽车的冲压件占 50 ％;在电气设备中,冲压件的比例占 60％～80％;日用品工业的冲压件占 95 ％。

板料冲压的特点如下。

① 冲压生产操作简单,生产率高,易于实现机械化和自动化。

② 冲压件的尺寸精确,表面光洁,质量稳定,互换性好,一般不再进行机械加工,即可作为零件使用。

③ 金属薄板经过冲压塑性变形获得一定几何形状,并产生冷变形强化,使冲压件具有重量轻、强度高和刚性好的优点。

④ 采用冲压与焊接、胶接等复合工艺,使零件结构更趋合理,加工更为方便,可以用较简单的工艺制造出更复杂的结构件。

⑤ 冲模是冲压生产的主要工艺装备,其结构复杂,精度要求高,制造费用相对较高,故板料冲压适合在大批量生产条件下采用。

冲压设备主要有剪床和冲床两大类。剪床是完成剪切工序,为冲压生产准备原料的主要设备。冲床是进行冲压加工的主要设备,按其床身结构不同,有开式和闭式两类冲床。按其传动方式不同,有机械式冲床与液压压力机两大类。图 2-46 为开式机械式冲床的工作原理

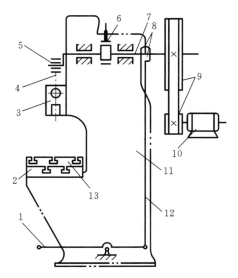

图 2-46　开式机械式冲床

1—脚踏板　2—工作台　3—滑块　4—连杆

5—偏心套　6—制动器　7—偏心轴

8—离合器　9—带轮　10—电动机

11—床身　12—操作机构　13—垫板

及传动示意图。冲床的主要技术参数是以公称压力来表示的,公称压力(kN)是以冲床滑块在下止点前工作位置所能承受的最大工作压力来表示的。我国常用开式冲床的规格为63~2 000 kN,闭式冲床的规格为1 000~5 000 kN。

2.3.1　冲压成形基本工序

冲压生产有很多种工序,其基本工序有分离工序和变形工序两大类。

1. 分离工序

分离工序是使坯料的一部分相对于另一部分相互分离的工序。如落料、冲孔、切断、切口、切边、剖切、修整等。

1) 落料与冲孔

落料与冲孔统称为冲裁,它是利用冲模将板料以封闭的轮廓与坯料分离的工序。落料是将被分离的部分作为成品,周边是废料;冲孔是将被分离的部分作为废料,周边是成品。例如,冲制平面垫圈,冲制外形的工序为落料,冲制内孔的工序为冲孔。

(1) 冲裁变形过程　冲裁可分为普通冲裁和精密冲裁。普通冲裁的刃口必须锋利,凸模和凹模之间留有间隙,冲裁时冲裁件的质量与板料的变形分离过程有很大的关系,其过程可分为三个阶段,如图 2-47 所示。

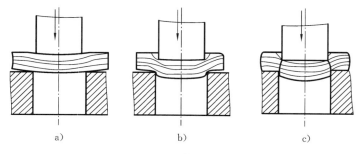

图 2-47　冲裁变形过程
a) 弹性变形阶段　b) 塑性变形阶段　c) 断裂分离阶段

① 弹性变形阶段　凸模接触板料后,继续向下运动的初始阶段,使板料产生弹性压缩、拉伸、弯曲变形。此时,凸模下的坯料的一部分相对于另一部分发生错移,但无明显裂纹,如图2-47a 所示。

② 塑性变形阶段　当凸模继续压入,材料中的应力值达到屈服点,则产生塑性变形。随着变形增大,冷变形硬化加剧,出现微裂纹,如图 2-47b 所示。

③ 断裂分离阶段　当凸模继续压入,由于应力集中,已形成的微裂纹迅速扩大,直至上、下裂纹会合,坯料被切断分离,如图 2-47c 所示。

板料冲裁时的应力应变十分复杂,除剪切应力应变外,还有拉伸、弯曲和挤压等应力应变,如图 2-48 所示。当模具间隙正常时,冲裁件的断面由圆角带、光亮带、断裂带和毛刺四部分组成。

(2) 凸凹模间隙　凸凹模间隙是指凸模和凹模工作部分水平投影尺寸之间的间隙,也称冲裁间隙,如图 2-48 中的 Z 值。

凸凹模间隙不仅严重影响冲裁件的断面质量,也影响着模具寿命、卸料力、推件力、冲裁力和冲裁件的尺寸精度。

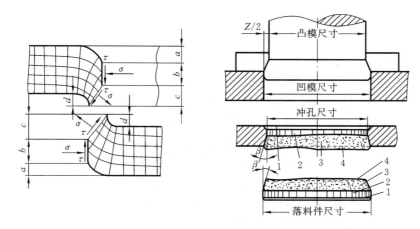

图 2-48　冲裁变形区的应力应变

1—圆角带　2—光亮带　3—断裂带　4—毛刺

如果间隙过大，材料中拉应力增大，塑性变形阶段过早结束，冲裁件的上、下裂纹向内错开，使得冲裁件光亮带小，毛刺和断裂带均较大，板料的翘曲也会加大，如图2-49a所示；如果间隙过小，凸凹模受到金属的挤压作用增大，增加了材料与凸凹模之间的摩擦力，冲裁件的上、下裂纹向外错开，会使冲裁力加大，不仅会降低模具寿命，还会使冲裁件的断面形成二次光亮带，在两个光面间夹有裂纹，如图2-49b所示，这些都会影响冲裁件的断面质量。间隙合适时，上、下裂纹重合一线，冲裁力、卸料力和推件力适中，冲裁件的毛刺和斜度均很小。因此，选择合理的冲裁间隙对保证冲裁件质量，提高模具寿命，降低冲裁力都是十分重要的。

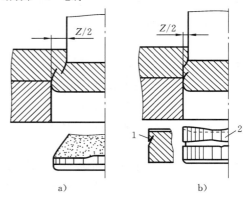

图 2-49　间隙对断面质量的影响

a) 间隙过大　b) 间隙过小

1—潜裂纹　2—第二光亮带

设计冲裁模时，可以按相关设计手册选用冲裁间隙或利用下列经验公式选择合理的间隙值：

$$Z = 2CS$$

式中　Z——凸模与凹模间的双面间隙（mm）；

　　　C——与材料厚度、性能有关的系数（见表2-10）；

　　　S——板料厚度（mm）。

（3）凸凹模刃口尺寸的确定　冲裁件尺寸和冲裁间隙都取决于凸模和凹模刃口尺寸，因此，正确制定凸凹模刃口尺寸是保证落料、冲孔件质量至关重要的因素。

表 2-10　冲裁间隙系数 C 值

材　　　料	$S \leqslant 3$ mm	$S \geqslant 3$ mm
软钢、纯铁	0.06～0.09	
铜、铝合金	0.06～0.10	当断面质量无特别要求时，将 $S \leqslant 3$ mm 时的相应 C 值放大1.5 倍
硬　　　钢	0.08～0.12	

刃口尺寸的计算原则如下。

① 落料时,落料尺寸由凹模决定,应以凹模为设计基准,凸模尺寸与凹模配制;冲孔尺寸由凸模决定,应以凸模为设计基准,凹模尺寸与凸模配制。凸、凹模配制时应保证冲裁的合理间隙。

② 应考虑模具的磨损规律,凹模磨损后会增大落料件的尺寸,因而凹模的刃口基本尺寸应接近落料件的最小极限尺寸;凸模刃口基本尺寸应趋于孔的最大极限尺寸。

③ 当凸、凹模采用配制加工时,刃口尺寸的制造公差一般为冲裁件公差的 $1/3 \sim 1/4$。如果凸、凹模分别加工,其制造公差之和应小于或等于最大与最小间隙之差的绝对值,即

$$\delta_{凹} + \delta_{凸} \leqslant |Z_{max} - Z_{min}|$$

④ 刃口尺寸计算要根据模具制造特点,冲裁件的形状简单时,其模具采用分别加工法计算,冲裁件形状复杂时,其模具用配制法计算。

(4) 冲裁力的确定　冲裁力是选用设备吨位和检验模具强度的主要依据。冲裁力的准确计算有利于充分发挥设备潜力;否则,有可能导致设备超载工作而损坏。

平刃冲模的冲裁力 F 可按下式计算:

$$F = KLS\tau$$

式中　F——冲裁力(N);

L——冲裁周边长度(mm);

S——坯料厚度(mm);

τ——材料抗剪强度(MPa),可查有关手册确定或取 $\tau = 0.8\sigma_b$;

K——系数,常取 $K = 1.3$。

(5) 冲裁件的排样　冲裁件在条料上的布置方法称为排样。排样设计包括选择排样方法、确定搭边值、计算送料步距和条料宽度、画排样图等。合理的排样可使废料最少,板料利用率最大。

排样方法可分为以下三种。

① 有废料排样法,如图 2-50a 所示,沿冲裁件周边都有工艺余料(称为搭边),采用这种排样法时,冲裁沿冲裁件轮廓进行,冲裁件质量和模具寿命较高,但材料利用率较低。

② 少废料排样法,如图 2-50b 所示,沿冲裁件部分周边有工艺余料。采用这种排样法时,冲裁沿冲裁件部分轮廓进行,材料的利用率较有废料排样法高,但冲裁件精度有所降低。

③ 无废料排样法,如图 2-50c 所示,沿冲裁件周边没有工艺余料,采用这种排样法时,冲裁件实际是由切断条料获得,材料的利用率高,但冲裁件精度低,模具寿命不高。

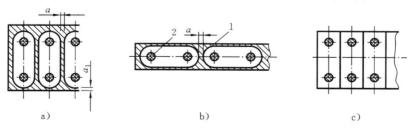

图 2-50　排样方法

a) 有废料排样法　b) 少废料排样法　c) 无废料排样法

1—工艺废料　2—结构废料

搭边是指冲裁件与冲裁件之间、冲裁件与条料两侧边之间留下的工艺余料,其作用是保证冲裁时刃口受力均匀和条料正常送进。搭边值通常由经验确定,一般在 0.5～5 mm 之间,材料越厚、越软,以及冲裁件的尺寸越大,形状越复杂,搭边值应越大。

排样图是排样设计的最终表达形式,是编制冲压工艺与设计模具的主要依据。一般在模具装配图的右上角画出冲裁件图与排样图。在排样图上应标注条料宽度 B 及其公差、冲压加工工序内容、冲压模具的压力中心位置、送料步距 A、搭边值 a 等,如图 2-51 所示。

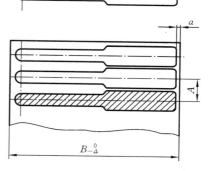

图 2-51　排样图

2）修整

修整是利用修整模沿冲裁件的外缘或内孔削去一薄层材料,以切掉冲裁件上的断裂带和毛刺,从而提高冲裁件的尺寸精度和降低剪断面粗糙度。修整是在专用的修整模上进行的。修整冲裁件的外形称外缘修整,修整冲裁件的内孔称内缘修整,如图 2-52 所示。

修整后的冲裁件,公差等级可达 IT7～IT6,表面粗糙度 Ra 值可达 0.8～1.6 μm。

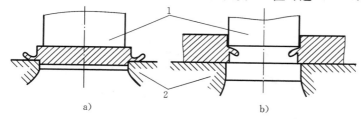

a)　　　　　　　　　　　　　b)

图 2-52　修整

a) 外缘整修　b) 内缘整修

1—凸模　2—凹模

3）精密冲裁

精密冲裁又称无间隙或负间隙冲裁。普通冲裁获得的冲裁件,由于公差大,切断面质量较差,只能满足一般产品的使用要求,利用修整工艺可以提高冲裁件的质量,但生产率低,不能适应大量生产的要求。在生产中采用精密冲裁工艺,可以直接获得公差等级高(IT6～IT8 级),表面粗糙度值小(Ra=0.8～0.4 μm)的精密零件,可以提高生产率,满足精密零件批量生产的要求。

精密冲裁法的基本出发点是改变冲裁条件,增大变形区的压应力作用,抑制材料的断裂,使塑性剪切变形延续到剪切的全过程,在板料不出现剪裂纹的条件下实现板料的分离,从而得到断面光滑而垂直的精密零件。

图 2-53a 所示为带齿压料板精冲落料模的工作结构,它由普通凸模、凹模、带齿压料板和顶杆组成。它与普通冲裁的弹性落料模(见图 2-53b)之间的差别在于精冲模压料板上有与刃口平面形状近似的齿形凸梗(称为齿圈),凹模刃口带圆角,凸、凹模之间的间隙极小,带齿压料板的压力和顶杆的反压力较大。所以,它能使板料的冲裁区处于三向压应力状态,形成精冲的必要条件。但是,精冲需要专用的精冲压力机,对模具的加工要求高,同时对精冲件板料和精冲件的结构工艺性有一定要求。

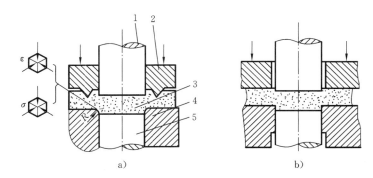

图 2-53　精密冲裁与普通冲裁

a)带齿压料板精冲　b)普通冲裁

1—凸模　2—带齿压料板　3—坯料　4—凹模　5—顶板

4)切断

切断是指将板料沿不封闭曲线分离的一种冲压方法。它是一种备料工序,主要是将板料切成具有一定宽度的坯料,或者用以制取形状简单、精度要求不高的零件。

5)切口

用切口模将部分材料切开,但并不使它完全分离,切开部分材料发生弯曲,如图 2-54 所示。

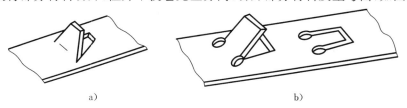

图 2-54　切口冲压件

a)梯形切口　b)预先冲出槽孔

6)切边

切边是指用切边模将坯件边缘的多余材料冲切下来的冲压方法,如图 2-55 所示。

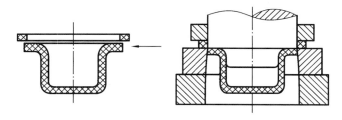

图 2-55　切边示意图

2. 变形工序

变形工序是使坯料产生塑性变形而不破裂的工序,如弯曲、拉深、翻边、胀形、缩口、压筋等。

1)弯曲

弯曲是将板料、型材或管材弯成具有一定角度或圆弧的工序。弯曲方法可分为压弯、拉弯、折弯、滚弯等,最常见的是在压力机上压弯,如图 2-56 所示。

弯曲变形主要发生在弯曲中心角 φ 对应的范围内,中心角以外区域基本不发生变形。变形前 aa 段与 bb 段长度相等,弯曲变形后,$\overset{\frown}{aa}$ 弧长小于 $\overset{\frown}{bb}$ 弧长,在 ab 以外两侧的直边段没有变形,如图 2-57 所示。

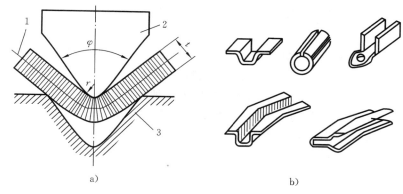

图 2-56　弯曲变形过程及弯曲件

a) 弯曲变形过程　b) 弯曲件

1—弯曲件的中性层　2—凸模　3—凹模

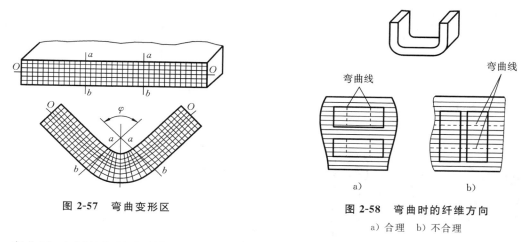

图 2-57　弯曲变形区

图 2-58　弯曲时的纤维方向

a) 合理　b) 不合理

弯曲时,金属的塑性变形集中在凸模尖角的狭窄区域内。金属的外侧受拉应力的作用,产生拉伸变形;金属的内侧受压应力作用,产生压缩变形。由于外表层应变量最大,故承受最大的拉应力,若此拉应力超过坯料的抗拉强度,则会出现裂纹。坯料越厚,内弯曲半径 r 越小,则压缩及拉伸应力越大,产生裂纹的可能性越大。为防止裂纹的产生,弯曲时应选用塑性好的材料,并限制最小弯曲半径 r_{min}。一般 $r_{min} \geqslant (0.25 \sim 1)S$ (S 为坯料厚度)。

弯曲时应尽可能使弯曲线与坯料纤维方向垂直,如图 2-58a 所示。如果弯曲线与坯料纤维方向一致,如图 2-58b 所示,则容易产生裂纹,此时,可采用增大最小弯曲半径来避免,取 r_{min} 为正常值的两倍。

材料的弹性回复会使弯曲件的角度和弯曲半径较凸模大,这种现象称为回弹。增大的角度称为回弹角,一般为 $0° \sim 10°$。回弹会影响弯曲件的精度,因此,通常在设计弯曲模时,模具角度应比零件弯曲角度小一个回弹角值。

2) 拉深

拉深是将一定形状的平板毛坯通过拉深模冲压成各种形状的开口空心件,或者以开口空心件为毛坯进一步使空心件改变形状和尺寸的冲压工序,如图 2-59 所示。

拉深可分为不变薄拉深和变薄拉深两种,不变薄拉深件的壁厚与毛坯厚度基本相同,工业上应用较多,变薄拉深是用变薄拉深模减小空心件毛坯的直径与壁厚,以得到底厚大于壁厚的空心件。变薄拉深件的壁厚则明显小于毛坯厚度,如图 2-60 所示。下面介绍圆筒形不变薄拉深工艺。

（1）拉深过程及变形特点　如图 2-59 所示,拉深模与冲裁模相似,但拉深模所用的凸、凹模具有一定的圆角而没有刃口,其间隙也大于板料的厚度。板料在凸模的压力下,被拉入凸、凹模之间的间隙里形成圆筒的直壁。拉深件的底部一般不变形只起传递拉力的作用,厚度基本不变。拉深件的直壁由板料的环形部分(即板料外径与凹模洞口直径间的一圈)转化而成,主要受拉力作用,厚度有所减少。而直壁与底部之间的过渡圆角处被拉薄得最为严重。拉深时,金属材料产生很大的塑性流动,板料直径越大,所产生的塑性流动就越大。

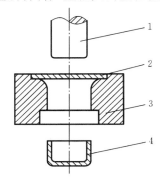

图 2-59　拉深变形过程
1—凸模　2—毛坯　3—凹模　4—工件

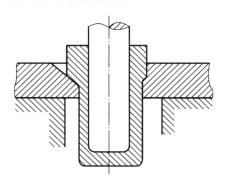

图 2-60　变薄拉深过程

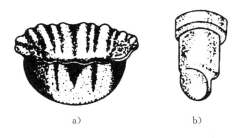

a)　　　　　　b)

图 2-61　拉深件废品
a) 起皱　b) 拉裂

（2）拉深中常见的主要缺陷及其防止措施　拉深过程中的主要缺陷是起皱和拉裂,如图 2-61 所示。起皱是拉深时较大的切向压应力使板料失稳造成的;拉裂一般出现在直壁与底部的过渡圆角处,当拉应力超过材料的抗拉强度时,此处将被拉裂。

为防止拉裂,应采取如下工艺措施。

① 合理选择拉深系数　这是防止拉裂的主要工艺措施。拉深系数是衡量拉深变形程度大小的主要工艺参数,它用拉深件直径 d 与毛坯直径 D 的比值 m 表示,即 $m=d/D$。拉深系数越小,表明变形程度越大;拉深应力越大,越容易产生拉裂废品。能保证拉深正常进行的最小拉深系数称为极限拉深系数。低碳钢筒形件带压边圈的极限拉深系数如表 2-11 所示。

表 2-11　低碳钢筒形件带压边圈的极限拉深系数

拉深次数	毛坯相对厚度(S/D)/(%)					
	2.0～1.5	1.5～1.0	1.0～0.6	0.6～0.3	0.3～0.15	0.15～0.08
第 1 次	0.48～0.50	0.50～0.63	0.53～0.55	0.55～0.58	0.58～0.60	0.60～0.63
第 2 次	0.73～0.75	0.75～0.76	0.76～0.78	0.78～0.79	0.79～0.80	0.80～0.82
第 3 次	0.76～0.78	0.78～0.79	0.79～0.80	0.80～0.81	0.81～0.82	0.82～0.84
第 4 次	0.78～0.80	0.80～0.81	0.81～0.82	0.82～0.83	0.83～0.85	0.85～0.86
第 5 次	0.80～0.82	0.82～0.84	0.84～0.85	0.85～0.86	0.86～0.87	0.87～0.88

一般情况下拉深系数为 0.5～0.8。如果拉深系数过小,不能一次拉深成形时,可采用多次拉深工艺。

多次拉深时,若板料各道次的拉深系数分别用 $m_1, m_2, \cdots, m_n$ 表示,则

$$m_1 = \frac{d_1}{D}, \ m_2 = \frac{d_2}{d_1}, \ \cdots, \ m_n = \frac{d_n}{d_{n-1}}$$

工件的总拉深系数 m 为

$$m = m_1 \cdot m_2 \cdot \cdots \cdot m_n$$

式中　D——毛坯直径(mm)(见图 2-62);

　　　d——工件直径(mm),板厚 $S \geqslant 1$ mm 时取中径,$d_1, d_2, \cdots, d_{n-1}$ 为中间各道次拉深坯的直径,最后一次拉深直径 $d_n = d$;

　　　$m_1 \sim m_n$——第 1 次至第 n 次的拉深系数。

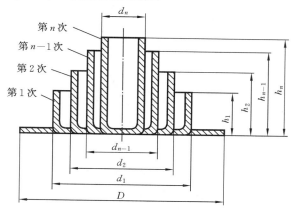

图 2-62　多次拉深圆筒直径变化

② 凹、凸模工作部分必须加工成圆角　凹模圆角半径为 $R_凹 = (5 \sim 10)S$,凸模圆角为半径为 $R_凸 = (0.6 \sim 1)R_凹$。

③ 合理的凸、凹模间隙　间隙过小,容易拉裂;间隙过大,容易起皱。一般凸、凹模之间的单边间隙 $Z = (1.0 \sim 1.2)S$。

④ 减小拉深时的阻力　例如压边力要合理,不应过大;凸、凹模工作表面要有较小的表面粗糙度;在凹模表面涂润滑剂来减小摩擦。

可采用设置压边圈的方法来防止起皱(见图 2-63),也可通过增加毛坯的相对厚度或拉深系数的途径来防止。

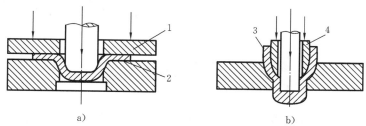

图 2-63　用压边圈拉深

a) 板式压边圈　b) 筒式压边圈

1,4—压边圈　2,3—工件

3) 翻边

翻边是指利用模具将工件上的孔边缘或外缘边缘翻成竖立的直边的冲压工序,如图 2-64 所示。

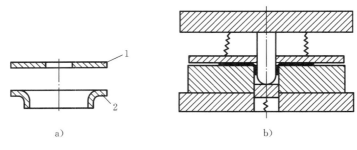

a)　　　　　　　　　　　　　　　　　b)

图 2-64　翻边

a) 翻边前后　b) 翻边工艺

1—翻边前的坯件　2—翻边后的冲压件

进行翻边工序时,翻边孔的直径不能超过某一允许值,否则将导致孔的边缘破裂。其允许值可用翻边系数 K_0 来衡量,即

$$K_0 = d_0 / d$$

式中　d_0——翻边前的孔径(mm);

　　　　d——翻边后的孔径(mm)。

显然,K_0 值越小,变形程度越大。翻边时孔边不破裂所能达到的最小 K_0 值称为极限翻边系数。对于镀锡铁皮,K_0 为 0.65~0.7;对于酸洗钢板,K_0 为 0.68~0.72。

当零件的凸缘高度大,计算出的翻边系数 K_0 很小,直接成形无法实现时,可采用先拉深、后冲孔(按 K_0 计算得到的允许孔径)、再翻边的工艺来实现。

4) 胀形

胀形是指从空心件内部施加径向压力,强迫局部材料厚度减薄和表面积增大,获得所需形状和尺寸的冲压工序,如图 2-65 所示。

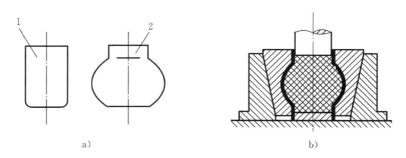

a)　　　　　　　　　　　　　　　　　b)

图 2-65　胀形

a) 胀形前后　b) 胀形工艺

1—胀形前的坯件　2—胀形后的冲压件

胀形的极限变形程度主要取决于板料的塑性。板料的塑性越好,可能达到的极限变形程度就越大。由于胀形时板料处于两向拉应力状态,变形区的坯料不会产生失稳起皱现象,因此,冲压成形的零件表面光滑、质量好。胀形所用模具可分为刚模和软模两类,软模胀形时板料的变形比较均匀,容易保证零件的精度,便于成形复杂的空心零件,故在生产中广泛采用。

5）缩　口

缩口是指将预先拉深好的圆筒或管状坯料，通过模具将其口部缩小的冲压工序，如图2-66所示。

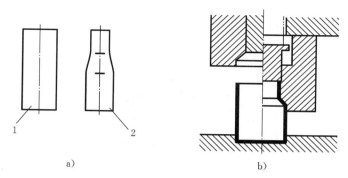

a)　　　　　　　　　　　　　　　　b)

图 2-66　缩口

a）缩口前后　b）缩口工艺

1—缩口前的坯件　2—缩口后的冲压件

2.3.2　冲压模具及结构

冲模是冲压生产中必不可少的模具，冲模的结构合理与否对冲压件的质量、生产率及模具寿命等都有很大的影响。冲模按其结构特点不同可分为简单模、连续模和复合模。按模具零件的功能可分为工艺零件和结构零件两部分，如图 2-67 所示。

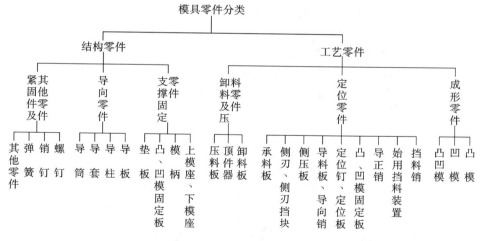

图 2-67　模具零件分类

1. 简单冲模

在一次冲压行程中只完成一道工序的冲模，称为简单冲模（见图 2-68）。

简单冲模结构简单，容易制造，适用于单工序完成的冲压件。对于需经多个工序才能完成的冲压件，如采用简单冲模则要制造多套模具分多次冲压，因此，生产率和冲压件的精度都较低，适用于冲压件的小批量生产。

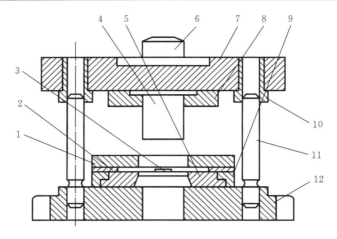

图 2-68　简单冲模

1—固定卸料板　2—导料板　3—定位销　4—凸模　5—凹模　6—模柄

7—上模座　8—凸模固定板　9—凹模固定板　10—导套　11—导柱　12—下模座

2. 连续冲模

在一副模具上有多个工位,在一次冲压行程中同时完成多道工序的冲模,称为连续冲模(见图 2-69)。

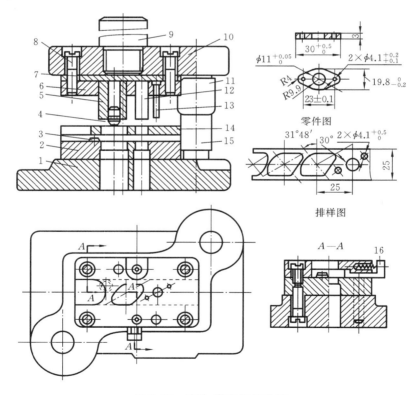

图 2-69　冲孔、落料连续冲模

1—下模座　2—凹模　3—固定挡料销　4—导正销　5—落料凸模　6—凸模固定板　7—垫板　8—螺钉

9—模柄　10—上模座　11—导套　12,13—冲孔凸模　14—固定卸料板　15—导柱　16—始用挡料销

连续冲模生产效率高,易于实现自动化。但要求定位精度高,制造比较麻烦,成本也较高,

适用于大批量生产。各种工序组合的连续冲模的结构如表 2-12 所示。

表 2-12　连续冲模的结构简图

工序组合	模具结构简图	工序组合	模具结构简图
冲孔和落料		冲孔和切断	
冲孔和切断		级进拉深和落料	
冲孔、弯曲和切断		冲孔、翻边和落料	
冲孔、切断和弯曲		冲孔、压印和落料	
冲孔、翻边和落料		级进拉深、冲孔和落料	

3. 复合冲模

在一副模具上只有一个工位,在一次冲压行程上同时完成多道冲压工序的冲模,称为复合冲模(见图 2-70)。

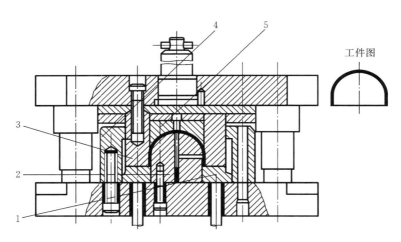

图 2-70　落料拉深复合冲模

1—压边圈兼顶板　2—拉深凸模　3—落料、拉深凸凹模　4—落料凹模　5—推件兼整形板

　　复合冲模具有较高的加工精度及生产率,但模具制造复杂,成本高,适用于大批量生产。各种工序组合的复合冲模的结构如表 2-13 所示。

　　简单冲模、复合冲模和连续冲模的特点比较如表 2-14 所示。

表 2-13　复合冲模的结构简图

工序组合	模具结构简图	工序组合	模具结构简图
落料和冲孔		冲孔和切边	
切断和弯曲		落料、拉深和冲孔	
切断、弯曲和冲孔		落料、拉深、冲孔和翻边	

续表

工序组合	模具结构简图	工序组合	模具结构简图
落料和拉深	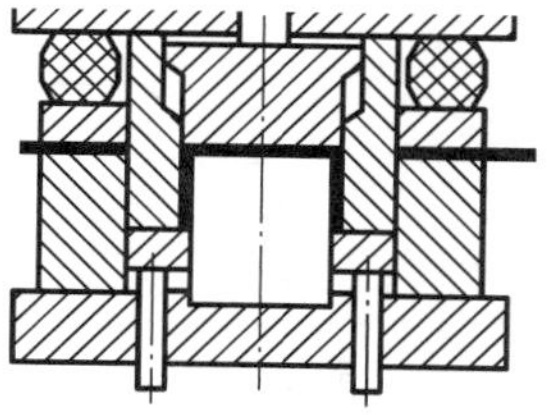	冲孔和翻边	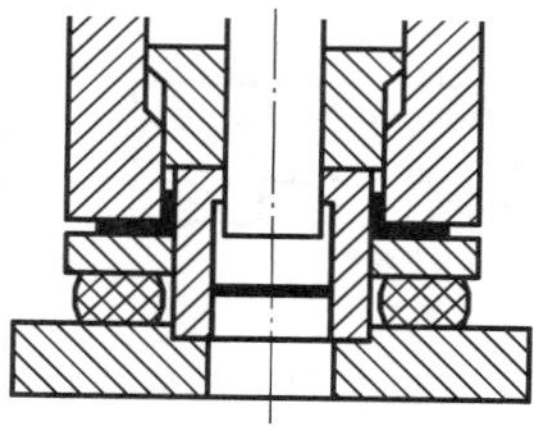
落料、拉深和切边	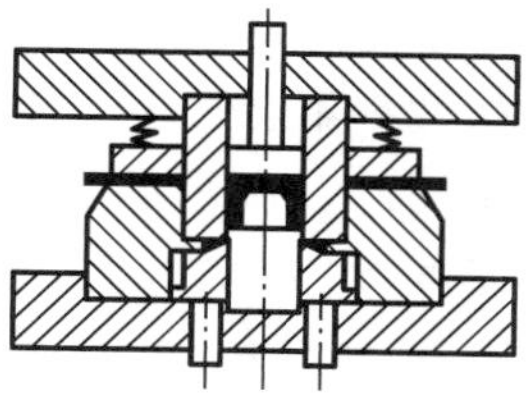	落料、成形和冲孔	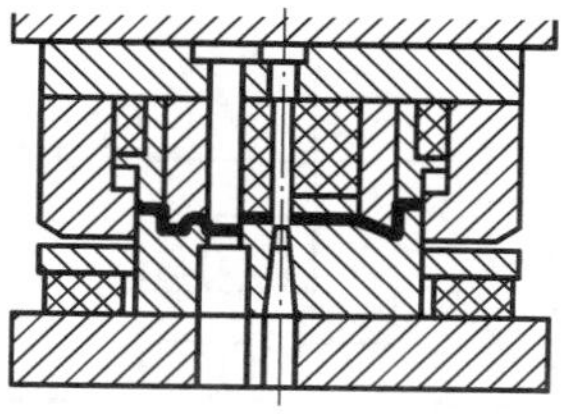

表 2-14　简单冲模、复合冲模和连续冲模的特点比较

项　　目	简单冲模	复合冲模	连续冲模
精度	一般较低	中、高	中、高
原材料要求	不严格	除条料外,小件也可用边角料	条料或卷料
生产率	低	较高	高
实现操作机械化自动化的可能性	较易,尤其适合于在多工位压力机上实现自动化	难,只能在单机上实现部分机械操作	容易,尤其适合于在单机上实现自动化
生产通用性	好,适合于中、小批量生产及大型件的大量生产	较差,仅适合于大量生产	较差,仅适合于中、小型零件的大量生产
冲模制造的复杂性和价格	结构简单,制造周期短,价格低	结构复杂,制造难度大,价格高	结构复杂,制造和调整难度大,价格与工位数成比例上升

2.3.3　冲裁成形件结构工艺性

冲裁件结构设计不仅应保证它具有良好的使用性能,还应具有良好的工艺性能,以减少材料的消耗、延长模具寿命、提高生产率、降低成本及保证冲压件质量等,主要考虑的因素有冲压件的形状、尺寸、精度及材料等。

1. 冲裁件的形状与尺寸

1) 对冲裁件的要求

(1) 落料与冲孔的形状力求简单、对称,尽量采用规则形状(如圆形、矩形等),这样在排样

时废料最少,如图 2-71 所示。应避免长槽与细长悬臂结构;否则,将使模具制造困难,并使模具寿命降低。图 2-72 所示为不合理的落料件外形。此外,模具上制造圆形沟槽比制造矩形沟槽更容易,更经济。

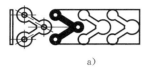 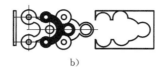 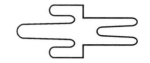

图 2-71 零件形状与材料利用的关系　　图 2-72 不合理的落料件外形

a) 不合理　b) 合理

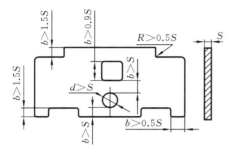

图 2-73 冲压件的有关尺寸限制

（2）为避免冲裁件变形,孔间距和孔边距及外缘凸出或凹进的尺寸都不能过小。冲裁件上有关尺寸及孔的设计应满足图2-73所示的要求。冲圆孔时,孔径不得小于坯料厚度 S。冲方孔时,边长不得小于 $0.9S$。孔与孔之间,孔与工件边缘之间的距离不得小于 S,外缘凸出或凹进的尺寸不得小于 $1.5S$。

（3）冲裁件的内、外转角处应以圆弧连接,尽量避免尖角,尖角处应力集中易被冲模冲裂。孔与深槽应尽量在变形工序前的平板坯料上冲出,以免变形。最小圆角半径如表 2-15 所示。

表 2-15　落料件、冲孔件的最小圆角半径

工　序	圆弧角	最小圆角半径		
		黄铜、紫铜、铝	低碳钢	合金钢
落　料	$\alpha \geqslant 90°$	$0.24S$	$0.30S$	$0.45S$
	$\alpha < 90°$	$0.35S$	$0.50S$	$0.70S$
冲　孔	$\alpha \geqslant 90°$	$0.20S$	$0.35S$	$0.50S$
	$\alpha < 90°$	$0.45S$	$0.60S$	$0.90S$

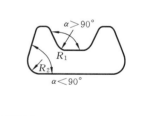

2）对弯曲件的要求

（1）弯曲件形状应尽量对称,弯曲半径不小于材料许可的最小弯曲半径。同时考虑材料的纤维方向,尽量使弯曲线与纤维方向垂直,以免在成形过程中弯裂。

（2）过短的边不易弯曲成形,故应使弯曲边高度 $H > 2S$。若 $H < 2S$,则必须压槽,或增加弯曲边高度(见图 2-74),然后加工去掉增加的部分。

（3）弯曲带孔件时,为避免孔的变形,孔的边距弯曲中心应有一定的距离 L(见图 2-75), $L > (1.5 \sim 2)S$。当 L 过小时,可在弯曲线上冲工艺孔(见图 2-75b),或开工艺槽(见图 2-75c)。如对零件孔的精度要求较高,则应弯曲后再冲孔。

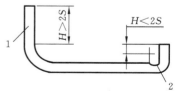

图 2-74 弯曲件直边高度

1—弯曲边　2—压槽

3）对拉深件的要求

（1）拉深件外形应简单、对称,且不宜太高,以使拉深次数尽量少,并容易成形。

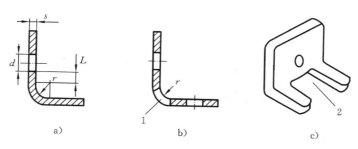

图 2-75　避免弯曲件孔变形的方法

a) 控制孔边与弯曲中心距离　b) 冲工艺孔　c) 冲工艺槽

1—工艺孔　2—工艺槽

（2）拉深件的圆角半径应按图 2-76 确定；否则，将增加拉深次数和整形工作，增加模具数量，并容易出现废品，使成本增高。

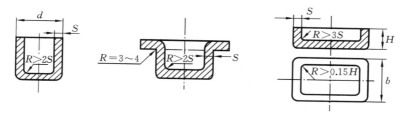

图 2-76　拉深件的圆角半径

2. 冲压件的精度和表面质量

1）冲压件的精度

冲压件精度不应超过各冲压工序的经济精度，并应在满足需要的情况下尽量降低要求；否则，将需要增加其他精整工序，使生产成本提高，生产率降低。各种冲压工序的经济精度如下：落料 IT10；冲孔 IT9；弯曲 IT10～IT9；拉深件高度尺寸精度IT9～IT8，经整形工序后尺寸精度达 IT7～IT6，拉深件直径尺寸精度为 IT10～IT9。

2）冲压件表面质量

冲压件表面质量不应高于原材料表面质量；否则，需增加切削加工等工序，使产品成本大幅度提高。

3. 简化工艺、节省材料、改进结构

1）冲-焊结构

对于形状复杂的冲压件，可先分别冲制成若干简单件，最后焊成整体件，从而简化工艺，如图 2-77 所示。

2）采用冲口工艺

组合件可采用冲口工艺，减少组合件数量，如图 2-78 所示的组合件，原设计用三个件焊接或铆接成形，采用冲口工艺后（冲口、弯曲）可制成整体零件，从而节省材料，简化工艺过程。

3）简化拉深件结构

在使用性能不变的情况下，应尽量简化拉深件结构，以达到减少工序、节省材料和降低成本的目的。

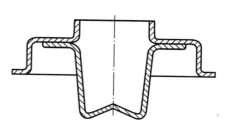

图 2-77　冲-焊结构零件

如图 2-79 所示消声器后盖零件结构,经过改进后冲压加工工序由八道减为两道,同时节省材料 50 ％。

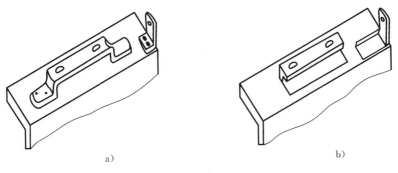

图 2-78　冲口工艺的应用

a) 原设计　b) 采用冲口工艺

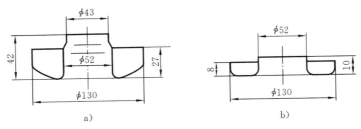

图 2-79　消声器后盖零件结构

a) 改进前　b) 改进后

2.3.4　典型零件冲压工艺过程的制定

如图 2-80 所示的冲压件为托架,已知该零件材料为 08F 钢,年产量为两万件,要求表面无划伤,孔不能有变形。

1. 结构工艺性分析

该件 $\phi10$ 孔内装有心轴,$4\times\phi5$ 孔与机身连接,为保证良好的装配条件,5 个孔的公差均为 IT9,精度要求不高。选用 08F 冷轧板塑性好,各弯曲半径大于最小弯曲半径,不需要整形,各孔都可以冲出。因此,该件可以用冲压成形。

2. 拟订工艺方案

从零件结构分析,该件所需基本工序为落料、冲孔、弯曲三种。其中弯曲工艺方案有三种,如图 2-81 所示。

该件总的冲压工艺方案有以下四种。

方案一　复合冲 $\phi10$ 孔与落料;弯两边外角和中间两 45°角;弯中间两角;冲 4 个 $\phi5$ 孔,如图 2-82 所示。其优点是:模具结构简单,寿命长,制造周期短,投产快;弯曲回弹容易控制,尺寸和形状准确,表面质量高;除工序一外,后面工序都以 $\phi10$ 孔和一个侧边定位,定位基准一致且与设计基准重合;操作比较方便。其缺点是工序较分散,需要模具、压力机和操作人员较多,劳动量较大。

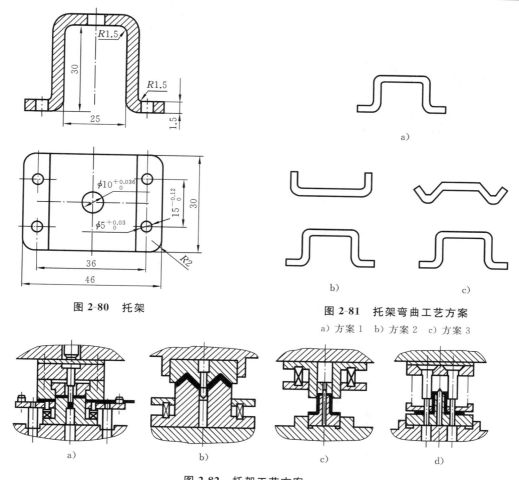

图 2-80　托架

图 2-81　托架弯曲工艺方案
a) 方案 1　b) 方案 2　c) 方案 3

图 2-82　托架工艺方案一
a) 冲孔落料　b) 弯外角　c) 弯中间角　d) 冲孔

　　方案二　复合冲 $\phi10$ 孔与落料（同方案一）；弯两外角；弯中间两角，如图 2-83 所示；冲 4 个 $\phi5$ 孔（同方案一）。与方案一相比，该方案弯中间两角时零件的回弹难以控制，尺寸和形状不精确，且同样具有工序分散的缺点。

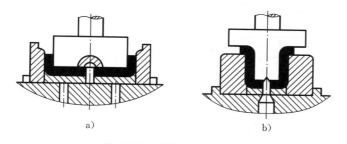

图 2-83　托架工艺方案二
a) 弯两外角　b) 弯中间角

　　方案三　复合冲 $\phi10$ 孔与落料；弯四角，如图 2-84 所示；冲 4 个 $\phi5$ 孔（同方案一）。该方案工序比较集中，占用设备和人员少，但模具寿命短，零件表面有划伤，工件厚度有变薄，回弹不易控制，尺寸和形状不够精确。

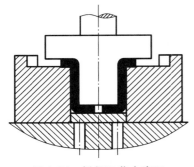

图 2-84　托架工艺方案三

方案四　全部工序采用带料连续冲压成形。该方案采用工序集中,生产效率高,适合大批量生产。但是模具结构复杂,安装、调试、维修较困难,制造周期长,当批量不大时成本较高。

综上所述,考虑零件精度要求较高,生产批量不大的特点,故采用工艺方案一。

3. 填写冲压工艺卡片

将冲压件的产品名称、图号、零件号、材料、工序草图、工装名称、设备及检验要求等技术资料填写到工艺过程卡片(见表 2-16)中作为生产该冲压件的指导性工艺文件。

表 2-16　冲压工艺卡片

（厂名）冷冲压工艺卡片		产品型号		零件名称	托架	共　页
		产品名称		零件图号		第　页

材料牌号及规格	材料技术要求	毛坯尺寸	每条料制件数	毛坯重	辅助材料
08	1 800×900 横裁	900×108×1.5			

工序号	工序名称	工序草图	工装名称及图号	设备吨位/kN	检验要求	备注
1	冲孔落料		冲孔落料复合模	250	按草图检验	
2	首次弯曲（带预弯）		弯曲模	160	按草图检验	
3	二次弯曲		弯曲模	160	按草图检验	

续表

工序号	工序名称	工 序 草 图	工装名称及图号	设备吨位/kN	检验要求	备　注
4	冲孔 4×φ5	$4×\phi5^{+0.03}_{0}$　　$15^{+0.012}_{0}$　　36	冲孔模	160	按草图检验	
				编制日期	审核日期	会签日期

2.4　特种压力加工技术简介

　　随着工业的不断发展,人们对金属塑性成形加工生产提出了越来越高的要求,不仅要求生产各种毛坯,而且要求能直接生产出更多的具有较高精度与质量的成品零件。塑性成形方法在生产实践中也得到了迅速发展和广泛的应用。

　　特种塑性成形是相对常规或传统工艺而言的,既是常规工艺的发展,又是对常规工艺的补充。特种塑性成形多数是历史较短且新近有较大发展的成形方法,在特定领域内的应用日益增多,例如零件的挤压、零件的轧制、精密模锻、多向模锻等。随着技术的发展,新的成形方法不断涌现,例如粉末成形、超塑性成形、软介质成形、高能高速成形等,进一步扩大了塑性成形的应用范围。

2.4.1　零件的挤压与轧制

1. 零件的挤压

　　挤压是对挤压模具中的金属坯料施加强大的压力作用,使其发生塑性变形从挤压模具的口中流出,或者充满凸、凹模型腔,而获得所需形状与尺寸的零件或半成品的塑性成形方法。

　　1) 零件挤压的特点

　　① 三向压应力状态,能充分提高金属坯料的塑性,不仅有铜、铝等塑性好的非铁合金,而且碳钢、合金结构钢、不锈钢及工业纯铁等也可以采用挤压工艺成形。在一定变形量下,某些高碳钢、轴承钢,甚至高速钢等也可以进行挤压成形。对于要进行轧制或锻造的塑性较差的材料,如钨和钼等,为了改善其组织和性能,也可采用挤压法对坯料进行制坯。

　　② 挤压法可以生产出断面极其复杂的或具有深孔、薄壁及变截面的零件。

　　③ 可以实现少、无切削加工,一般尺寸精度为 IT6～IT7,表面粗糙度 Ra 值为 3.2～0.4 μm。

　　④ 挤压变形后零件内部的纤维组织连续,基本沿零件外形分布而不被切断,从而提高了金属的力学性能。

　　⑤ 材料利用率、生产率高;生产方便灵活,易于实现生产过程的自动化。

　　2) 零件挤压的分类

　　(1) 根据金属流动方向和凸模运动方向的不同可分为以下四种方式。

① 正挤压　金属流动方向与凸模运动方向相同,如图 2-85 所示。

② 反挤压　金属流动方向与凸模运动方向相反,如图 2-86 所示。

③ 复合挤压　金属坯料的一部分流动方向与凸模运动方向相同,另一部分流动方向与凸模运动方向相反,如图 2-87 所示。

④ 径向挤压　金属流动方向与凸模运动方向成 90°角,如图 2-88 所示。

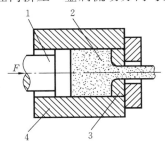 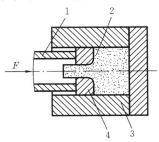

图 2-85　正挤压　　　　　　　　　　　　　　图 2-86　反挤压

1—凸模　2—金属坯料　3—挤压模　4—挤压筒　　　　1—凸模　2—金属坯料　3—挤压筒　4—挤压模

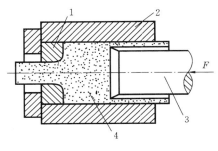 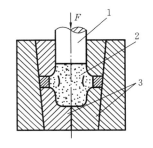

图 2-87　复合挤压　　　　　　　　　　　　　图 2-88　径向挤压

1—挤压模　2—挤压筒　3—凸模　4—金属坯料　　　　1—凸模　2—金属坯料　3—挤压模

(2) 按照挤压时金属坯料所处的温度不同,可分为热挤压、温挤压和冷挤压三种方式。

① 热挤压　热挤压是金属坯料的变形温度高于再结晶温度的挤压工艺。热挤压时,金属变形抗力较小,塑性较好,允许每次变形程度较大,但产品的尺寸精度较低,表面较粗糙,主要应用于生产铜、铝、镁及其合金的型材和管材等,也可挤压强度较高、尺寸较大的中/高碳钢、合金结构钢、不锈钢零件等。目前,热挤压越来越多地用于机器零件和毛坯的生产。

② 冷挤压　冷挤压是金属坯料的变形温度低于再结晶温度(通常是室温)的挤压工艺。冷挤压时金属的变形抗力比热挤压时大得多,但产品尺寸精度较高,可达IT6～IT7,表面粗糙度 Ra 值可达 $3.2\sim0.4\ \mu m$,而且产品内部组织为加工硬化组织,提高了产品的强度。目前可以对非铁合金及中、低碳钢的小型零件进行冷挤压成形。为了降低变形抗力,在冷挤压前要对坯料进行退火处理。

冷挤压时,为了降低挤压力,防止模具损坏,提高零件表面质量,必须采取润滑措施。由于冷挤压时单位压力大,润滑剂易被挤掉而失去润滑效果,所以对钢质零件必须采用磷化处理,使坯料表面呈多孔结构,以存储润滑剂,在高压下起到润滑作用。常用润滑剂有矿物油、豆油、皂液等。

冷挤压生产率高,材料消耗少,在汽车、拖拉机、仪表、轻工、军工等领域广为应用。

③ 温挤压　温挤压是将坯料加热到再结晶温度以下且高于室温的某个合适温度下进行

挤压的工艺,金属坯料的变形温度介于热挤压和冷挤压之间。与热挤压相比,坯料氧化脱碳少,表面粗糙度较低,产品尺寸精度较高;与冷挤压相比,降低了变形抗力,增加了每个工序的变形程度,提高了模具的使用寿命。温挤压材料一般不需要进行预先软化退火、表面处理和工序间退火。温挤压零件的精度和力学性能略低于冷挤压零件,表面粗糙度 Ra 值为 $6.3 \sim 3.2\ \mu m$。温挤压不仅适用于挤压中碳钢,而且也适用于挤压合金钢零件。

挤压在专用挤压机上进行,也可在油压机及经过适当改进后的通用曲柄压力机或摩擦压力机上进行。

3) 其他的挤压方法

(1) 静液挤压　静液挤压工作原理如图 2-89 所示,其突出特点是金属坯料与挤压筒内壁之间几乎没有摩擦存在,接近理想润滑状态,金属流动均匀,且坯料周围存在较高的静水压力,有利于提高坯料的变形能力。因此静液挤压可实现其他工艺难加工或不能加工的特种材料的加工,广泛应用于管、棒、型、线材的塑性成形。从挤压温度角度,静液挤压可分为冷、温和热静液挤压三种,其中冷静液挤压技术的开发及设备应用尤其引人注目。该技术可将被加工材料的强度提高 $50\% \sim 80\%$,而保持其足够的塑性和韧性。

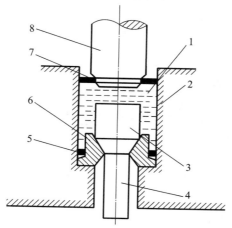

图 2-89　静液挤压工作原理

1—高压液体　2—挤压筒　3—锭坯　4—制品　5—O 形密封圈　6—模具　7—斜切密封环　8—挤压杆

(2) 连续挤压　传统挤压(正向挤压、反向挤压、静液挤压)存在以下缺点:锭坯与挤压筒壁间的有害摩擦不仅消耗大量的能量,而且使锭坯长度受到限制,一般锭坯的长径比小于 6,无法生产很长的制品;常规挤压为间歇式操作,非挤压时间占挤压周期的 $30\% \sim 70\%$,劳动生产率不高;常规挤压设备庞大,造价昂贵。实现挤压生产的连续化是降低挤压能耗,提高材料利用率和劳动生产率等的关键。

各种连续挤压加工方法于 20 世纪 70 年代前后被相继提出。包括连续摩擦筒挤压法、轧挤法、轮盘式连续挤压法、链带式连续挤压法、连续铸挤法等,其共同特征是通过槽轮或链带的连续运动实现挤压筒的无限工作长度,变形力由与坯料相接触的运动所施加的摩擦力提供。

源于 20 世纪 60 年代后期的半连续静液挤压-拉拔法、黏性流体摩擦挤压法、连续静液挤压-拉拔法,其共同特征是利用高压液体的压力或黏性摩擦力,再辅之以外力作用,实现半连续或连续的挤压变形。

(3) 动黏性液体挤压　动黏性液体挤压是在 1972 年提出的,其原理如图 2-90 所示。它采用高压液体在凹模内形成挤压压力,并以此作为推进力,在压力腔内把坯料移到凹模。液体从一端泵入,再从另一端排出。流动液体的黏性曳引力传递轴向力到坯料上,推动坯料从凹模挤出,得到挤压制品,

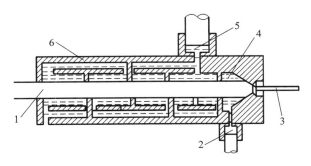

图 2-90　动黏性液体挤压工作原理

1—挤压坯料　2—挤压流体　3—挤压制品　4—挤压腔　5—黏性流体　6—串联式液体容腔

(4) 履带式夹紧连续成形　履带式夹紧连续成形又称作"Linex"法。图 2-91 为其成形原理图。坯料在履带驱动下进入由上、下夹紧块与模子构成的四角断面形状的压力室,并在压力室内实现挤压成形获得制品。该种方法可以实现半连续化生产。

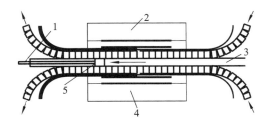

图 2-91　履带式夹紧连续成形工作原理

1—线材　2—上压块　3—进料　4—下压块　5—模腔

(5) 组合式挤压拉拔　静液挤压中坯料长度受到限制是其最大缺陷,为克服此缺陷而提出了组合式挤压拉拔法,图 2-92 是其工作原理图。卷线坯料在液体静压力作用下穿过模子,同时在模子的另一侧线杆受到旋转卷筒的拉拔力,从而实现静液挤压和拉拔的共同作用。

(6) 液态金属挤压　液态金属挤压是液态模锻和热挤压融合的产物,其工作示意图如图2-93 所示。将液态金属注入挤压模内,在挤压冲头压挤下,位于变形区的半固态金属从挤压凹模内挤出,从而获得管、棒等制品。液态金属挤压具有变形力小、挤压比大、工序简单、对生产材料没有限制、制品组织性能较液态模锻件更优等特点,易生产复杂形状断面和薄壁制品。

(7) 复合挤压法　复合挤压法是利用液压挤压机把已经复合在一起的坯料,通过挤压模使其变形生产出所需的产品。该工艺要求挤压筒与工件之间润滑效果良好,以减小摩擦从而得到较大的挤压力。该法适用于生产铝、铜等塑性较好、力学性能相差较小的基体所组成的复合线材。

该方法的缺点是生产成本高,适用范围窄,且只能生产长度有限的复合导线,无法实现连续生产。

(8) 静液挤压复合法　静液挤压复合法在 20 世纪 50 年代就开始了积极的研究开发,压力在 1 000~1 500 MPa,可利用这种方法加工铜复合铝线材和铝合金、贵金属等。静液挤压复合法的应用主要有四个领域:复合材料挤压加工、大断面缩减率挤压、粉末状原料的固化成

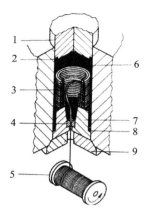

图 2-92　组合式挤压拉拔工作原理

1—塞棒　2,8—密封圈　3—坯料　4—模具　5—卷轮

6—液体　7—模支座　9—衬垫

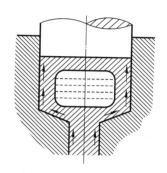

图 2-93　液态金属挤压示意图

形和挤压加工、难加工材料挤压加工。

现有 Cu/Al 复合线、Ti/Cu 复合棒均可采用静液挤压复合法生产。这种方法获得的复合材料为冶金结合,界面强度高,如 Ti/Cu 复合界面强度达 120～150 MPa。

该方法的缺点是工艺较难控制,会出现表面凹凸不平。

2. 零件的轧制

金属坯料在旋转轧辊的作用下产生连续塑性变形,从而获得所要求截面形状并改变其性能的加工方法,称为轧制。常采用的轧制工艺有辊锻、横轧及斜轧等。

1) 辊锻

辊锻是使坯料通过装有圆弧形模块的一对相对旋转的轧辊,受压产生塑性变形,从而获得所需形状的锻件或锻坯的塑性成形方法,如图 2-94 所示。它既可以作为模锻前的制坯工序,也可以直接辊锻锻件。

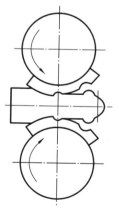

图 2-94　辊锻示意图

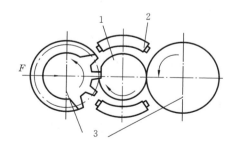

图 2-95　横轧齿轮示意图

1—齿轮坯料　2—高频感应器　3—轧辊

目前,辊锻适用于生产以下三种类型的锻件。

① 扁截面的长杆件,如扳手、链环等。

② 带有头部,且沿长度方向横截面面积递减的锻件,如汽轮机叶片等。叶片辊锻工艺和

普通锻造后再进行铣削的工艺相比,材料利用率可提高 4 倍,生产率提高 2.5 倍,而且叶片质量大为提高。

③ 连杆,采用辊锻方法锻制连杆,生产率高,简化了工艺过程。但锻件还需用其他锻压设备进行精整。

2) 横轧

横轧是指轧辊轴线与轧件轴线互相平行,且轧辊与轧件作相对转动的轧制方法,如齿轮轧制等。

齿轮轧制是一种少无切削加工齿轮的新工艺。直齿轮和斜齿轮均可用横轧方法制造,齿轮的横轧如图 2-95 所示。在轧制前,齿轮坯料外缘被高频感应加热,然后将带有齿形的轧辊作径向进给,迫使轧辊与齿轮坯料对辗。在对辗过程中,毛坯上一部分金属受轧辊齿顶挤压形成齿谷,相邻的部分被轧辊齿部"反挤"而上升,形成齿顶。

3) 斜轧

斜轧又称螺旋斜轧。斜轧时,两个带有螺旋槽的轧辊相互倾斜配置,轧辊轴线与坯料轴线相交成一定角度,以相同方向旋转。坯料在轧辊的作用下绕自身轴线反向旋转,同时还作轴向向前运动,即螺旋运动,坯料受压后产生塑性变形,最终得到所需制品。例如钢球轧制、周期轧制均采用了斜轧方法,如图 2-96 所示。斜轧还可直接热轧出带有螺旋线的高速钢滚刀、麻花钻、自行车后闸壳及冷轧丝杠等。

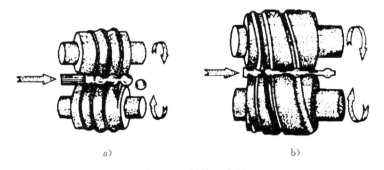

a)　　　　　　　　　　　　　　b)

图 2-96　斜轧示意图

a) 钢球轧制　　b) 周期轧制

如图 2-96a 所示的钢球斜轧,棒料在轧辊间螺旋形槽里受到轧制,并被分离成单个的球,轧辊每转一圈,即可轧制出一个钢球,轧制过程是连续的。

2.4.2　精密模锻与液态模锻

1. 精密模锻

在模锻设备上锻造出形状复杂、高精度锻件的模锻工艺。如精密模锻伞齿轮,其齿形部分可直接锻出而不必再经过切削加工。精密模锻件尺寸精度可 IT12～IT15,表面粗糙度 Ra 值为 3.2～1.6 μm。

精密模锻工艺特点如下。

① 精确计算原始坯料的尺寸,严格按坯料质量下料。

② 精细清理坯料表面,除净坯料表面的氧化皮、脱碳层及其他缺陷等。

③ 采用无氧化或少氧化加热方法,尽量减少坯料表面形成的氧化皮。

④ 精密模锻工艺常采用两步成形,如图 2-97
所示,先预锻(或称粗锻),严格清理重新加热后再
终锻(或称精锻)。精锻模腔的精度必须很高,一般
要比锻件的精度高1~2级。精密锻模一定有导柱、
导套结构,以保证合模准确。为排除模腔中的气
体,减小金属流动阻力,使金属更好地充满模腔,在
凹模上应开有排气小孔。

⑤ 模锻时要很好地进行润滑和冷却锻模。

⑥ 精密模锻一般都在刚度大、精度高的曲柄压
力机、摩擦压力机或高速锤上进行。

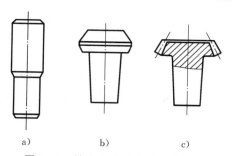

图 2-97　精密模锻的大致工艺过程
a) 下料　b) 普通模锻　c) 精密模锻

2. 液态模锻

液态模锻是对尚处于熔融或半熔融状态的金属液进行模锻的一种先进工艺方法。它和压
铸的不同点是,压铸时金属靠散热冷却来结晶,而液态模锻是在压力作用下结晶并产生少量塑
性变形,因此其结晶组织和相应的力学性能比压铸好。液态模锻实质上是铸造与锻压相结合
的半固态成形工艺,如图 2-98 所示。

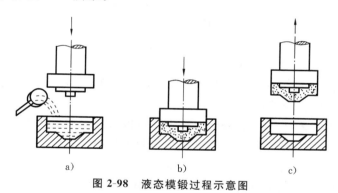

图 2-98　液态模锻过程示意图
a) 浇注　b) 加压成形　c) 脱模

液态模锻设备采用液压机,能够平稳加压并保压。由于液态模锻时,金属液温度很高,在
模具中需要停留一段时间,故要求模具钢具有高的热硬性和热疲劳强度。非铁金属及其合金
熔点不高,容易实现液态模锻,如液态模锻汽车铝活塞,经济效益显著。钢铁的液态模锻,由于
模具寿命问题不好解决,推广受到很大的限制,应用还不普遍,处于发展阶段。此外,纤维强化
金属复合材料的液态模锻已经得到实际应用。

2.4.3　超塑性与高能高速成形

1. 超塑性成形

超塑性成形是指金属或合金在低的变形速率($\varepsilon = 10^{-2} \sim 10^{-4}/s$)、一定的变形温度(约为
熔点的一半)和均匀的细晶粒度(晶粒平均直径为 $0.2 \sim 5~\mu m$)条件下,其断后伸长率 A 超过
100%的变形。例如,钢可超过 500%、纯钛可超过 300%、锌铝合金可超过 1 000%。

超塑性状态下的金属在拉伸变形过程中不产生缩颈现象,变形应力可比常态下金属的变
形应力降低许多,因此极易变形,可采用多种工艺方法制出复杂零件。

常用的超塑性成形材料主要是锌铝合金、铝基合金、钛合金及高温合金,主要应用在以下

三个方面。

（1）板料超塑性冲压成形　采用锌铝合金等超塑性材料,可以一次拉深较大变形量的杯形件,而且质量很好。

（2）板料超塑性气压成形　将具有超塑性性能的金属板料放于模具之中,把板料与模具一起加热到规定温度,向模具内吹入压缩空气或抽出模具内空气形成负压,使板料沿凸模或凹模变形,从而获得所需形状,如图 2-99 所示。气压成形能加工的板料厚度为 0.4～4 mm。

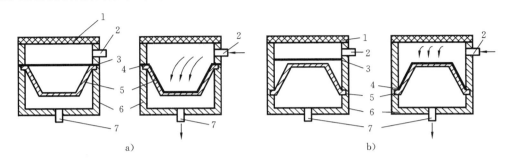

图 2-99　板料气压成形

a）凹模内成形　b）凸模上成形

1—电热元件　2—进气孔　3—板料　4—工件　5—凹(凸)模　6—模框　7—抽气孔

（3）超塑性模锻或挤压　高温合金及钛合金在常态下塑性很差,变形抗力大,不均匀变形引起各向异性的敏感性强,常规方法难以成形,材料损耗大。如采用普通热模锻毛坯,再进行机械加工,金属消耗达 80% 左右,导致产品成本升高。在超塑性状态下进行模锻或挤压,就可克服上述缺点,节约材料,降低成本。

超塑性模锻利用金属及合金的超塑性,扩大了可锻金属材料的类型。如过去只能采用铸造成形的镍基合金,也可以进行超塑性模锻成形。超塑性模锻时,金属填充模膛的性能好,可锻出尺寸精度高、机械加工余量很小甚至不用加工的零件,并且金属的变形抗力小,可充分发挥中、小设备的作用。锻后可获得均匀、细小的晶粒组织,零件力学性能均匀一致。

2. 高能高速成形

高能高速成形是一种在极短时间内释放高能量而使金属变形的成形方法。

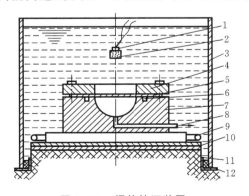

图 2-100　爆炸拉深装置

1—雷管　2—炸药　3—水筒　4—压边圈　5—板料
6,12—密封圈　7—凹模　8—真空管道　9—压缩空气管路
10—缓冲装置　11—垫环

1）爆炸成形

金属板材被置于凹模上,在板料上布放炸药,利用炸药在爆炸时瞬间释放出的巨大能量使板料快速成形。爆炸成形用于小批或单件的大型工件生产,也可用于多层复合材料的制造。

图 2-100 所示为爆炸拉深装置。药包起爆后,爆炸物质以极高的速度传递,在极短的时间内完成爆炸过程。位于爆炸中心周围的介质,在爆炸过程中产生的高温和高压气体的骤然作用下,形成了向四周急速扩散的高压力冲击波。当冲击波与坯料接触时,由于冲击波压力大大超过坯料塑

性变形抗力,坯料开始运动并以很大的加速度积累自己的运动速度。当冲击波压力很快降低到等于坯料变形抗力时,坯料位移速度达最大值。这时坯料所获得的动能,使它在冲击波压力低于坯料变形抗力和在冲击波停止作用以后仍能继续变形,并以一定的速度贴模,从而完成变形过程。

爆炸成形所用模具很简单,只需一个成形凹模和相应的压料板,即可加工出一些用常规方法不易加工的零件,特别适用于试制特大型成形制件及难加工板材的成形。

爆炸成形时间极短,通常仅需 1 ms 左右。因此,这样短的时间内模腔内的空气来不及排出,影响成形效果。通常在引爆前需要将模腔抽成真空,并需要考虑模腔密封问题。

此外,成形前需要制造药包、安装模具等,机械化操作程度较低。因此,目前的爆炸成形工艺只能用于单件、小批生产。

爆炸成形可以用于多种板料成形加工,比如弯曲、拉深、胀形、扩口等,还可以用于爆炸焊接、表面强化及粉末压制等。介质中爆炸成形主要有板、管的二次成形及压印、翻边等,通常可实现自由成形、圆筒成形和曲体成形三种基本形式;另外,还可进行直接作用于金属的爆炸成形,如小的胀形、挤压、焊接、粉末压实及表面硬化等。

2）电液成形

电液成形是利用液体中强电流脉冲放电所产生的强大冲击波对金属进行加工的一种高能高速成形。

电液成形装置的原理图如图 2-101 所示,来自电网的交流电经变压器及整流器后变为高压直流电并向电容器充电。当充电电压达到所需值后,点燃辅助间隙,高压电瞬时地加到两放电电极所形成的主放电间隙上,并使主间隙击穿,在其间产生高压放电,在放电回路中形成非常强大的冲击电流,结果在电极周围介质中形成冲击波及冲击液流而使金属坯料成形。

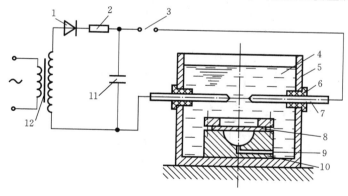

图 2-101　电液成形装置的原理图

1—整流器　2—充电电阻　3—辅助间隙　4—水　5—水箱　6—电极　7—绝缘套
8—板料　9—抽气孔　10—凹模　11—电容器　12—升压变压器

电液成形适合于对板料或管料进行拉深、胀形或局部翻边等成形加工,同时也适合于高强度合金钢和特种金属材料的成形加工。由于电液成形加工的能力受到设备的限制,通常只适用于中小型零件的成形加工。

3）电磁成形

金属毛坯被置于凹模和电磁线圈之间,借助于瞬间产生的电磁冲击力使坯料靠向凹模而成形,也可用于管材扩口成形。

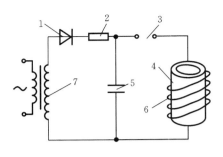

图 2-102　电磁成形原理
1—整流器　2—限流电阻
3—辅助间隙　4—金属坯料
5—电容器　6—工作线圈　7—升压变压器

电磁成形原理如图 2-102 所示。与电液成形装置比较可见,除放电元件不同以外,其他都是相同的,电液成形的放电元件为水介质中的电极,而电磁成形的放电元件为空气中的线圈。

与其他高能高速成形方法一样,电磁成形仅需要成形凹模,简化了模具制造,并增加了生产柔性。电磁成形的制件精度较高,残余应力小,成形结束后产生的回弹也相对小。电磁成形不需要传压介质,能够准确控制能量,也可以在真空或高温条件下成形。

电磁成形可以实现管坯胀形和板材胀形,另外也可以用来完成冲孔、拉深、翻边、扩口等工序。电磁成形除具有高能成形的一般特点外,还可以在惰性气体或真空中对坯料进行加工,能量和磁压力能精确控制,其设备复杂,但操作简单,目前用于加工厚度不大的小型零件。

电磁成形制件应具有较好的导电性,但对于导电性较差的材料,可在工件表面涂覆一层导电材料,同样可以用来进行电磁成形。

2.4.4　液压成形

液压成形是一种特殊的柔性塑性加工工艺,根据坯料的不同,分为板材液压成形、壳体液压成形和管材液压成形。液压成形采用液体作为传力介质代替刚性凸模或凹模传递载荷,使坯料在传力介质压力作用下贴紧凸模或凹模实现零件的成形。图 2-103 所示为板材液压成形原理示意图。

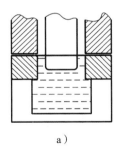
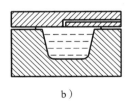

a)　　　　　　　　　　　　　　　b)

图 2-103　板材液压成形原理示意图
a) 液体代替凹模　b) 液体代替凸模

1. 液压拉深

液压拉深是利用盛在刚性或柔性容器内的液体,代替凸模或凹模以形成空心件的一种拉深工序,图 2-104 是液压拉深与普通拉深对比的示意图。

液压拉深时,如图 2-105 所示,压边区凹模与坯料间采用 O 形密封圈,液体压力控制在密封圈以内的液室区域,有利于形成预胀压力,亦称为静态液压拉深;也可不使用密封圈,压力较高时,允许液体从坯料下产生一定溢出,这称为动态液压拉深,其优点是结构简单,成形效率高,适合较大批量生产。

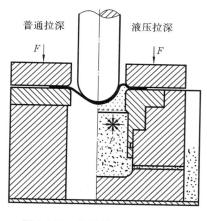

图 2-104　普通拉深与液压拉深

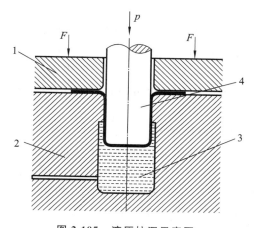

图 2-105　液压拉深示意图
1—压边圈　2—凹模　3—液压室　4—凸模

径向液压拉深是在压边圈下周向封闭,但有管路与液室相通,压边圈与坯料间有 O 形密封圈,由于成形时坯料圆周也受到液室压力的作用,因此坯料法兰区更容易向液室内流动以补充坯料,零件的拉深比可达 3.2 以上,如图 2-106 和图 2-107 所示。

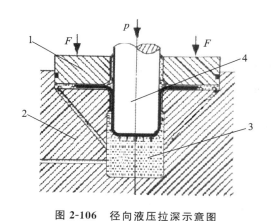

图 2-106　径向液压拉深示意图
1—压边圈　2—凹模　3—液压室　4—凸模

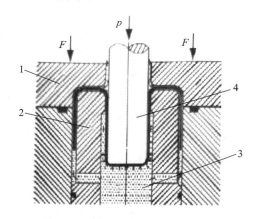

图 2-107　径向液压反拉深示意图
1—压边圈　2—凹模　3—液压室　4—凸模

液压拉深的特点如下。

① 板料与凸模之间形成摩擦保持效果,增强凸模圆角区板料的承载能力,提高成形极限,减少成形道次。

② 液室中液体压力作用使得板料紧紧贴在凸模上,液体在凹模上表面和板料下表面之间形成流体润滑,减少零件表面划伤,零件质量好,尺寸精度高,壁厚分布均匀。

③ 由于成形板料下面的反向液压作用消除了曲面零件等在凹模孔内的悬空区,使坯料紧贴在凸模,并形成"凸梗",减小了半球、锥形等复杂件拉深时的"悬空段",有效控制了材料内皱等缺陷的发生。

④ 对于带有内凹的复杂曲面拉深零件,只需尺寸精度高的凸模和内口轮廓简单的凹模,无需与之相配的复杂部分,可减少模具加工量,降低费用。

液压拉深技术经过多年来的发展,受到各个领域的普遍重视,在国外工业发达国家已经大量应用到航空、航天、汽车及家用电器制造中。

如在航空航天领域的许多变形程度高、需要多道次拉深才能完成的零件,像整流罩等带有复杂型面的筒形件、锥形件等;在汽车领域带有复杂型面、局部需要凹模与凸模压靠才能成形的零件,像汽车灯反光罩等;常规成形不容易调试模具及易产生起皱、破裂缺陷的零件,像翼子板等;此外,许多厨房用品,例如不锈钢餐具、容器、手盆等较深的零件产品,均可通过液压拉深技术来成形。

2. 液压胀形

液压胀形是利用高压液体的压力使金属坯料贴合凹模而成形零件的一种成形新工艺。近年来在汽车制造中应用日益广泛。国外的一些汽车制造企业已将此技术应用于汽车的排气系统、非圆截面空心框架(如副车架、仪表盘支架等)、骨架式车身的骨架,以及一些复杂管件和空心轴类零件的制造。国内的汽车制造企业也开始了这种技术的应用,例如通用GL8 的副车架就是采用液压胀形工艺生产的,荣威 750 的副车架也是由一次成形的液压胀形管件和钢板冲压而成的连接附件焊接而成的。

管材的液压胀形是将一定长度的薄壁金属管坯放入模具内,利用高压液体充入管材内腔,同时辅以轴向力(即轴向补料),使管材变形、充满模腔的过程。由于其成形的构件质量小,并且具有产品设计灵活、工艺过程简捷等特点,因此,管材液压胀形成为管材零件成形的主要方法。在相同的抗扭情况下,采用空心轴代替实心轴能在很大程度上减轻轴的自重。因此,近年来管材液压胀形在航空航天、汽车轻量化领域中获得了广泛的应用。

管材液压胀形的工艺原理如图 2-108 所示,将液体介质充入金属管材毛坯的内部,产生超高压,由轴向冲头对管坯的两端密封,并且施加轴向推力进行补料,两者配合作用使管坯产生塑性变形,最终与模腔内壁贴合,得到形状与精度均符合技术要求的中空零件。由于管材液压胀形的成形压力高达数百兆帕,所以又称之为内高压成形。它可以一次成形出截面形状沿轴线变化的复杂零件,对于轴线为曲线的零件,应先在数控弯管机上对管坯进行预弯曲,加工成近似的形状后再进行液压胀形。

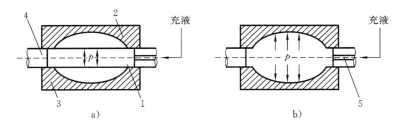

图 2-108　管材液压胀形的工艺原理
1—管坯　2—上模　3—下模　4,5—冲头

与传统的冲压工艺相比,管材液压胀形由于模具数量较少且能一次成形,能够节约原材料,降低成形费用,产品的成形精度高,表面质量好,刚度和强度显著提高。因此,管材液压胀形技术已经逐步成为大型汽车、飞机制造企业塑性加工领域的一个研究热点。

管材液压胀形设备包括液压机、模具系统、液压系统及超高压发生装置、数据采集和计算机控制系统,如图 2-109 所示。图中模具系统是胀形过程的工作平台,液压机为模具系统的安装提供空间并在液压胀形过程中提供所需的合模力,最大合模力由最大内压和工件的投影面积等因素决定,超高压发生装置是液压胀形系统的关键,由增压器产生胀形过程中所需的内压,输出的超高压由高压管路、轴向冲头的内孔导入管坯内腔中,并由超高压传感器检测工作内压,反馈给计算机控制系统进行闭环控制。数据采集和计算机控制系统用于采集数据,然后转化为数字量输入计算机中计算加载参数,形成对轴向进给和工作内压的闭环控制并实现优化。

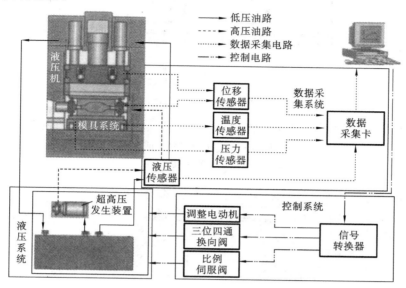

图 2-109　管材液压胀形设备

3. 拉深胀形复合液压成形

双凸模液压拉深成形常应用于厨房水槽等的成形,如图 2-110 所示。板材成对液压成形与普通拉深相结合如图 2-111 所示。液压成形与普通拉深相结合如图 2-112 所示。这些复合方法有时可以形成一些复杂形状的零件,效果很好。

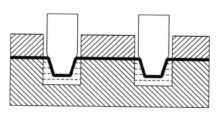

图 2-110　双凸模液压拉深

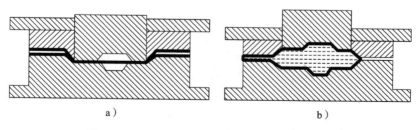

　　　　　　　　　　a)　　　　　　　　　　　　　　　　　　　　　　　b)

图 2-111　板材成对液压成形与普通拉深相结合

a) 充液成形前　b) 充液成形后

4. 可动凹模液压成形

可动凹模板材液压成形技术是采用由固定部分和可动部分组成的组合凹模,实现拉深与胀形的复合成形,如图 2-113 所示。可动凹模可在板材变形初期首先与坯料接触,接触区域坯

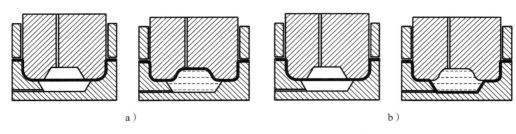

图 2-112　液压成形与普通拉深相结合

a) 下充液　b) 上充液

料发生塑性贴模成形,然后在摩擦力的作用下与可动凹模保持贴合接触,使变形区外移到非接触区域。此技术可使板材减薄且显著减轻,成形极限得到明显提高。它适用于铝合金等复杂形状板件和低塑性轻质材料,如铝锂合金、镁合金板材的成形。

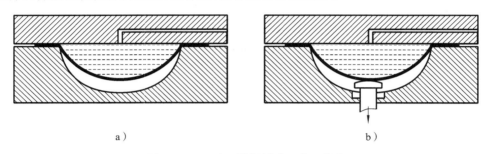

图 2-113　可动凹模板材液压成形技术

a) 整体凹模液压成形　b) 可动凹模液压成形

5. 空心壳体无模液压成形

无模液压成形技术的主要应用是球形容器的整体液压成形。成形基本原理是通过单曲率板拼焊成球内接多面壳体,然后在封闭壳体内部充入传压流体介质,壳体在液压作用下发生塑性变形并逐渐形成球壳。

6. 温热液压成形技术

镁合金等材料的室温塑性差,近年来人们对其温热液压成形技术进行了研究。这是温热拉深成形与液压成形技术的复合,适合成形低塑性复杂形状板件,可由多道次成形简化为单道次成形,或成形一些常规工艺无法成形的板材零件。图 2-114 所示为温热液压成形工艺原理及其所成形的零件实例。

7. 黏性介质压力成形

黏性介质压力成形(VPF)技术是利用某些高黏度的黏性介质作为传力介质代替普通液体,可使板料不同区域产生不同压力,控制坯料产生有序变形,明显提高工件的成形极限,适合于难成形复杂板件的小批量生产。

该技术是近几年发展起来的一种板材柔模成形技术,与薄板的液压成形相似,都是用柔性介质代替凸模或凹模,不同之处在于 VPF 采用具有应变速率敏感性的黏性介质代替普通液体介质。如图 2-115 所示,首先将板材置于凹模型腔上,闭合型腔并压紧压边圈,将黏性介质从板材的两侧(或某一侧)注入并充满型腔;然后以一定速度向下推动主活塞内的黏性介质,同时下部活塞向上推动介质以保证在其附近的板材下表面有一定压力,暂缓变形;下部活塞向下运动,使与板材下表面接触的介质层和介质体中有一种理想压力分布,从而使深模处先产生变

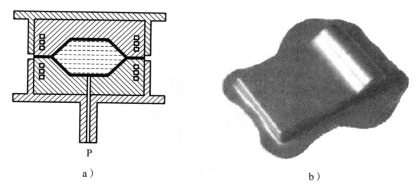

图 2-114　温热液压成形工艺原理及其所成形的零件实例

a) 工艺原理示意图　b) 温热液压成形的数码相机壳

形;继续加压,控制各个出口介质的流动和各处压边力的大小,调节压边力分布,使板材以一种理想方式成形。当板材变形近似于凹模型腔的形状时,调节并加大压边力,降低浅模处活塞缸内压力,使介质同时从下面的两个活塞缸流出,继续推动主活塞,使板材最终变形贴模,加压校形,获得精确和满意的零件。

在成形过程中黏性介质形成理想非均匀分布的压力是 VPF 工艺的关键,黏性介质从两边流入更有利于板材延伸的均匀性。

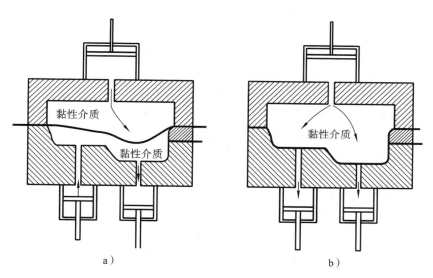

图 2-115　黏性介质压力成形工艺原理

a) 成形过程中　b) 成形的最后阶段

8. 超声波振动液压拉深

将超声振动方法应用到液压拉深的工艺中,其工艺原理如图 2-116 所示。

2.4.5　镁合金温热冲压成形

镁合金近年来在国内外得到了越来越广泛的应用,在国内主要生产汽车、电子器件方面的

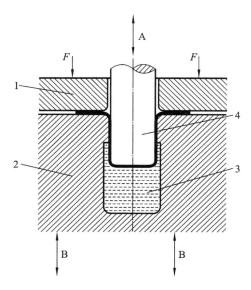

图 2-116 超声波振动液压拉深示意图
1—压边圈　2—凹模　3—液压室　4—凸模　A,B—超声波振动源

镁合金产品,使我国的镁资源利用更加合理。

镁有很多优越的性质,如密度低、比强度高、比刚度大、耐冲击、形状稳定,用于通信器材有良好的信号屏蔽作用,导电和导热性能强,可以回收利用,有利于环境保护。但镁也有一些缺点,如在空气中容易氧化,液态和粉态镁容易燃烧,与水和空气都可以发生反应,镁在常温下塑性很低,延伸率只有 8% 左右,难以进行塑性加工。

目前,镁合金产品主要采用铸造方法生产,尤其是压铸方法。镁合金的铸造性能很优良,可以铸造成各种形状复杂的零件。但镁合金压铸工艺也有一定限制,如不能铸造厚度小于0.6 mm的薄壁件,壁厚过薄容易造成产品报废,成品率显著降低。而塑性加工技术则有很大的优势,在板件领域完全有可能代替大量铸造工艺,尤其在电子器材、汽车板件领域。

1. 镁合金板件温热冲压

镁合金塑性成形技术是近年来国内外发展较快的先进技术,镁合金在常温下塑性很差,然而镁在加热状态下,塑性会得到明显改善。一般建议镁合金塑性加工温度为 250～400 ℃,最好为 300～350 ℃。对于板材,温度为 120～170 ℃时塑性变形能力很好,尤其在 170 ℃左右板材的变形能力很高,筒形件极限拉深比可达 2.6,我们把 100～170 ℃这一温度范围内的冲压成形称为温热冲压成形,其优点如下:坯料加热温度低,模具结构简单,成本较低;加热速度快,生产效率高,坯料可以在多工位冲压时较短时间内进行在线电加热,不必进行炉内加热;节省能耗,降低成本;坯料加热温度低,板料可保留变形组织,性能好,避免高温下的晶粒长大;劳动环境改善,操作方便。

2. 镁合金复杂板件的温热液压成形

板材液压拉深或液压胀形工艺适合成形复杂形状板材零件,尤其是需要多道次才能成形的板件,如汽车车灯反光镜内罩等抛物面形零件。有些零件用传统冲压方法甚至无法成形,如汽车薄板件和数码相机外壳。数码相机外壳由于内装电池的需要要求局部变形很大,用普通

冲压方法是难以成形的,而采用液压拉深或液压
胀形法则很容易。图 2-117 为成形镁合金手机
外壳的温热液压拉深装置示意图。

2.4.6　钛合金板材温热成形

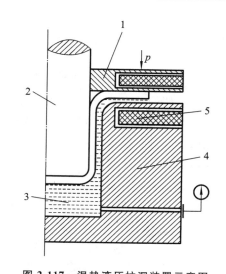

图 2-117　温热液压拉深装置示意图
1—压边圈　2—凸模　3—液体　4—凹模　5—电热管

　　钛及钛合金是极其重要的轻质合金材料,在
航空、航天、汽车及生物医学等领域有重要的应
用价值和广阔的应用前景。在航空航天领域,随
着飞行器速度的提高,其蒙皮工作温度也必然升
高。这种工作环境下,传统的材料根本无法满足
高速飞行器的设计要求,而钛合金在高温情况下
比铝合金具有更高的比强度,同时兼备更好的耐
蚀性和抗疲劳性能,因此钛合金是高速飞行器和
大型飞机的最佳结构材料。目前钛产量的 70%
~80%用于航空航天工业,钛合金与铝合金、复合材料并列为航空三大支柱材料,长期以来一
直是材料领域研究的热点。

　　1. 钛和钛合金室温成形

　　传统的钛合金零件成形主要有三种方法:冷成形、冷成形后加热校形和一次热成形。多数
钛合金冷成形性较差,但对塑性较好的 TC1、TC2、TA2 等钛合金仍可以一定程度上采用冷成
形。热成形主要是为了提高钛合金的变形性和降低成形力,减少成形工序,减少成形零件的回
弹;热校形是解决回弹所引起的精度不足问题。同时,还可以采用热强力旋压、高能成形、超塑
成形方法来获得变形量很大、难以用传统方法成形的复杂零件,尤其是超塑/扩散连接组合工
艺在航空航天领域的应用比较广泛。

　　钛与钛合金板材采用室温冷成形工艺方法,一般是针对形状简单、变形量较小的零件。常
用的室温冷成形工艺方法有弯曲、拉深、橡皮成形、旋压、蒙皮拉形和落压成形等。

　　但弯曲成形时的最小弯曲半径,对于纯钛板而言是 2.5~3.0 倍料厚,对于钛合金一般为 4~
6 倍料厚,室温下弯曲会伴有很大的回弹。室温拉深成形多采用大吨位的双动液压机,成形速度
不宜过高,模具表面硬度要高于 60 HRC,并采用较大的凸模和凹模圆角半径。与一般的铝合金
等金属板材相比,在橡皮成形时要求更高的单位成形压力,以保证减小回弹,改善贴模效果。

　　2. 钛和钛合金温热成形

　　形状较为复杂的钛合金零件很难在室温下冷成形,因此常采用温热成形的方法。国外大
约有 90%的钛板零件采用了这种方法。钛板温热成形的全过程包括毛料的制备、预成形件的
制作、零件的热成形与热校形、成形零件的剪修、热处理与表面清洗以及零件的检验等。温热
成形能有效地使零件贴模,基本上消除了手工校形量,但也带来许多冷成形中没有的一系列问
题,如成形设备和模具的特殊性问题。准确而及时地测定毛料的温度,使其能在规定的温度范
围内成形非常重要。一般成形温度为 300~800 ℃,温度低,则钛板塑性差,不易成形;钛在
高温下性能活泼,易与空气中的氧、氮等气体发生强烈作用,使钛合金受到严重污染,工艺
性能降低。最常用的感温元件是热电偶,有时也可采用红外线辐射温度计,其他测温仪器
则不适用。

2.4.7　多点成形技术

多点成形是金属板料三维曲面成形新技术,其原理是将传统的整体模具离散成很多规则排列、高度可调的基本体单元(或称冲头)。在整体模具成形中,板料由模具型面来成形,而在多点成形中则由基本体群的包络面(或称成形曲面)来完成,如图 2-118 所示。

多点成形时,各基本体单元的行程可分别调节,通过改变各基本体单元的位置来改变成形曲面形状,也就相当于重新构造成形模具,由此体现了多点成形的柔性特点。

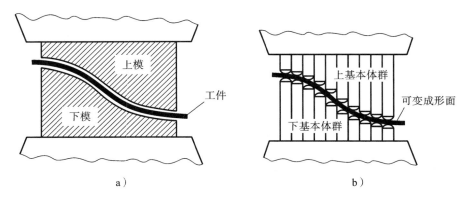

a)　　　　　　　　　　　　　　b)

图 2-118　模具成形与多点成形的比较

a) 整体模具成形　b) 多点成形

根据基本体单元的不同控制方式,多点成形可分为多点模具成形、半多点模具成形、多点压机成形和半多点压机成形等四种类型。采用不同的成形方法时,各基本体单元的相对移动状态不同,板料的变形路径、载荷分布以及变形状态也有所不同,对成形形状、尺寸和精度会产生较大的影响。

图 2-119 为多点模具成形法的成形过程示意图。在成形前把基本体单元调整到所需的适当位置,使基本体群形成制品曲面的包络面,而在成形时各基本体单元之间无相对运动。多点模具成形的本质与模具成形基本相同,只是把模具分解成很多离散点。多点模具成形的主要特点是装置简单,而且容易制作成小型设备。

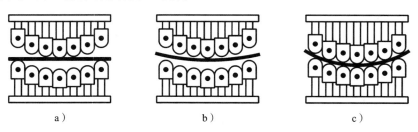

a)　　　　　　　　　b)　　　　　　　　　c)

图 2-119　多点模具成形法的成形过程示意图

a) 成形开始　b) 成形过程　c) 成形结束

与传统模具成形相比,多点成形具有以下特点。

(1) 实现无模成形　通过对各基本体单元的控制来构造出各种不同的成形曲面,可以取代传统的整体模具,节省模具设计、制造、调试及保存所需的人力、物力和财力,显著缩短产品生产周期,降低生产成本,提高产品的竞争力。

（2）优化变形路径　通过基本体调整，实时控制变形曲面，随意改变板料的变形路径和受力状态，提高材料成形极限，实现难加工材料的塑性变形，扩大加工范围。

（3）实现无回弹成形　结合反复成形新技术，消除材料内部的残余应力，实现少、无回弹成形，保证工件的成形精度。

（4）小设备成形大型件　结合分段成形新技术，可以连续逐次成形超过设备工作台尺寸数倍或数十倍的大型工件。

（5）易于实现自动化　曲面造型、工艺计算、压力机控制、工件测试等整个过程都可以采用计算机技术，实现 CAD/CAM/CAT 一体化生产，工作效率高，劳动强度小，可极大地改善劳动者作业环境。

一套基本的多点成形装备由三个部分组成，即多点成形主机、控制系统及 CAD 软件系统，如图 2-120 所示。CAD 软件根据要求的成形件目标形状进行几何造型、成形工艺计算，将数据文件传送给控制系统，控制系统根据这些数据控制压力机的调整机构，构造基本体群成形面，然后控制加载机构成形出所需的零件产品。

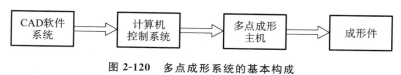

图 2-120　多点成形系统的基本构成

2.4.8　无模拉伸

无模拉伸是柔性塑性加工的一种形式，柔性塑性加工技术是塑性成形领域的重要发展方向之一。该技术具有以下优点：可挠性强，可以实现生产线的无人化，可构成包括生产管理在内的 CIM/FA 综合生产线；因无模具，易与其他生产过程相结合，特别是与热处理相结合，可使热处理产品质量提高，可靠性增强。

柔性塑性成形技术的构成如图 2-121 所示，包括有模成形，但模具被柔性化地成形；其次是不采用模具的无模成形。无模成形又包括完全无模具的全无模成形和省略部分模具的半无模成形。原则上讲，全无模成形是指产生主变形区域不与刚体模具接触的一种成形技术。半无模成形是指有部分的或标准的简单模具存在，在加工主变形区域内模具与材料接触，但无最终成形模具的一种成形技术。全无模成形包括无模拉伸、无模扩径、无模弯曲。

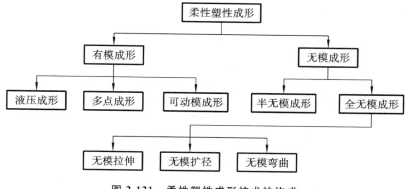

图 2-121　柔性塑性成形技术的构成

　　无模拉伸方法与设备如图 2-122 所示。与传统的拉拔工艺相比,无模拉伸具有以下优点:可以加工高强度、高摩擦阻力、低塑性、用有模拉伸工艺很难拉伸的金属材料;可通过对材料进行某些热处理来提高产品的组织性能;可加工各种金属材料的锥形管件、阶梯管件、波形管件、纵向外形曲线给定的细长变断面异型管件以及复合异型管等。

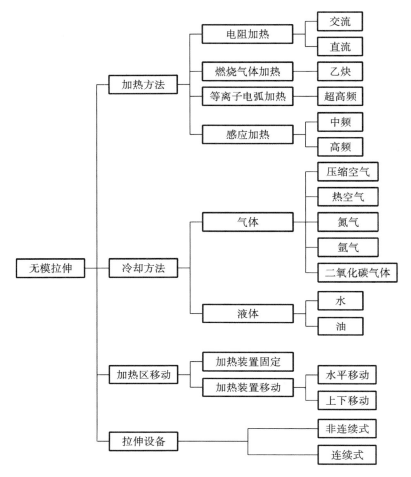

图 2-122　无模拉伸方法与设备

　　无模拉伸成形工艺的基本形式有两种,图 2-123 所示为连续式无模拉伸工艺,图 2-124 所示为非连续式无模拉伸工艺。

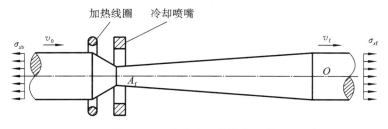

图 2-123　连续式无模拉伸工艺

　　在无模拉伸过程中,对材料施加轴向拉伸载荷的同时进行局部加热。加热采用高频感应加热,冷却采用风冷或水冷。其是利用金属的变形抗力随加热温度的变化而变化这一特性,即

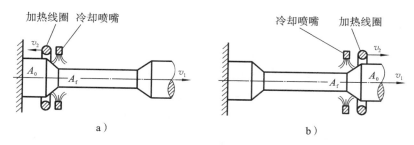

图 2-124　非连续式无模拉伸工艺原理

a) v_1 和 v_2 反向　b) v_1 和 v_2 同向

当温度升高时,材料局部的变形抗力下降,塑性提高,从而产生局部变形,出现缩颈,而且金属易变形且变形程度较大;相反,当加热温度降低时,材料局部的变形抗力增大,塑性降低,此时金属不易变形,该处金属变形量较小或不变形。

2.4.9　轧制复合

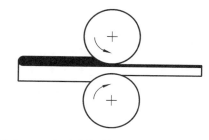

图 2-125　双金属板的轧制复合成形示意图

轧制复合法主要用于双金属板以及减振钢板、铝-塑复合板的成形。轧制复合时,按照坯料是否加热,可分为热轧复合、冷轧复合和温轧复合三种。此外还有一种利用爆炸成形进行接合(焊接),然后进行轧制成形的方法。

双金属板的轧制复合成形示意图如图 2-125 所示,不同的金属在一定的温度、压力作用下通过变形接合(焊合)成一体。

1. 热轧复合

先将金属板的接合面仔细清洗干净,为了提高界面的接合强度,还可对接合面进行打磨。轧制坯的制备主要有如图 2-126 所示的两种方式,其中单一复合坯适合于两种金属在变形抗力、厚度尺寸上相差不太大的情形;组合型复合坯适合于复合层与基体板材在厚度或变形抗力上相差较大的情形。一般是在保持内部为真空的条件下将组合坯的四周焊合成一体。为了便于在复合后将上下复合板分开,需在两组复合坯之间涂覆耐热化合物,以防止轧制时产生焊合。然后对复合坯进行加热轧制,直至所需厚度。当界面较清洁时,一般只需百分之几的压下率即可实现有效接合,获得高性能的复合界面。

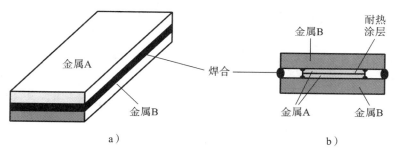

图 2-126　复合板轧制用板坯

a) 单一复合坯　b) 组合型复合坯

2. 冷轧、温轧复合

与热轧复合相比,冷轧复合时界面接合较困难。但由于无加热所带来的界面氧化,界面处不易生成化合物,无须真空焊接等坯料前处理工艺措施,因而金属组合的自由度大,适应面广。

冷轧复合在轧制前先将接合面的油脂、氧化物除去,然后将被复合的材料叠在一起进行轧制。为了获得较好的界面接合,轧制压下率通常需要在70%以上。

由于冷轧复合的前处理与轧制均较容易实现连续作业,因此可使用卷状坯料,以提高生产率与成品率。但冷轧复合时的界面几乎没有扩散效果,要达到完全接合很困难。因此,往往在冷轧复合后施以扩散热处理,提高复合材料的界面接合强度。此外,对于冷轧接合较困难的材料,亦可在轧制复合前进行适当的加热,即采用温轧复合的办法。图 2-127 所示为轧前连续加热(低温)、轧后在线连续扩散热处理设备的轧制复合生产线。

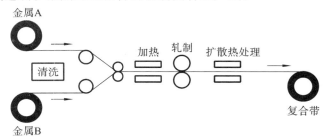

图 2-127　轧制复合生产线

复习思考题

2-1　什么是最小阻力定律?

2-2　纤维组织是怎样形成的? 它的存在对金属的性能有何影响?

2-3　影响可锻性的因素是什么? 如何影响?

2-4　原始坯料长 150 mm,若拔长到 450 mm,其锻造比是多少?

2-5　绘制模锻件图应考虑哪些问题?

2-6　制坯模膛和模锻模膛的作用有何不同?

2-7　如何合理确定分模面的位置?

2-8　自由锻、模锻、胎模锻的区别和各自特点是什么?

2-9　在如题图 2-1 所示的两种砧铁上拔长时,效果有何不同?

2-10　题图 2-2 所示零件的模锻工艺性如何? 为什么? 应如何修改才能便于模锻?

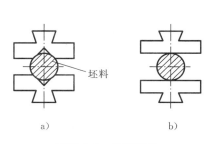

题图 2-1　两种砧铁

a) V 形砧　b) 平砧

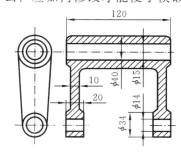

题图 2-2　拔叉

2-11　板料冲压有哪些特点？主要的冲压工序有哪些？

2-12　凸、凹模间隙对冲裁件质量和模具寿命有何影响？

2-13　冲裁和拉深工序中所使用的凸、凹模有何区别？

2-14　什么是拉深系数？用 ϕ250 mm×1.5 mm 的板料能否一次拉深成直径 ϕ50 mm 的拉深件？若不能，应采取哪些措施才能保证正常生产？

2-15　辊锻与模锻相比有什么优缺点？

2-16　精密模锻需采取哪些措施才能保证产品精度？

2-17　何谓超塑性？超塑性成形有何特点？

2-18　液态模锻有何特点？

2-19　试述液压拉深与液压胀形的特点与应用。

2-20　柔性塑性成形技术有何特点？其应用范围如何？

第 3 章　焊接成形工艺

3.1　焊接成形理论基础

3.1.1　焊接概述

在金属构件和机械制造中,常需要将两个或两个以上的零件,按一定形状和位置连接起来,并保证有足够的连接强度。连接方法主要分两大类:一类是可以拆卸的,如螺栓连接、销钉连接、键连接等;另一类是永久性的,如铆接、焊接。其中焊接是一种应用极为广泛的永久性连接方法。

焊接是通过局部加热或加压(或者两者并用),用或不用填充材料,借助原子的结合与扩散作用,使分离的金属材料形成永久接头的成形方法。广泛应用于船舶、车辆、锅炉、压力容器、航空、机电、冶炼设备、矿山、建筑及国防等行业。

1. 焊接方法分类

随着焊接技术的发展,目前焊接方法已有几十种之多,按焊接接头形成特点的不同把焊接方法分为三类,即熔焊、压焊和钎焊。常用的焊接方法分类如下:

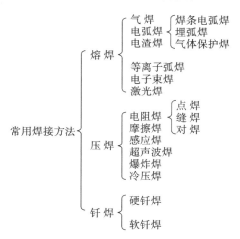

（1）熔焊　熔焊是利用局部加热的方法,将焊接接头加热到熔化状态,加填充金属或不加填充金属,形成共同熔池,凝固后形成共同结晶体而连接起来的焊接方法。由于加热热源不同,熔焊又分为气焊、电弧焊、电渣焊、等离子弧焊、电子束焊及激光焊。熔焊适合于各种金属和合金的焊接加工。

（2）压焊　压焊是一种必须对焊件施加压力,加热或不加热,使被焊金属接合处紧密接触,依靠原子扩散或塑性变形及再结晶(或局部熔化与结晶),获得原子间结合的焊接方法。因压焊焊接接头独特的形成特点,有时也称之为固相焊接。根据加热情况的不同,压焊又分为电阻焊、摩擦焊、超声波焊、感应焊、爆炸焊和冷压焊。压焊适合于各种金属材料和部分非金属材料的焊接。

(3) 钎焊　钎焊是采用熔点比母材的低的金属材料作钎料,将焊件和钎料加热到高于钎料熔点、低于母材熔点的温度,利用毛细作用使液态钎料润湿母材,填充接头间隙并与母材相互扩散实现连接的焊接方法。根据钎料熔点的不同,钎焊分为硬钎焊和软钎焊。钎焊过程的钎料熔化与凝固会形成一过渡连接层,因此钎焊不仅适合于同种材料的焊接加工,也适合于异种金属和异类材料的焊接加工。

2. 焊接方法的特点

焊接方法的主要优点如下。

(1) 节省材料,结构重量轻,经济效益好。在金属结构制造中,用焊接代替铆接,可省去很多连接元件,一般可节省材料 15%～20%,同时减轻设备的自重。例如,点焊代替铆接加工的飞行器重量明显减轻,运载能力提高,油耗降低。

(2) 连接性好。焊缝具有良好的力学性能(接头能达到与母材同等强度),能耐压,具有良好密封性、耐蚀性等。

(3) 可简化复杂零件和大型零件的制造工艺。将大而复杂的结构分解为小而简单的坯料拼焊,可简化制造工艺,在制造大型机器设备时,可采用铸-焊或锻-焊复合工艺。

(4) 为结构设计提供较大的灵活性。可按结构的受力情况优化配置材料,按工况的需要,在不同部位选用不同强度,不同耐磨性、耐蚀性、耐高温性等的材料。如防腐容器的双金属筒体焊接,钻头工作部分与柄的焊接,水轮机叶片耐磨表面的堆焊等。

(5) 焊接工艺过程容易实现机械化和自动化。

焊接加工虽然有很多优点,但也有如下一些不足之处。

(1) 焊接结构不可拆卸,给更换修理部分的零、部件带来不便。

(2) 焊接结构容易引起较大残余应力和焊接变形。由于绝大多数焊接方法都采用局部加热,焊件结构中会产生一定的焊接应力和变形,从而影响结构的承载能力、加工精度和尺寸稳定性。

(3) 焊接接头中存在一定数量的缺陷,如裂纹、夹渣、气孔、未焊透等。缺陷的存在会降低焊件的强度,引起应力集中,损坏焊缝致密性。

(4) 焊接接头具有较大的性能不均匀性。焊缝的成分、组织与母材不同,接头各部位经历的热循环不同,会使焊接接头组织不均。

3.1.2　焊接电弧及电源

1. 焊接电弧及其组成

焊接电弧是在加有一定电压的电极与工件之间气体介质中强烈而持久的放电现象。电极可用炭棒、金属丝、钨丝等,焊条电弧焊使用焊条作为电极。当使用直流电源时,焊接电弧如图3-1 所示,它由阳极区、阴极区和弧柱组成。用钢焊条作为电极时,阳极区温度约为 2 600 K,阴极区温度约为 2 400 K,弧柱中心区温度最高,可达 6 000～8 000 K。对于交流电源,由于极性交替变化,两极温度基本相同,约为 2 500 K。

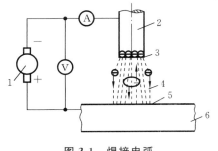

图 3-1　焊接电弧

1—电焊机　2—焊条　3—阴极区
4—弧柱　5—阳极区　6—工件

用直流电源焊接时,由于阳极和阴极存在温度差别,有正接和反接两种电源接法。正接是指工件接电源正极,焊条接电源负极,这种方法可获得较大的熔深,适用于厚钢板的焊接;与此相反,反接则为工件接电源负极,焊条接电源正极,这种方法焊条熔化速度快,用于薄钢板和非铁合金的焊接。

2. 焊接电源

焊条电弧焊的电源由弧焊机提供,按电流种类不同分为直流弧焊机和交流弧焊机两类。为了保证焊接过程的顺利进行,焊接电源必须满足下列要求。

(1) 适当的空载电压和短路电流　焊接时引弧电压即为空载电压,一般直流电源的空载电压为 $50\sim70\ V$,交流电源的空载电压为 $60\sim80\ V$。工件和焊条短路时的电流称为短路电流,为了保证短路时不会产生过大的电流损坏设备,一般弧焊机的短路电流为焊接电流的 $120\%\sim130\%$。

(2) 焊接电源应具有下降的外特性　弧焊电源外特性是指在规定范围内,弧焊电源的稳态输出电流与端电压之间的关系。为了保证引弧和电弧的稳定燃烧,要求电源按照一定的规律来供给电压和电流,即在引弧时电源能提供较高的电压和较小的电流,当电弧稳定燃烧时,电流增大而电压急剧下降(见图 3-2)。

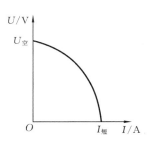

图 3-2　焊接电源外特性

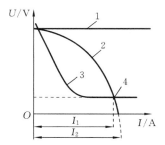

图 3-3　电弧稳定燃烧对电源外特性的要求

1—照明电源　2—焊接电源
3—电弧静特性　4—电弧稳定燃烧点

焊接电源下降的外特性曲线与焊接电弧的静特性曲线可以建立起稳定的焊接工作点,即满足电弧稳定燃烧时对电源外特性的要求,如图 3-3 所示。

(3) 焊接电流可调节　以适应不同厚度和不同材料的焊件。

3.1.3　焊接的冶金过程及特点

熔焊是最重要的焊接工艺方法之一,它是利用电弧或气体火焰等热源将被焊金属的连接处局部加热到熔化状态,形成熔池,熔池冷却凝固后即形成焊缝。焊接熔池相当于一个微型炼钢炉,其中将发生多种冶金反应。

1. 熔焊冶金过程

图 3-4 为焊条电弧焊焊接过程示意图。在电弧高温作用下,焊条和工件同时产生局部熔化形成熔池,同时使焊条的药皮熔化和分解。药皮熔化后与金属液发生一系列冶金反应,所形

成的熔渣浮于熔池上面,冷却后成为焊缝渣壳,对焊缝起保护作用;药皮受热分解产生大量的 CO_2、CO 和 H_2 等气体包围电弧和熔池,形成保护。

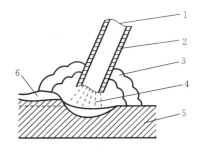

图 3-4　焊条电弧焊接过程
1—焊芯　2—药皮　3—气体
4—电弧　5—焊件　6—渣壳

2. 熔焊冶金特点

熔焊过程的冶金反应实质上是焊缝金属的一次再熔炼,它具有以下特点。

(1)熔池温度高　焊接时熔池温度高于一般的冶炼温度。电弧高温使金属元素强烈蒸发、烧蚀,焊接热源高温区的气体分解为原子状态,提高了气体的活泼性,导致金属烧蚀或形成有害杂质。

(2)熔池体积小、冷却速度快　熔池处于液态的时间只有几秒钟,各种冶金反应不充分,难以达到平衡,造成化学成分不均匀,反应产生的气体及杂质来不及逸出,残留在焊缝中形成气孔或其他缺陷。

(3)冶炼条件差　熔焊(如焊条电弧焊)一般在大气中进行,各种有害气体易进入熔池,形成氧化物、氮化物、气孔及杂质等缺陷。

3. 熔池的保护

熔焊时熔池的保护方法有机械保护和冶金处理两种。

(1)机械保护　利用保护气体、熔渣等将熔池和空气隔离开。

(2)冶金处理　向熔池中添加合金元素,以改善焊缝金属的化学成分和组织。

3.1.4　焊接接头组织与性能

1. 焊接工件上温度的分布

焊接时,热源将高度集中在熔池(焊缝)区域,并向附近工件金属传导热量,因而焊缝中心

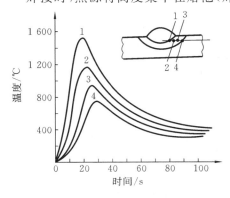

图 3-5　焊接接头的温度分布

区温度最高,随距焊缝中心距离增大温度逐渐降低,图 3-5 表示焊接时工件横截面上不同点的温度变化情况。由于各点距焊缝中心距离不同,所以最高温度不同,同时热量传导需要一定时间,各点到达最高温度的时间也不相同。总之,在焊接过程中,焊缝的形成是一次冶金过程,焊缝附近区域的金属相当于受到一次不同规范的热处理,其组织和性能将发生变化,这一区域称为焊接热影响区。

焊接接头包括焊缝和焊接热影响区两个部分。

2. 焊缝的组织和性能

焊缝由焊接熔池冷凝而成。焊缝的结晶从熔池底壁开始向中心成长,因结晶时各个方向的冷却速度不一样,从而形成柱状的铸态组织,由铁素体和少量珠光体组成。在结晶过程中低熔点的杂质将被推向最后结晶的焊缝中心区,造成成分偏析,影响焊缝质量。但焊接时熔池金属受电弧吹力和保护气体吹动,使柱状晶的成长受到干扰,晶粒有所细化,同时通过焊接材料的渗合金元素作用,焊缝中锰、硅等合金元素的质量分数可高于母材(工件),所以焊缝金属的性能不低于母材金属的性能。

3. 焊接热影响区的组织和性能

如图 3-6 所示,热影响区按其加热温度不同,可分为熔合区、过热区、正火区和部分相变区四个区域。下面以低碳钢为例,分析热影响区金属的组织和性能。

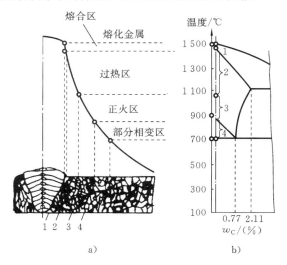

图 3-6　低碳钢焊接热影响区的组织

a) 四个区域　b) 相图

(1) 熔合区　也称半熔化区,是焊缝和基本金属的交界区,该区温度处于固相线与液相线之间,组织中包含未熔化而受热长大的粗晶粒和由金属液结晶成的铸态组织,由于组织极不均匀,造成力学性能低。熔合区是焊接接头最薄弱的环节之一。低碳钢焊接接头中这一区域很窄,一般为 0.1~1 mm。

(2) 过热区　紧邻熔合区,焊接时该区域金属加热温度为 Ac_3 以上 100~200 ℃ 至固相线温度范围。由于奥氏体晶粒急剧长大,形成过热组织,因而塑性和冲击韧度低,也是焊接接头的一个薄弱环节。对于易淬火硬化的材料,脆性影响更大。

(3) 正火区　焊接时被加热到比 Ac_3 稍高温度的区域。金属发生重结晶,冷却后晶粒细小,得到正火组织,力学性能提高,是焊接接头中组织和性能最好的区域。

(4) 部分相变区　焊接时加热温度在 Ac_1~Ac_3 之间,珠光体和部分铁素体发生重结晶,转变成细小的奥氏体晶粒。部分铁素体不发生相变,其晶粒有长大倾向。冷却后晶粒大小不均匀,因而力学性能较差。

热影响区的大小和组织性能取决于被焊材料、焊接方法、焊接工艺参数等因素。通常加热能量集中,增加焊接速度和减小焊接电流均可以减小热影响区的宽度,如气焊时热影响区总宽度达 27 mm,而能量集中的电子束焊,总宽度小于 1.44 mm。另外,随着钢中碳质量分数的增加,钢的淬火倾向增加、淬硬性提高,焊后出现马氏体和铁素体混合组织,使焊接接头的塑性和冲击韧度严重下降,引起冷裂纹。

焊接热影响区的产生是熔焊过程中不可避免的,可采用焊后热处理(正火或退火)进行改善和消除其不利影响。对于碳或合金元素含量高的材料,特别是焊后无法进行热处理的结构,焊接时应从焊接方法的选择和采用合理的焊接工艺来减小热影响区的范围,以获得性能优良的焊接接头。

3.1.5　焊接应力与变形

焊接过程的局部加热导致被焊工件各部位温度不均匀,在随后的冷却过程中,由于热胀冷缩和塑性变形情况的差异,焊接结构中会产生内应力、变形或裂纹。

1. 焊接应力与变形的产生

现以平板对焊为例(见图 3-7)说明焊接应力和变形的产生过程。

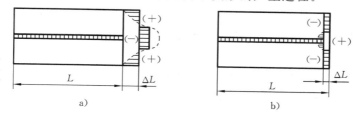

a)　　　　　　　　　　　　　b)

图 3-7　平板对焊时的应力与变形

a) 焊接过程中　b) 冷却以后

焊接时,焊缝区被加热到很高温度,离焊缝越远,温度越低。工件各部位因温度不同将产生大小不等的纵向膨胀(忽略横向变形)。如各部位的金属能自由伸长而不受周围金属的阻碍,工件伸长后的形状将如图 3-7a 中虚线所示。但工件是一个整体,各部位只能一起伸长,即工件为图中实线所示的形状,比原长度增加了一个 ΔL。高温区焊缝金属受到两边金属的阻碍产生了压应力,远离焊缝的两边金属则产生拉应力。由于焊缝温度高,其金属变形抗力低,在压应力作用下,极易发生塑性压缩变形,并消耗掉一部分压应力。

焊后冷却过程中,工件将产生纵向收缩。由于焊缝区在高温时产生了塑性压缩变形,应比其他部位更短些,如图 3-7b 中虚线所示。同样由于工件是一个整体,收缩后只能有一个长度,即图中实线所示形状,比原长度减少了一个 ΔL,收缩量 ΔL 称为焊接变形。显然,冷却后,焊缝区产生拉应力,两边金属产生压应力。这些应力残留在焊接工件中,就是焊接应力。

当焊接应力值超过工件材料的屈服强度时,焊接结构就会发生变形,其变形的基本形式如图 3-8 所示。一般来说,工件材料塑性好,焊接应力较小而变形较大,不易产生裂纹;反之则应力较大而变形较小,并容易产生裂纹。

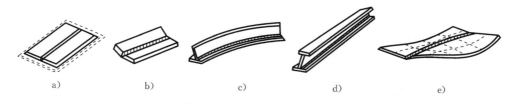

a)　　　　　　　b)　　　　　　　c)　　　　　　　d)　　　　　　　e)

图 3-8　焊接变形的基本形式

a) 收缩变形　b) 角变形　c) 弯曲变形　d) 扭曲变形　e) 波浪变形

2. 焊接应力与变形对焊接件使用性能的影响

一般情况下,焊接应力对焊接结构的使用没有影响,焊后不必消除焊接应力。但对于低温、动载荷或重载荷条件下工作的焊接件,焊接应力是有影响的。因为焊接应力的存在使其承载能力下降,有发生低应力脆断的危险。对于接触腐蚀性介质的焊接件(如容器),应力腐蚀现象加剧会影响使用寿命,甚至会因产生应力腐蚀裂纹而报废。另外,对于焊后需切削加工的焊接件,焊接应力会影响加工精度。

裂纹和变形都是焊接缺陷。出现裂纹要铲掉重新焊接,变形超过了允许程度就需要矫正,如果矫正不过来,影响装配和使用就成为了废品。

消除应力和矫正变形都会增加焊接成本,降低生产率;对于大型焊接件,消除应力是很困难的。因此要求焊接过程中尽可能防止与减少焊接应力与变形。

3. 防止和减少焊接应力与变形的措施

防止和减少焊接应力与变形,主要通过合理设计焊接结构和采取适当的焊接工艺措施来实现。

(1)焊接结构设计　力求做到减少焊接时热量集中,或者使变形对称分布而相互抵消。以下是常用的措施。

① 在保证焊接结构承载能力前提下,尽量减少焊缝的长度和焊缝的截面积。

② 尽量采用型材或冲压件代替板材拼焊,以减少焊缝数量。

③ 焊缝应尽可能对称布置(见3.4节)。

④ 避免焊缝过于密集和交叉(见3.4节)。

(2)焊接工艺设计　常用的工艺措施如下。

① 加余量法　在工件基本尺寸上再加一定的收缩余量,通常加0.1%～0.2%,主要用于防止收缩变形。

② 反变形法　即焊前使工件处于反向变形的位置,以抵消焊后的变形(见图3-9)。

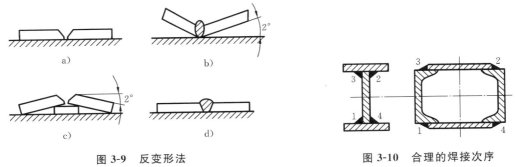

图 3-9　反变形法
a) 焊前　b) 焊后　c) 焊前　d) 焊后

图 3-10　合理的焊接次序

③ 刚性固定法　使用专门夹具,将被焊工件夹紧后施焊,限制工件变形。此法只适用于塑性好的小型工件。

④ 选择合理的焊接次序　采用如图3-10所示的对称焊法,按图中数字顺序焊接,使前后两道焊引起的变形方向相反而相互抵消。

⑤ 焊前预热和焊后缓冷　这是最常用的有效方法,目的是减小焊缝区和其他部位的温度差,以减少焊接应力和变形。通常预热温度为150～300 ℃。

(3)焊接后期处理　在实际生产中,即使采用了防止和减少焊接应力和变形的措施,焊接结构还会产生影响使用性能的应力和变形,必须进行消除和矫正。

消除焊接应力的方法是进行去应力退火,将焊接工件加热到600～650 ℃,保温1 h以上,然后缓冷。

对于焊接变形的矫正,有机械矫正和火焰矫正两种方法,它们都是利用新的塑性变形来抵消焊接变形。

　　① 机械矫正法是利用压力机加压或锤击使焊接结构产生新的塑性变形,以抵消焊接时产生的变形。由于这种方法会使工件产生加工硬化,所以仅适用于塑性好的低碳钢和普通低合金钢。

　　② 火焰矫正法是采用氧-乙炔火焰加热焊接结构的适当部位,利用冷却收缩产生的新变形矫正原来的变形。由于应力并未消失,也仅适用于低碳钢和部分低合金钢。加热温度不宜过高,一般为 600~800 ℃。

3.1.6　焊接缺陷

　　焊接缺陷指焊接接头的不完整性。熔焊焊缝的缺陷包括裂纹、气孔、焊瘤、夹渣、咬边、未焊透等(见图 3-11),其中危害最大的是裂纹和气孔。

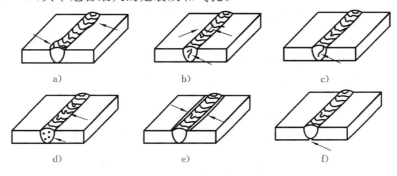

图 3-11　焊缝中常见的焊接缺陷

a) 焊瘤　b) 裂纹　c) 夹渣　d) 气孔　e) 咬边　f) 未焊透

1. 裂纹

　　裂纹是最危险的焊接缺陷,严重影响焊接结构的使用性能和安全可靠性。根据形成裂纹的温度可分为热裂纹和冷裂纹,根据裂纹发生的位置可分为焊缝金属中裂纹和热影响区中裂纹。

　　(1) 热裂纹　热裂纹是指在焊接过程中,焊缝和热影响区金属冷却到固相线附近的高温区产生的焊接裂纹。

　　焊缝金属中的热裂纹又称结晶裂纹。由于被焊材料大多为合金,其凝固在一个温度范围内完成,首先凝固的焊缝金属把低熔点的杂质推挤到晶界处,形成一层液体薄膜,又因为焊接熔池冷却速度很快,焊缝金属在冷却过程中发生收缩,内部产生拉应力,拉应力把凝固的焊缝金属沿晶粒边界拉开,在没有足够的液态金属补充条件下,就形成微小的裂纹,随温度下降,拉应力增大,裂纹也不断扩大。

　　在热影响区熔合线附近产生的热裂纹称为液化裂纹或热撕裂,它也有可能出现在多层焊时焊缝层间。液化裂纹的产生原因与结晶裂纹基本相同。

　　从上述热裂纹产生的过程可知,低熔点的杂质元素(如硫)是造成结晶裂纹的主要因素,当钢中碳质量分数高时,有利于硫在晶界的富集,促进热裂纹的形成。因此,为了防止热裂纹,应限制钢材和焊条、焊剂中的低熔点杂质(如硫、磷)的含量。锰具有脱硫作用,如母材和焊接材料中硫及碳的含量高,而锰含量不足时,易产生热裂纹。一般要求母材、焊条、焊丝中的 $w_S \leqslant$ 0.04 %,低碳钢和低合金钢用焊条和焊丝中的 $w_S \leqslant 0.12$ %。另外选择合适的焊接规范和焊接工艺,也是防止热裂纹的重要措施。

　　(2) 冷裂纹　冷裂纹是指焊接接头冷却到较低温度时产生的焊接裂纹,它与热裂纹的主要区别是:冷裂纹在较低的温度下(一般在 200~300 ℃)形成;冷裂纹不是在焊接过程中产生的,而是在焊后延续一定时间后才产生的,故又称延迟裂纹;冷裂纹大多出现在热影响区内,也会在焊缝金属内出现。一般焊缝金属中的横向裂纹多为冷裂纹。

冷裂纹影响因素有钢材的淬火倾向、焊接应力、焊接接头中的扩散氢,其中氢的作用是形成冷裂纹的重要因素。

当含氢量高时,焊缝中的氢在结晶过程中向热影响区扩散,当这些氢不能逸出时,就聚集在离熔合线不远的热影响区中;如果被焊材料的淬火倾向较大,焊后冷却时,在热影响区可能形成硬而脆的马氏体组织;加上焊后焊件存在残余应力,在上述三因素的共同作用下,冷裂纹便会产生。

选用碱性低氢型焊条时,焊前应清理接头处的水、油、锈等污物以减少氢的来源,可有效地防止冷裂。焊前预热和焊后缓冷不但能降低热影响区的硬度和脆性,还能加速焊缝中的氢向外扩散,并起到减小焊接应力的作用。必要时,可在焊后进行去应力退火和去氢处理。

2. 气孔

气孔是在焊接过程中,熔池中的气泡在凝固时来不及逸出而残留下来所形成的空穴。气孔可分为密集气孔、条虫状气孔和针状气孔等。小的气孔要在显微镜下才能看到,大的气孔直径可达 3 mm。

常见的气孔有氢气孔、一氧化碳气孔和氮气孔。

焊缝中的气孔不仅使其有效工作截面减小,而且破坏了焊缝的致密性,导致压力容器等焊接结构发生泄漏。条虫状气孔和针状气孔比圆形气孔危害性更大,在这种气孔的边缘有可能发生应力集中,使焊缝的塑性降低。因此在重要的焊接结构中,应严格控制气孔。

防止气孔产生可从以下几个方面着手。

(1) 焊前清除接头处的水分、锈、油污及防蚀底漆。

(2) 焊条电弧焊时,对焊条进行烘烤以去除焊条中的水分。通常酸性焊条抗气孔性好,要求其药皮中水的质量分数不超过 4 %。低氢型碱性焊条抗气孔性差,要求药皮中水的质量分数不超过 1 %。气体保护焊时,保护气体的纯度必须符合要求。

(3) 焊条电弧焊时,焊接电流不宜过大;否则,药皮提前分解,保护作用将会失去。焊接速度不能太快。对于碱性焊条,要采用短弧进行焊接,防止有害气体侵入。

(4) 焊前预热可减慢熔池冷却速度,有利于气体的逸出。

(5) 直流反接气孔倾向小,直流正接气孔倾向大,交流电源介于两者之间。

3. 焊瘤

在焊接过程中,熔化金属流淌到焊缝之外未熔化的母材上所形成的金属瘤称为焊瘤。焊瘤不仅影响焊缝外表的美观,而且焊瘤下面常有未焊透缺陷,易造成应力集中。对于管道接头来说,管内焊瘤会使其有效面积减小,严重时造成管道堵塞,使管道中流体流动受阻。焊瘤产生的原因是焊缝间隙过大、焊条位置和运条方式不正确、焊接电流过大或焊接速度太慢等。

4. 夹渣

焊缝中存在残留熔渣的现象称为夹渣。夹渣与夹杂物不同,夹杂物是在焊接冶金反应过程中产生的、残留在焊缝中的非金属夹杂物,如氧化物、硫化物、硅酸盐等,夹杂物一般尺寸很小,呈分散分布。而夹渣尺寸较大,为毫米级,其外形很不规则,大小相差很悬殊。

夹渣会降低焊接接头的塑性和冲击韧度,其尖角处还会造成应力集中,对于淬火倾向较大的母材,容易在夹渣尖角处形成裂纹。

产生夹渣的主要原因是焊前接头清洗不干净,或者多层焊时层间清洗不彻底,焊接电流过小,母材金属和焊接材料的化学成分不当等。

5. 咬边

基体金属与焊缝金属交界处的凹下沟槽称为咬边。过深的咬边将影响焊接接头的强度,并在咬边处产生应力集中,导致焊接结构破坏。特别是在焊接低合金高强度钢时,咬边的边缘易被淬硬,常常是焊接裂纹的发源处。

咬边产生的原因是焊接电流过大、电弧过长及运条不当等。

6. 未焊透

焊接时接头根部未完全熔透的现象称为未焊透。未焊透常出现在单面焊的根部和双面焊的中部。未焊透不仅使焊接接头的力学性能降低,而且在未焊透处的缺口和端部形成应力集中,承载后会引起裂纹。

未焊透产生的原因是焊接电流太小、运条速度太快、焊条角度不当或电弧发生偏吹、坡口角度或对口间隙太小、接头不洁等。

3.1.7 焊接质量检验

焊接质量检验方法分为非破坏性检验和破坏性检验两大类,以下简要介绍常用的几种检验方法。

1. 非破坏性检验

(1)外观目视检查　目视检查是一种简便而又应用广泛的检验方法,一般以肉眼检验为主,有时也可借助量具和低倍放大镜进行检验。其目的是检验接头是否有咬边、表面气孔、表面裂纹、未焊透、焊瘤等缺陷。

(2)致密性检验　致密性检验方法有水压试验、气压试验和煤油试验等,用来检验储存液体或气体的焊接容器是否存在贯穿性的裂纹、气孔、夹渣、未焊透及组织疏松等缺陷。

(3)无损探伤检验　如表 3-1 所示。

表 3-1　无损探伤检验

探伤方法		基本原理	适用范围	可检测缺陷及灵敏度	主要特点
射线探伤检验	X 射线检验	利用一种波长短、能量大、穿透能力很强的电磁波	2～120 mm 厚度的焊件,焊接表面不需要特殊加工	气孔、夹杂物、未焊透、未熔合、裂缝等,灵敏度一般为厚度的 10 %	灵敏度高;费用高;设备较重;不能发现与射线方向平行的裂纹;放射性对人体有一定影响
	γ 射线检验	利用某些放射性物质的射线,具有较短的波长、较强的穿透力	厚度小于 300 mm 的焊件,焊件表面不需要特殊加工		
超声波探伤检验		利用声波通过有缺陷的金属时有不同的渗透性,若将这些声波反映在示波仪的荧光屏上,即可与正常的声波做出鉴别和比较	厚度一般为 8～120 mm 的形状简单的焊件,表面需光滑	任何部位的气孔、夹杂物、裂缝,灵敏度随厚度的变化而变化	适用范围广;对人体无影响;灵敏度高;能及时得出探伤结论;焊件形状需简单;表面粗糙度值要低;不能测定缺陷的性质

探伤方法	基本原理	适用范围	可检测缺陷及灵敏度	主要特点
磁力探伤检验	利用焊件磁化后,在缺陷的上部会产生不规则的磁力线这一现象,来判断焊缝中缺陷的位置	厚度不限的铁磁性金属焊件,表面需光滑	表面及表面下 $1\sim2$ mm的毛发裂缝。灵敏度取决于磁化方法、磁化电流等因素	灵敏度高;速度快;能直接观察,操作方便;不能检验非铁磁性材料;不能发现内部缺陷;不能测定缺陷的深度
荧光探伤检验	利用紫外线照射某些荧光物质时会产生荧光的特性,来检验焊件的表面缺陷	厚度不限的各种铝合金焊件,表面粗糙度 Ra 值为 $3.2\sim6.3\ \mu m$	宽度为 10^{-4} mm、深度为 10^{-2} mm的细小的表面缺陷	操作方便;设备简单;紫外线会产生臭氧,对人体有一定的影响;只能发现外部缺陷
着色探伤检验	利用某些渗透性很强的有色油液,渗入工件表面缺陷中,除去工件表面油层后,涂上吸附油液的显现粉,就会显现出缺陷的形状和位置	厚度不限的任何材料的焊件,表面粗糙度 Ra 值为 $3.2\ \mu m$	宽度不小于 0.01 mm、深度为 $0.03\sim0.04$ mm的表面缺陷	不需专门设备;操作简单;费用低;灵敏度较低;速度较慢;表面粗糙度值要求低

2. 破坏性检验

　　破坏性检验是焊接接头性能检测的一种必不可少的手段。如焊接接头的力学性能指标、化学成分分析、金相检验等,只有通过破坏性检验才能办到。破坏性检验主要目的是进行焊接工艺评定、焊接性试验、焊工技能评定和其他考核焊接接头的检验。常用的破坏性检验方法有力学性能测试、耐腐蚀能力测试及金相分析等。

　　(1) 力学性能测试　　通过对焊接接头进行冲击试验、拉伸试验、弯曲试验、疲劳试验及硬度测定,得到各种力学性能指标,用以评定焊接质量。

　　(2) 耐腐蚀能力测试　　根据试验目的的不同,可分为晶间腐蚀试验、应力腐蚀试验、静水腐蚀试验及动水腐蚀试验。其中,晶间腐蚀试验主要用于确定奥氏体不锈钢、奥氏体＋铁素体不锈钢的焊件在正常使用条件下所产生的晶间腐蚀倾向。

　　(3) 金相分析　　通过金相分析可以了解焊接接头各部位的组织,可以获得焊缝金属中各种氧化类杂质的数量、氢白点的分布情况、晶粒度及热影响区的组织情况。据此可以分析影响焊接接头性能优劣的原因,为改进焊接工艺、制订热处理规范、合理选材等提供依据。

3.2　焊接方法及工艺

3.2.1　焊条电弧焊

　　焊条电弧焊(手工电弧焊)是利用焊条与工件间产生的电弧热,将工件和焊条熔化而进行焊接的方法。它具有设备简单、场地和焊接位置不限、操作灵活、适于焊接多种金属材料(如高强度钢、铸钢、铸铁和非铁合金)等优点,但生产率低,焊接质量不易控制。

　　焊条电弧焊是应用最广泛的焊接方法。

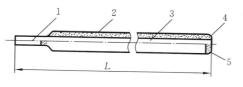

图 3-12　焊条的组成
1—夹持端　2—药皮　3—焊芯
4—引弧端　5—引弧剂

1. 焊条

焊条由焊芯和药皮两部分组成，其结构如图3-12所示。

（1）焊芯　焊芯的作用是导电和向焊缝熔池填充金属。焊芯是组成焊缝金属的主要材料，其化学成分和非金属杂质硫、磷等元素的含量将直接影响焊缝质量。根据国家标准《熔化焊用钢丝》（GB/T 14957—1994）规定，专门用于制造焊芯（埋弧焊为焊丝）的材料为碳素结构钢和合金结构钢两类，表3-2列出了几种常用结构钢焊条焊芯的牌号和化学成分。

表 3-2　几种常用焊芯的牌号和化学成分

牌　　号	化 学 成 分（质量分数）/（%）							用　　途
	C	Mn	Si	Cr	Ni	S	P	
H08	≤0.10	0.3～0.55	≤0.03	≤0.2	≤0.3	≤0.04	≤0.04	一般结构焊条
H08A	≤0.10	0.3～0.55	≤0.03	≤0.2	≤0.3	≤0.03	≤0.03	重要结构焊条
H08MnA	≤0.10	0.8～1.1	≤0.07	≤0.2	≤0.3	≤0.03	≤0.03	埋弧焊焊丝
H10Mn2	≤0.12	1.5～1.9	≤0.07	≤0.2	≤0.3	≤0.04	≤0.04	

焊芯牌号以汉语拼音字母"H"开头，后面紧跟钢号，其表示方法与优质碳素结构钢和合金结构钢相同。钢号末尾注有字母"A"，表示高级优质钢，若注有字母"E"或"C"，则为特级焊条钢，E级硫、磷质量分数≤0.020 %，C级硫、磷质量分数≤0.015 %。

（2）药皮　焊条药皮是由各种原料粉末按一定比例（配方）配成涂料，压涂在焊芯上所形成的。焊条药皮在焊接中所起的作用如下。

① 稳定电弧　药皮中含有稳弧物质，可保证电弧容易引燃并燃烧稳定。

② 机械保护　药皮熔化后产生大量的气体包围电弧区和熔池，将它们与大气隔开。

③ 冶金处理　药皮中含有合金剂、脱氧剂、脱硫剂和去氢剂等，可保证焊缝金属的化学成分和力学性能。冶金反应生成的熔渣，冷却后成为渣壳覆盖在焊缝表面，起到机械保护作用。

表3-3列出了焊条药皮组成物的种类、名称及作用。

表 3-3　焊条药皮组成物的种类、名称及作用

原料种类	原 料 名 称	作　　用
稳弧剂	碳酸钾，碳酸钠，大理石，长石，钛白粉，钠水玻璃，钾水玻璃	改善引弧性能，提高电弧燃烧稳定性
造气剂	淀粉，木屑，纤维素，大理石，白云石	产生保护气体，有利于熔滴过渡
造渣剂	大理石，氟石，菱苦石，长石，锰矿，钛铁矿，黏土，钛白粉，金红石	造渣以便脱硫、脱磷，保护焊缝，保证焊缝金属的气量及成形美观
脱氧剂	锰铁，硅铁，钛铁，铝铁，石墨	对熔渣和焊缝金属进行脱氧，锰还起脱硫作用
合金剂	铬铁，锰铁，硅铁，钼铁，钛铁，钒铁，钨铁	使焊缝金属获得必要的化学成分
黏结剂	钠水玻璃，钾水玻璃	将药皮黏结在焊芯上

（3）焊条的类型和编号　我国的焊条按用途分为十大类，分别是：结构钢焊条（J）、钼及铬钼耐热钢焊条（R）、不锈钢焊条（A或G）、堆焊焊条（D）、低温钢焊条（W）、铸铁焊条（Z）、镍及

镍合金焊条(Ni)、铜及铜合金焊条(T)、铝及铝合金焊条(L)、特殊用途焊条(TS)。

焊条型号是国家标准中的代号,根据 GB/T 5117—2012 规定,焊条型号用大写字母＋4位数字表示,如 E4303、E5015 等。其中,"E"表示焊条;前两位数字表示熔敷金属的最低抗拉强度(单位为 MPa);第三位数字表示焊条适用的焊接位置,"0"和"1"表示适用全位置(平、横、立、仰)焊接,"2"表示焊条适用于平焊及平角焊,"4"表示焊条适用于向下立焊;第三位和第四位数字组合时表示焊接电流种类和药皮类型,如"03"为钛钙型药皮、交直流两用,"15"为低氢钠型药皮、直流反接,等等。

焊条牌号是焊接行业统一的焊条代号,一般用一个大写汉语拼音字母＋3 位数字表示,如J422、J507 等。其中,"J"表示结构钢焊条,铸铁焊条用"Z"表示,奥氏体不锈钢焊条用"A"表示。前两位数字表示焊缝金属的最低抗拉强度,如"42"表示最低抗拉强度为 420 MPa。最后一位数字表示药皮类型和电流种类(见表 3-4)。

表 3-4　药皮类型与适用电源

牌　号	××1	××2	××3	××4	××5	××6	××7	××8	××9
药皮类型	氧化钛型	钛钙型	钛铁矿型	氧化铁型	纤维素型	低氢钾型	低氢钠型	石墨型	盐基型
电源种类	交直两用	交直两用	交直两用	交直两用	交直两用	交直两用	直流专用	交直两用	直流专用

焊条还可按熔渣性质分为酸性焊条和碱性焊条两大类。酸性焊条药皮熔渣中酸性氧化物较多,此类焊条适合各种电源,操作性好,电弧稳定,成本低,但焊缝性能稍差,常用于一般结构的焊接;碱性焊条药皮熔渣中碱性氧化物较多,这类焊条一般要用直流电源,焊缝性能较好,尤其冲击韧度较高,但操作性差,电弧不稳定,适合焊接在动载荷或重载条件下工作的重要结构。

(4) 焊条的选用原则　焊条种类繁多,每种焊条都有一定的特性和用途。选用焊条是焊接准备工作中很重要的一个环节。焊条选择主要根据焊接结构的工作条件和性能要求,同时考虑结构形状、受力情况及生产条件等综合因素。一般原则如下。

① 等强度原则　对于碳素结构钢与普通低合金高强度钢,通常对焊缝金属与母材有强度要求,应选用抗拉强度等于或稍高于母材的焊条。

② 等成分原则　对于合金结构钢,通常要求焊缝金属的主要合金成分与母材相同或相近。

③ 母材中碳、硫、磷等元素含量偏高时,焊缝容易产生裂纹,应选用抗裂性能好的碱性焊条。

④ 当结构受动载荷或冲击载荷时,应选用塑性和冲击韧度较高的碱性焊条。

⑤ 对在腐蚀介质、高温或低温条件下工作的结构件的焊接,应选用相应的不锈钢焊条、耐热钢焊条和低温钢焊条。

2. 焊条电弧焊工艺

(1) 焊接位置　焊接位置是指焊缝在空间所处的位置,有平焊、横焊、立焊和仰焊四种位置(见图 3-13)。

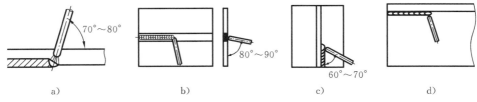

图 3-13　焊接位置
a) 平焊　b) 横焊　c) 立焊　d) 仰焊

平焊是最容易操作的焊接位置,熔滴金属由于重力作用向熔池自然过渡,熔池形状容易保持,允许使用较大的焊条直径和焊接电流,生产率较高。但熔渣和液态金属容易混合在一起,同时熔渣会超前形成夹渣。

进行横焊和立焊时,液态金属和熔渣因重力作用下坠,因此容易分离,但当熔池温度过高时易形成焊瘤,焊接时易掌握焊透情况,但也容易出现咬边、焊缝表面不平整等缺陷。

仰焊操作难度较大,液态金属因重力作用容易下坠滴落,不易控制熔池形状和大小,焊缝成形困难,容易出现未焊透、弧坑凹陷现象。

(2) 焊接接头形式和坡口的形状　详见 3.4 节。

(3) 焊接规范的选择　影响焊接质量和生产率的各个工艺参数的总称称为焊接规范。焊条电弧焊的焊接规范包括焊条直径、焊接电流、电弧长度和焊接速度等。

① 焊条直径主要根据工件厚度来选择　工件厚度小于 4 mm 时,焊条直径约等于工件厚度;工件厚度超过 4 mm 时,焊条直径可在 3～6 mm 范围内选择(见表 3-5)。此外,还应考虑接头形式、焊接层次及焊缝空间位置等。如多层焊的第一层,应选直径较小的焊条,以保证根部焊透,以后可选用直径较大的焊条,以提高生产率;平焊选直径较大的焊条可提高生产率;而立焊、横焊或仰焊时,应选用直径较小的焊条,以保证焊接工艺顺利进行。

表 3-5　焊条直径与焊件厚度的关系

焊件厚度/mm	2	3	4～5	6～12	≥13
焊条直径/mm	1.6,2	2.5,3.2	3.2～4	4～5	4～6

② 焊接电流是焊条电弧焊最重要的焊接参数　电流过小,易造成夹渣、未焊透等缺陷,且生产率低;电流过大,又会造成焊缝咬边、烧穿等缺陷。焊接电流主要根据焊条直径大小来选择(见表 3-6)。同时还应考虑药皮类型、工件厚度、焊缝空间位置等因素。例如,在平焊位置焊接时,可选择偏大些的焊接电流;在横、立、仰位置焊接时,熔池不易控制,焊接电流应比平焊位置时小 10%～20%;碱性焊条比酸性焊条的焊接电流小 10%。

表 3-6　焊接电流选用的参考值

焊条直径/mm	1.6	2.0	2.5	3.2	4.0	5.0	6.0
焊接电流/A	25～40	40～65	50～80	100～130	160～210	260～270	260～300

③ 电弧长度和焊接速度影响焊接质量和生产率　电弧过长,会使电弧燃烧不稳定,减小熔深,增加飞溅,还会使空气中的氧和氮侵入焊接区,降低焊接质量。一般要求焊接时电弧长度始终保持一致,尽量用短弧焊接,大多为 2～4 mm。焊接速度过快,易造成未焊透、夹渣等缺陷;过慢则热影响区加宽,变形也大。由于焊条电弧焊为手工操作,所以电弧长度和焊接速度在技术文件上不作规定。

3.2.2　埋弧焊

1. 埋弧焊的焊接过程

埋弧焊是指电弧在焊剂层下燃烧进行的焊接方法。埋弧焊时电弧热将焊丝端部及电弧附近的母材和熔剂熔化,熔化的金属形成熔池。熔剂熔化后,参与化学反应生成气体,并将电弧周围的熔渣排开,形成一个封闭的熔渣泡,使熔化的金属与空气隔离,并能防止金属熔滴向外

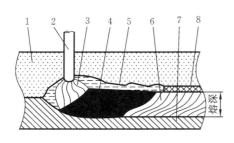

图 3-14　埋弧焊焊接过程示意图
1—焊剂　2—焊丝　3—电弧　4—熔池金属
5—熔渣　6—焊缝　7—焊件　8—渣壳

飞溅;另一部分与熔池金属发生冶金反应后形成熔渣,凝固后成为渣壳覆盖在焊缝表面,如图3-14所示。

2. 埋弧焊的特点

(1) 生产率高　埋弧焊时焊接电流大,电流密度高,由于熔渣的隔热作用,热效率高,这样熔深大。单丝埋弧焊在工件开 I 形坡口情况下,熔深可达 20 mm。同时埋弧焊焊接速度高,厚 8～10 mm 钢板对接,单丝埋弧焊焊接速度可达 50～80 cm/min,而手工电弧焊仅为 10～13 cm/min。为提高生产率,还能应用多丝埋弧焊,如双丝焊、三丝焊等。

(2) 焊接接头质量好　焊剂保护作用好,熔池凝固缓慢,各种冶金反应能充分进行,有利于防止气孔、夹渣、裂纹等缺陷的产生。同时可通过熔剂向熔池中渗合金,提高焊缝的力学性能。在常用的焊接方法中,埋弧焊的质量是最好的。

(3) 焊接参数可自动调节　埋弧焊时,各种焊接参数如电弧长度、焊接电流、焊接速度等都能自动调节,保持稳定,既保证了焊缝质量,又减轻了劳动强度。

(4) 劳动条件好　由于是暗弧操作,没有电弧光辐射,焊工的劳动条件好。

埋弧焊的缺点是:设备费用较贵,工艺装备复杂;由于埋弧,电弧与坡口的相对位置不易控制;非平焊位置难以焊接,若要焊接时必须有特殊的工艺措施,如使用磁性焊剂等;不适于厚度小于 1 mm 的薄钢板焊接。

3. 埋弧焊的应用范围

埋弧焊由于具有上述特点,广泛应用于工业生产的各个部门和领域,如金属结构、桥梁、造船、铁路车辆、工程机械、化工设备、锅炉与压力容器、冶金机械、武器装备等。对于焊接长直焊缝和较大直径环形焊缝,工件厚度大和批量生产时,其优势更为明显。

埋弧焊还可以在基体金属表面上堆焊,提高金属的耐磨、耐腐蚀性能。

埋弧焊可焊接碳钢、低合金钢、不锈钢、耐热钢、镍基合金、铜合金等金属,使用无氧焊剂还可以焊接钛合金。

4. 埋弧焊的焊丝与焊剂

埋弧焊时,焊丝的作用相当于焊芯,焊剂的作用相当于药皮,它们是决定焊缝金属化学成分和性能的主要因素,应合理选用。

埋弧焊焊丝可分为低碳钢焊丝、低合金高强度钢焊丝、铬钼耐热钢焊丝、低温钢焊丝、不锈钢焊丝和表面堆焊焊丝等。最常用的是实心焊丝,由热轧线材经拉拔加工而成,为了防止焊丝生锈,须经表面特殊处理,目前主要是镀铜处理。随着焊接材料技术的发展,埋弧焊还采用药芯焊丝,它是将药粉包在薄钢带内卷成不同的截面形状经轧制拉拔加工制成。药粉的作用相当于焊条药皮,这种焊丝具有工艺性好、飞溅小、焊缝成形美观、可采用大电流和熔敷效率高等优点,因而备受关注,成为最具发展前途的新型焊接材料。

埋弧焊焊剂按照制造方法可分为熔炼焊剂、烧结焊剂和陶质焊剂三类。熔炼焊剂是将原料配好后在炉中熔炼而成,有玻璃状、结晶状、浮石状等。烧结焊剂是把配制好的焊剂湿料加工成所需形状后,在 750～1 000 ℃下烘焙干燥制成的焊剂。陶质焊剂是把配制好的焊剂湿料加工成所需形状后,在 300～500 ℃下烘焙干燥制成的焊剂。熔炼焊剂强度高,不易吸收水分,适用于大量生产,后两种焊剂易于向熔池中渗合金元素,但容易吸潮。埋弧焊常用焊剂如

表 3-7 所示。

表 3-7　埋弧焊常用焊剂

牌　号	焊剂种类	焊剂类型	配合焊丝	电源种类	主要用途
HJ130	熔　炼	无锰高硅低氟	H10Mn2	交、直流	焊接优质碳素结构钢
HJ230	熔　炼	低锰高硅低氟	H08MnA，H10Mn2	交、直流	焊接优质碳素结构钢
HJ250	熔　炼	低锰中硅中氟	低合金高强度钢	直流	焊接低合金高强度钢
HJ350	熔　炼	中锰中硅中氟	MnMo，MnSi 高强度焊丝	交、直流	焊接高强度钢重要结构
SJ101	烧　结	氟碱型	H08MnA，H10MnMoA	交、直流	焊接低合金结构钢
SJ301	烧　结	硅钙型	H10Mn2，H08CrMnA	交、直流	焊接碳素结构钢
SJ401	烧　结	硅锰型	H08A	交、直流	焊接低碳钢、低合金钢
SJ502	烧　结	铝钛型	H08A	交、直流	焊接低碳钢及低合金结构钢重要结构

3.2.3　气体保护焊

1. 氩弧焊

　　氩弧焊是利用惰性气体氩气作为保护气体的电弧焊,其焊接过程如图 3-15 所示。从焊炬喷嘴中喷出的氩气流,在电弧区形成严密的保护气层,将电极(钨极或焊丝)和金属熔池与空气隔绝,电弧在电极和工件之间燃烧,使自动送给焊丝或附加填充焊丝熔化成液态金属进入熔池,熔池凝固后即形成焊缝。

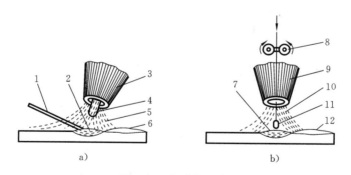

图 3-15　氩弧焊示意图
a) 钨极氩弧焊　　b) 熔化极氩弧焊
1—钨极　2,7—金属熔池　3,9—焊炬　4—氩气流　5,10—保护气体层
6,12—熔渣　8—送丝机构　11—焊丝

　　由于氩气是一种惰性气体,它不与金属起化学反应,被焊金属中的合金元素不会氧化烧蚀,且在高温时不溶解于液态金属中,焊缝不易产生气孔,而且氩气对电弧和熔池机械保护可靠,因而可获得较高的焊接质量。

　　1) 氩弧焊的分类

　　氩弧焊按所用电极不同,分为钨极(不熔化极)氩弧焊和熔化极氩弧焊两种。

　　(1) 钨极氩弧焊　钨极氩弧焊用钨钍合金或钨铈合金作为阴极,利用钨合金熔点高,发射电子能力强,发热量少,烧损小,寿命长等特点,形成钨极氩弧焊(见图3-15a)。如果用钨合金作阳极,发热量大,电极烧损严重,所以一般只采用直流正接。采用附加焊丝向熔池中填充金属。

(2)熔化极氩弧焊　利用连续送进的焊丝作为电极(见图 3-15b)进行焊接。可用较大电流焊厚度为 25 mm 以下的工件。为使电弧稳定燃烧,常采用直流反接。

2)氩弧焊的特点

(1)焊缝质量较高　由于机械保护效果好,且不必配制相应的焊剂或熔剂,基本上是金属熔化和结晶的简单过程,焊缝金属纯净,因而能获得较高质量的焊缝。

(2)热影响区及变形小　因为电弧受氩气流的冷却和压缩,其热量集中,氩弧的温度又很高,故热影响区很窄,焊接变形与应力倾向小,特别适用于薄板件的焊接。

(3)可焊接的材料范围广　几乎所有的金属材料都可以进行氩弧焊,氩弧焊特别适合焊接化学性质活泼的金属和合金,通常多用于焊接铝、镁、钛、铜及其合金,低碳钢,低合金钢,不锈钢及耐热钢等。

(4)采用明弧焊接　便于操作,可实现全位置焊接,且焊接时电弧稳定,飞溅小,无熔渣,焊缝美观。

(5)成本高　氩弧焊设备较复杂,且氩气成本高,主要用于易氧化的有色金属和合金钢的焊接,如铝、镁、钛及其合金,不锈钢,耐热钢等,产生的紫外线是焊条电弧焊的5～10 倍。

氩弧焊的主要工艺参数有电源种类和电流极性、钨极或焊丝直径、焊接电流、氩气流量及焊接速度等。

2. 二氧化碳气体保护焊

1)焊接过程

二氧化碳气体保护焊(简称 CO_2 焊)是利用 CO_2 气体作为保护介质的电弧焊。焊接时 CO_2 气体通过焊炬的喷嘴,沿电极(焊丝)周围喷射出来,在电弧周围形成气体保护层,机械地将焊接电弧及熔池与大气隔离开来,从而避免了有害气体的侵入,保证焊接过程的稳定,以获得质量优良的焊缝。其焊接过程如图 3-16 所示。

2)焊接特点

(1)明弧操作　施焊部位的可见度好,便于对中,适应全位置焊接。

(2) CO_2 气体价格低　焊接成本低于其他焊接方法,相当于埋弧焊和焊条电弧焊的40 ％左右。

(3)生产率高　可以采用较大的焊接电流密度,熔深大,焊接速度快,同时焊接时又无熔渣,减少了清理工作量。

(4)电弧热量集中,焊接热影响区窄,焊接变形和应力小。焊缝有较强的防锈能力,含氢量低,抗裂性能好。

二氧化碳气体保护焊也有不足之处,由于 CO_2 气体氧化性强,合金元素烧损严重,而且飞溅大,焊缝成形不够光滑。另外,如果控制不当,容易产生气孔。不宜焊接有色金属和合金钢,主要用于焊接低碳钢和部分低合金结构钢。为补

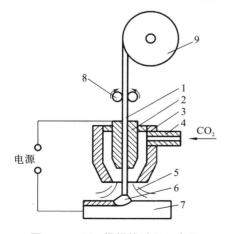

图 3-16　CO_2 焊焊接过程示意图

1—焊丝　2—导电嘴　3—喷嘴　4—进气管
5—气流　6—电弧　7—焊件　8—送丝轮　9—焊丝盘

偿合金元素的烧损和防止气孔,应采用具有足够脱氧元素(如 Mn、Si)的合金钢焊丝,如 H08MnSiA、H10MnSiMo 等。为使电弧稳定,飞溅少,CO_2 焊宜采用直流反接法。

3) 焊接工艺要点

为了得到较高的焊缝质量,CO_2 焊在工艺上要求较高,主要应注意以下几个方面的工艺问题。

(1) 焊前对工件焊接接头和焊丝进行仔细清洗,除去表面的油、锈和水分等脏物。

(2) 装配定位焊使用优质焊条进行焊条电弧焊或直接采用 CO_2 半自动焊进行。定位焊的长度和距离根据工件厚度和结构形式而定。一般焊缝长度为 30~50 mm,距离为 100~300 mm。

(3) 合理选择工艺参数　CO_2 焊的主要工艺参数有焊接电流、电弧电压、焊接速度、焊丝伸出长度、气体的流量和纯度及电源极性等。焊接电流的选择主要依据工件厚度、焊丝直径、焊接位置及熔滴过渡形式来决定。电弧电压必须与焊接电流配合恰当,它的大小会影响到焊缝成形、熔深、飞溅、气孔及焊接过程的稳定性。焊接速度过快和过慢都对焊接质量不利,一般 CO_2 半自动焊的焊接速度为 15~30 m/h。焊丝伸出长度约等于焊丝直径的 10 倍,且不超过 15 mm。CO_2 气体流量不当会影响保护效果,通常在细丝 CO_2 焊时,流量为 15~25 L/min,气体纯度应大于 99.5 %。CO_2 焊采用直流反接,则飞溅小、电弧稳定、工件熔深大、焊缝成形好、焊缝金属含氢量低,是常用的方法;直流正接主要用于堆焊。

3.2.4　等离子弧焊接与切割

利用电弧压缩效应,获得较高能量密度的等离子弧进行焊接的方法,叫等离子弧焊。普通电弧未受到外界约束,是由一定数量的导电离子和不同比例的中性粒子所组成的混合体(自由电弧)。如果将其进行压缩,使其截面减小,则电弧中的电流密度将大大提高,电弧区的气体完全处于电离状态,这种完全电离的气体称为等离子体,这种被压缩的电弧称为等离子弧。

等离子弧的发生装置示意图如图 3-17 所示。在钨极 1 与焊件 5 之间产生电弧后,电弧通过喷嘴细孔道时,弧柱被强迫缩小,此作用称为机械压缩效应;当钨极和焊件之间的电弧通过水冷喷嘴时,受到喷嘴孔壁及不断流过的等离子气(氩气或氮气)流的冷却作用,弧柱外围温度降低,导电截面缩小,电流集中于弧柱中心通过,其密度大大增加。这种压缩作用称为热压缩效应。带电粒子流在弧柱中的运动,可看成是电流在一束平行的"导线"内流过,其自身磁场所产生的电磁力使这些"导线"互相吸引靠近,电弧被进一步压缩。这种压缩作用称为电磁收缩效应。

在上述三种效应作用下,弧柱被压缩到很细范围内,电弧能量高度集中,其温度可达 16 000~33 000 K,可应用于焊接、切割等领域中。

等离子弧具有以下特点。

(1) 温度高,能量密度大　等离子弧的导电性强,电流密度大,因此温度高,又因其截面小,则能量密度高度集中。

(2) 电弧挺度好　自由电弧的扩散角约为 45°,而等离子弧由于电离程度高,放电稳定,在"压缩效应"作用下,等离子弧的扩散角仅为 5°。

(3) 具有很强的机械冲刷力　等离子弧发生装置内通入常温压缩气体,受电弧高温加热而膨胀,在喷嘴的阻碍下使气体压缩力大大增加,当高压气体由喷嘴细孔道中喷出时,可达到很高的速度(可超过声速),所以具有很强的机械冲刷力。

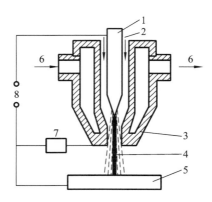

图 3-17　等离子弧的发生装置示意图

1—钨极　2—等离子气　3—喷嘴　4—等离子弧　5—焊件　6—冷却水　7—限流电阻　8—电源

1. 等离子弧的类型

根据电极的不同接法,等离子弧可以分为非转移弧、转移弧和联合型弧三种(见图 3-18)。

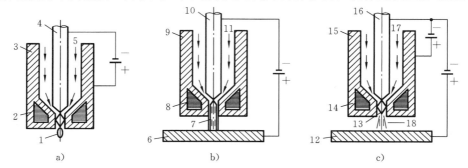

图 3-18　等离子弧的类型

a) 非转移弧　b) 转移弧　c) 联合型弧

1,13—非转移弧　2,8,14—冷却水　3,9,15—喷嘴　4,10,16—钨极
5,11,17—等离子气体　6,12—焊件　7,18—转移弧

(1) 非转移弧　电极接电源负极,喷嘴接电源正极,等离子弧产生在电极和喷嘴内表面之间(见图 3-17a),连续送入的工作气体穿过喷嘴喷出等离子焰来加热熔化金属。这种等弧加热能量和温度都较低,不宜用于较厚工件的焊接与切割。

(2) 转移弧　电极接负极,工件接正极,电弧首先在电极和喷嘴内表面间形成,当电极和工件间加上一个较高的电压,在电极和工件间产生等离子弧,电极与喷嘴间的电弧就熄灭,即电弧转移到电极与工件间,故称为转移弧(见图 3-17b)。转移弧的阳极高温斑点在工件上,提供很高的热量和温度,可用作切割、焊接和堆焊的热源。

(3) 联合型弧　转移弧和非转移弧同时存在称为联合型弧(见图 3-17c),主要用于微弧等离子焊接和粉末材料的焊接。

2. 等离子弧焊接

等离子弧焊接,其实质上是一种具有压缩效应的钨极氩弧焊。等离子气一般用氩气,但在焊接不锈钢时通常在氩气中加入少量氢气,焊接铜时则采用纯氮气。

按电流大小,等离子弧焊可分如下两类。

(1) 大电流等离子弧焊,即通常所称的等离子弧焊,用于焊接厚度在 2.5 mm 以上的焊件。其弧柱温度高,穿透能力强,在焊接厚度为 10～12 mm 的钢材时可不开坡口,一次焊透双面成形。

(2) 微束等离子弧焊,用小电流(通常小于 30 A)焊接厚度小于 2.5 mm 的薄板。当电流小到 0.1 A 时,电弧仍能稳定燃烧,并保持良好的挺直度和方向性。

等离子弧焊的设备较复杂,且需大量的氩气,主要适合于焊接难熔金属和易氧化金属。如W、Mo、Ti、Cu 及其合金,不锈钢,耐热钢等。

3. 等离子弧切割

等离子弧切割是利用高温高速的等离子弧为热源,将被切割的材料局部熔化及蒸发,并借助弧焰的机械冲击力把熔融金属强制排除,从而形成割缝以实现切割。等离子气一般用氮气,也可用氮氢混合气,不用保护气体。等离子弧弧柱的温度高,远远超过所有金属材料和非金属材料的熔点,等离子弧切割不仅切割效率比氧气切割高 1～3 倍,而且还可以切割不锈钢、铜、铝及其合金、难熔的金属和非金属材料,切割速度快,生产率高,热影响区及变形小,切口窄且光洁,切割厚度可达 150～200 mm。

3.2.5　电渣焊

电渣焊是利用电流通过熔渣所产生的电阻热进行焊接的方法。焊接过程如图 3-19 所示。两焊件的接头相距 25～35 mm,引燃电弧,熔化焊剂和焊件形成渣池和熔池,渣池达到一定深度后,增加送丝速度使焊丝插入渣池,电弧熄灭,依靠电流通过液体熔渣产生的电阻热熔化焊件和焊丝。随着熔池和渣池上升,冷却滑块也同时配合上升,离渣池远的熔池金属便冷却结晶,形成焊缝。

电渣焊与其他焊接方法相比有以下特点。

(1) 焊接厚件时,生产率高。厚大截面的焊缝不需开坡口,仅需留 25～35 mm 的间隙即可一次焊接成,节省焊接材料和焊接工时。

(2) 焊缝金属比较纯净。由于渣池覆盖在熔池上,保护作用良好,熔池停留时间长,且焊缝自下而上结晶,低熔点夹杂物和气体容易排出。

(3) 焊后冷却速度较慢,焊接应力较小,适合于焊接塑性稍差的中碳钢与合金结构钢工件。

(4) 接头组织粗大,焊后要进行热处理。焊缝和热影响区金属在高温停留时间长,热影响区较宽,晶粒粗大,易产生过热组织,因此焊缝力学性能下降。对于较重要焊件,焊后须正火处理,以改善焊件性能。

电渣焊适合于板厚 40～450 mm 的环缝焊接。可焊接碳钢、低合金钢、高合金钢,也可焊接有色金属和钛合金。一般是在垂直立焊位置进行焊接。

3.2.6　激光焊

激光焊是利用高能量密度的激光束作为热源的一种高效高精密的焊接方法。20 世纪 70年代主要用于焊接薄壁材料和低速焊接,随着高功率 CO_2 和高功率的 YAG 激光器及光纤传输技术的完善、金属钼焊接聚束物镜等的研制成功,激光焊在机械制造、航空航天、汽车工业、粉末冶金、生物医学及微电子行业等领域的应用越来越广。

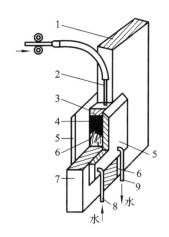

图 3-19 电渣焊示意图

1,7—焊件 2—焊丝 3—渣池 4—熔池 5—滑块
6—焊缝 8—冷却进水管 9—冷却出水管

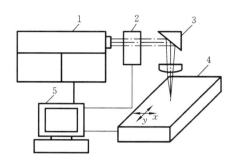

图 3-20 激光焊示意图

1—激光器 2—光束检测仪
3—偏转聚焦系统 4—工作台 5—控制系统

1. 激光焊接原理

图 3-20 为激光焊接示意图,聚焦系统将激光束聚焦成小光斑,辐射到被焊工件表面,通过激光与金属的相互作用,金属吸收激光转化为热能使金属熔化形成特定的熔池,冷却结晶形成焊缝。

激光焊接的机理有以下两种。

(1)热传导焊接 当激光照射在材料表面时,一部分激光被反射,一部分被材料吸收,将光能转化为热能而使其加热熔化,材料表面层的热以热传导的方式继续向材料深处传递,最后将两焊件熔接在一起。

(2)激光深熔焊 当功率密度比较大的激光束照射到材料表面时,材料吸收光能转化为热能,材料被加热熔化和气化,产生大量的金属蒸气。在蒸气退出表面时产生的反作用力作用下,熔化后的金属液体向四周排挤,形成凹坑,随着激光的继续照射,凹坑穿入深度更深。当激光停止照射后,凹坑周边的熔液回流,冷却凝固后将两焊件焊接在一起。

2. 激光焊接的主要特点

由于激光束能量密度高,故焊接时间短,热影响区小,工件不变形,适合于精密零件、热敏感性材料的焊接;可焊接难熔材料如钛、石英等,并能对异质材料施焊,效果良好;可焊接难以接近的部位,施行非接触远距离焊接,具有很大的灵活性;激光束易实现光束按时间与空间分光,能进行多光束同时焊接及多工位焊接,为更精密的焊接提供了条件。

激光焊接的主要缺点是:设备复杂;能量转换率低,通常低于 10 %;工件位置需非常精确,必须在激光束的聚焦范围内,增加了装配难度。

3. 激光焊接主要工艺参数

(1)功率密度 功率密度是激光加工中最关键的参数之一。采用较高的功率密度,在微秒时间范围内,表层即可加热至沸点,产生大量气态金属。因此,高功率密度对于材料去除加工,如打孔、切割、雕刻有利。对于较低功率密度,表层温度达到沸点需要经历数毫秒,在表层气化前,底层达到熔化状态,易形成良好的熔融焊接。因此,在传导型激光焊接中,功率密度的范围在 $10^4 \sim 10^6$ W/cm^2。

(2)激光脉冲波形 脉冲波形是激光焊接中的重要工艺参数,尤其对于薄片焊接更为重要。当高强度激光束射至材料表面,金属表面将会有 $60\%\sim98\%$ 的激光能量反射而损失掉,且反射率随表面温度变化。在一个激光脉冲作用期间内,金属反射率的变化很大。

（3）激光脉冲宽度　脉宽是脉冲激光焊接的重要参数之一,它既是区别材料去除和材料熔化的重要参数,也是决定加工设备造价及体积的关键参数。

（4）离焦量　激光焊接通常需要一定的离焦,因为激光焦点处光斑中心的功率密度过高,容易蒸发成孔。离开激光焦点的各平面上,功率密度分布相对均匀。

离焦方式有两种:正离焦与负离焦。焦平面位于工件上方为正离焦,反之为负离焦。在实际应用中,当要求熔深较大时,采用负离焦;焊接薄材料时,宜用正离焦。

3.2.7　压焊

压焊是通过对焊接区域施加一定的压力来实现焊接的方法。焊接时,焊接区金属一般处于固相状态,依靠压力的作用(或伴随加热)使接头处金属产生塑性变形、再结晶和原子扩散而结合。压焊中压力对形成焊接接头起主要作用,加热可以提高金属的塑性,降低焊接所需压力,同时增加原子的活动能力和扩散速度,促使焊接过程进行。少数压焊方法在焊接过程中会出现局部熔化现象。

1. 电阻焊

电阻焊是利用电流通过被焊工件接触处产生的电阻热,将其加热到塑性和局部熔化状态,并在压力的作用下形成牢固接头的焊接方法。

根据焦耳定律,电阻热可表示为

$$Q = I^2 Rt$$

式中　Q——电阻热(J);

　　　I——焊接电流(A);

　　　R——电阻(包括工件电阻和工件间的接触电阻)(Ω);

　　　t——通电时间(s)。

工件的总电阻很小,为了减少热量散失和提高生产率,需要工件在极短的时间内(百分之几秒到几秒)迅速加热,因此需要采用很大的焊接电流(几千安到几十万安)。

电阻焊的特点是利用工件内部产生的电阻热加热及熔化金属来实现焊接的,属于内部分布能源的焊接方法,其焊缝在压力作用下凝固或聚合结晶,具有锻压特征。由于焊接热量集中,加热时间短,热影响区小。焊接时不需要焊条、焊丝、焊剂、保护气体等,成本低。电阻焊还具有操作简单、劳动条件好等优点。但电阻焊的质量目前还缺乏可靠的无损检测方法,只能靠工艺试验或破坏性试验来检查,以及各种监控技术来保证,另外这种焊接方法电能消耗大,设备一次性投资较大。

电阻焊可应用于航空、航天、能源、电子、汽车、轻工业等各个部门,是重要的焊接工艺之一。

（1）点焊　将工件装配成搭接接头,并压紧在两电极之间,利用电阻热加热熔化固体金属形成焊点的焊接方法称为点焊(见图 3-21)。

点焊时,先加压使两个工件紧密接触,然后接通电流。由于两工件接触处电阻较大,电流流过所产生的电阻热使该处温度迅速升高,局部金属可达熔点温度,被熔化形成液态熔核。断电后,继续保持压力或加大压力,使熔核在压力下凝固结晶,形成组织致密的焊点。而电极与工件间的接触处,所产生的热量因被导热性好的铜(或铜合金)电极及冷却水传走,因此温升有

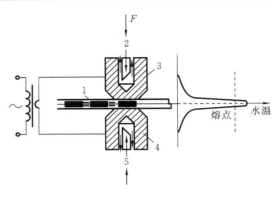

图 3-21　点焊示意图

1—分流　2,5—冷却水　3,4—电极

限,不会出现焊合现象。因焊点形成导电通道,在焊接下一个焊点时,一部分电流将从已焊焊点流过,造成待焊焊点电流减小,这种现象称为分流。分流会使焊接质量下降,工件越厚,导电性越好,焊点间距越小,分流越严重。因此,点焊时对工件厚度和焊点间距应有一定限制。

不同材料及不同厚度工件上焊点间最小距离如表 3-8 所示。

表 3-8　点焊的焊点间最小距离

工件厚度/mm	点距/mm		
	结构钢	耐热钢	铝合金
0.5	10	8	15
1	12	10	18
2	16	14	25
3	20	18	30

影响点焊质量的主要因素有焊接电流、通电时间、电极压力及工件表面清理情况等。根据焊接时间的长短和电流大小,常把点焊焊接规范分为硬规范和软规范。硬规范是指在较短时间内通以大电流的规范。它的生产率高,焊件变形小,电极磨损慢,但要求设备功率大,规范控制精确,适合焊接导热性能较好的金属。软规范是指在较长时间内通以较小电流的规范。它的生产率低,但可选用功率小的设备焊接较厚的工件,更适合焊接有淬硬倾向的金属。

点焊电极压力应保证工件紧密接触顺利通电,同时依靠压力消除熔核凝固时可能产生的缩孔和缩松。工件厚度越大,材料高温强度越大(如耐热钢),电极压力也应越大。但压力过大,将使焊件电阻减小,从电极散失的热量将增加,也会使电极在工件表面的压坑加深。因此电极压力应选择合适。

焊件的表面状态对焊接质量影响很大。如焊件表面存在氧化膜、泥垢等,将使焊件间电阻显著增大,甚至存在局部不导电而影响电流通过。因此点焊前必须对焊件进行酸洗、喷砂或打磨处理。

点焊是一种高速、经济的焊接方法,它主要适用于薄板(厚度≤3 mm)搭接接头,且接头无气密性要求的焊接结构。

(2)缝焊　焊件装配成搭接或斜对接头并置于两滚轮电极之间,滚轮加压焊件并转动,连续或断续送电,形成一条连续焊缝的电阻焊方法,称为缝焊。缝焊过程如图 3-22 所示。

缝焊用的电极是圆形滚轮,滚轮直径一般为 50～600 mm,常用的直径为 180～250 mm。

滚轮厚度为 10～20 mm,接触表面形状有圆柱面和圆弧面两种,个别情况下采用圆锥面。圆柱面滚轮广泛用于焊接各种钢和高温合金,圆弧面滚轮因易于散热,压痕过渡均匀,常用于轻合金焊接。

　　按滚盘转动方式分,缝焊可分为连续缝焊、断续缝焊和步进缝焊,按接头形式分,缝焊可分为搭接缝焊、压平缝焊、垫箔对接缝焊、铜线电极缝焊等。

　　缝焊用于有气密性要求的结构,如油箱、小型容器与管道等,因分流现象比点焊更为严重,一般只用于 3 mm 以下的薄板结构的焊接。

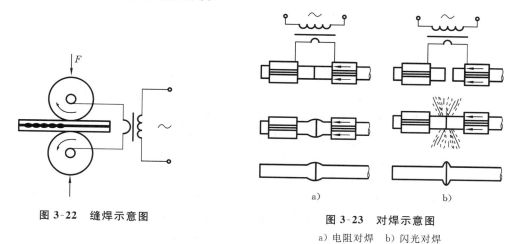

图 3-22　缝焊示意图

图 3-23　对焊示意图
a) 电阻对焊　b) 闪光对焊

　　(3) 对焊　对焊是利用电阻热将两工件沿整个端面同时焊接起来的一种电阻焊方法。按焊接过程不同,分为电阻对焊和闪光对焊,如图 3-23 所示。

　　① 电阻对焊是先将工件夹紧并加预压,通电后利用电阻热将接触处加热至塑性状态,然后迅速施加顶锻压力(或不加顶锻压力只保持预压时压力)完成焊接的方法。

　　电阻对焊时的焊接循环有两种:等压和加顶锻压力。前者加压机构简单,便于实现;后者有利于提高焊接质量,主要用于合金钢、非铁合金的电阻对焊。

　　电阻对焊接头外形较光滑,操作简单,但对工件端面加工和清理要求较高;否则,接头容易发生加热不均匀现象,或者产生氧化物等夹杂物,降低焊接质量。电阻对焊一般用于截面简单、直径较小及对强度要求不高的杆类工件。

　　② 闪光对焊是通电后,让两工件轻微接触,因工件表面不平,首先只是个别点接触,因接触面积小,电流密度很高,因此这些接触点迅速被加热熔化、蒸发、爆破以火花形式从接触点飞溅出来形成闪光。继续送进工件,保持一定的闪光时间,当端面全部熔化后,断电并迅速施加顶锻力,在压力作用下形成牢固接头,完成焊接。

　　焊接时闪光火花防止了空气侵入,另外工件端面上的氧化物和杂质,一部分随火花带出,一部分在加压时随液体金属被挤出,所以闪光对焊接头质量较高,且焊前工件接触端面也不需清洗。闪光对焊常用于重要结构的焊接,如对焊刀具、圆环链、钢轨等。

　　2. 摩擦焊

　　摩擦焊是在压力作用下,通过待焊工件的摩擦使界面及其附近温度升高,材料的变形抗力降低、塑性提高、界面氧化膜破碎,并伴随着材料产生塑性流变,通过界面的原子扩散和再结晶而实现焊接的固态焊接方法,其焊接原理如图 3-24 所示。

　　摩擦焊通常由如下四个步骤构成:

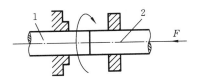

图 3-24　摩擦焊示意图
1—焊件①　2—焊件②

（1）机械能转化为热能；

（2）材料塑性变形；

（3）热塑性下的锻压力；

（4）原子间扩散及再结晶。

与传统熔焊相比,摩擦焊最大的特点是在整个焊接过程中被焊工件的温度低于其熔点,即金属是在热塑性状态下实现的类锻态固相连接。摩擦焊焊接接头质量高,能达到焊缝强度与基体材料等强度,焊接效率高,质量稳定,一致性好,可实现异种材料焊接等。

3.2.8　钎焊

钎焊是现代焊接技术中三大焊接方法之一,它是用熔点比母材低的填充金属(称为钎料),经加热熔化后,液态钎料借助毛细作用被吸入和充满固态工件间隙之间,液态钎料与工件金属相互扩散溶解,冷凝后即形成钎焊接头(钎缝)的焊接方法。

钎焊的焊接材料主要有钎料和钎剂两种。钎料的主要作用是填充金属,熔点在 450 ℃ 以上的钎料称为硬钎料,常用硬钎料有铝基、铜基、银基、镍基等合金。熔点低于 450 ℃ 的钎料称为软钎料,主要有锡铅基、铅基、镉基等合金。钎剂是焊接时使用的熔剂,其主要作用是清除母材和钎料表面的氧化物及其他杂质、以液态薄膜的形式覆盖在工件金属和钎料的表面上形成机械保护、增大钎料的填充能力。钎剂通常分为软钎剂、硬钎剂以及铝、镁、钛用钎剂三大类。

利用硬钎料的焊接称为硬钎焊,其接头强度较高,工作温度也较高,主要用于受力结构的焊接,如自行车架、雷达、刀具等的焊接。利用软钎料的焊接称为软钎焊,接头强度低,工作温度低,主要用于焊接受力不大的工件,如电子线路、仪表等。

与熔焊相比,钎焊母材不熔化,仅钎料熔化;与压焊相比,钎焊不对工件施加压力。钎焊具有以下优点:

（1）钎焊加热温度较低,接头光滑平整,组织和力学性能变化小,工件变形小,尺寸精确;

（2）可焊异种金属,且对工件厚度差无严格限制;

（3）可同时焊接多个焊件和多个接头,生产率很高;

（4）钎焊设备简单,生产投资费用少。

钎焊的主要缺点是接头强度低,耐热性差,且焊前清整要求严格,钎料价格较高。

钎焊一般不用于钢结构和受重载、动载结构的焊接,主要用于制造精密仪表、电器零部件、异种金属构件及复杂薄板结构,如夹层构件、蜂窝结构等,也常用于钎焊硬质合金刀具。

3.3　金属材料的焊接性

3.3.1　金属材料的焊接性及评定方法

1. 焊接性的概念

焊接性是指被焊金属材料在一定工艺条件下获得优质焊接接头的能力,或者指获得优质接头所采取工艺措施的难易程度。

金属材料焊接性的好坏主要取决于其化学成分,但也和焊接方法、焊接材料及焊接工艺有关。例如钛的化学活泼性极强,曾被认为其焊接性很差,但氩弧焊被采用后,钛及其合金的焊接结构在工业上已得到广泛的应用。随着新能源及新材料的发展,等离子弧焊、真空电子束焊、激光焊等方法相继出现,使钨、钼、钽、铌、钴等高熔点金属及其合金的焊接已成为可能。

焊接性包括两方面的内容:一是工艺焊接性,即在一定焊接工艺条件下,焊接接头产生工艺缺陷的倾向,尤其出现各种裂纹的可能性;二是使用焊接性,即在一定的焊接工艺下,焊接接头在使用中的可靠性,包括接头的力学性能及其他特殊性能,如耐热性、耐蚀性等。金属材料的焊接性可通过试验法和估算法来评定。试验法有抗裂性试验、力学性能试验等。下面主要介绍焊接性估算法。

2. 钢的焊接性评定方法

钢中碳和合金元素的质量分数是影响其焊接性的主要因素,其中碳的影响最为明显。碳素钢和合金钢焊接性的评定方法目前采用较多的是粗略估算法,即把钢中的合金元素的质量分数折合成碳的相当质量分数,将它与碳质量分数相加之和称为碳当量,用 w_{CE} 表示,可作为评定钢的焊接性的参考指标。碳素结构钢和低合金结构钢的碳当量经验公式为

$$w_{CE} = w_C + w_{Mn}/6 + (w_{Cr} + w_{Mo} + w_V)/5 + (w_{Ni} + w_{Cu})/15$$

经验表明:

$w_{CE} < 0.4\%$ 时,钢材塑性良好,淬硬倾向不明显,焊接性良好,焊接时工件一般不预热(对厚大工件或在低温下焊接时应考虑预热)。

$w_{CE} = 0.4\% \sim 0.6\%$ 时,钢材塑性下降,淬硬倾向明显,焊接性较差,焊接时工件需要预热和采取一定的焊接工艺措施才能防止裂纹。

$w_{CE} > 0.6\%$ 时,钢材塑性低,淬硬倾向很大,焊接性差,焊接时工件需预热到较高温度,采取严格工艺措施以减少焊接应力和变形,并在焊后进行热处理。

常用金属材料的焊接性如表 3-9 所示。

表 3-9 常用金属材料的焊接性

金属材料	焊接方法												钎焊
	熔 焊							压 焊					
	焊条电弧焊	埋弧焊	CO_2 气体保护焊	氩弧焊	电渣焊	气焊	电子束焊	点焊	对焊	超声波焊	摩擦焊	爆炸焊	
铸铁	A	C	C	B	B	A	B	D	D	D	D	D	C
铸钢	A	A	A	A	A	A	A	D	B	C	B	D	B
低碳钢	A	A	A	A	A	A	A	A	A	B	A	A	A
低合金钢	A	A	A	A	A	B	A	A	A	B	A	A	A
不锈钢	A	B	A	A	A	B	A	A	A	A	A	A	A
耐热合金	A	B	C	A	D	B	A	B	C	C	D	A	A
铜及其合金	A	C	C	A	D	A	B	C	A	A	A	A	A
铝及其合金	C	C	D	A	D	B	A	B	A	B	A	A	C
钛及其合金	D	D	D	A	D	D	A	B	C	A	D	A	B

注:A—焊接性良好;B—焊接性较好;C—焊接性较差;D—焊接性差。

3.3.2　碳钢的焊接

1. 低碳钢的焊接

（1）焊接特点　低碳钢中碳质量分数低（$w_C \leqslant 0.25\%$），其他合金元素也较少，是焊接性最好的钢种。焊接后接头中不会产生淬硬组织或冷裂纹。因此当焊接材料选择适当，即能得到满意的焊接接头。

当母材中碳质量分数接近上限或在低温下（$< -10\ ℃$）焊接时，为了防止产生冷裂纹，应采取预热措施或采用低氢型焊条（焊条电弧焊时）。

沸腾钢中含氧量较高，焊接时易产生气孔，厚板焊接存在层状撕裂倾向，时效敏感性也较大，接头脆性转变温度较高，因此沸腾钢一般不用于制作受动载荷或在低温下工作的重要结构。

对于焊接热源不集中的电渣焊、气焊等，热影响区的粗晶区中金属晶粒更加粗大，降低接头的冲击韧度，因此，重要结构焊后往往要进行正火处理。

（2）焊接材料　低碳钢在焊接时，要获得优质的焊接接头，必须合理选择焊接材料。

焊条电弧焊时，按等强度原则，可选用 E43×××系列或 E50×××系列焊条。对于一般结构，选用工艺性较好的酸性焊条（如 J422），重要结构，则应选用碱性焊条（如 J507）。

埋弧焊时，首先按焊缝金属性能要求选择适当的焊丝，然后根据该焊丝的化学成分选配焊剂。例如，当选用 $w_{Si} < 0.1\%$ 的焊丝（如 H08A 或 H08MnA）时，必须与高硅焊剂（如 HJ431）相配；若选用 $w_{Si} > 0.1\%$ 的焊丝，则必须与中硅或低硅焊剂（如 HJ350、HJ250 或 SJ101 等）相配。

CO_2 焊用焊丝分为实心焊丝和药芯焊丝两大类，焊接低碳钢用实心焊丝，如 H08Mn2Si 和 H08Mn2SiA，药芯焊丝主要是钛钙型渣系和低氢型渣系两类。

2. 中碳钢的焊接

（1）焊接特点　中碳钢中含碳量较高，焊接性比低碳钢差。钢中碳质量分数接近下限（$w_C = 0.25\%$）时焊接性能良好，随着碳质量分数的增加，其淬硬倾向随之增大，热影响区内容易产生低塑性的马氏体组织。当焊接结构刚性较大或焊接材料、工艺参数选择不当时，容易产生冷裂纹。多层焊焊接第一层焊缝时，由于母材金属熔合到焊缝中的比例大，熔池中碳及硫、磷含量增高，容易产生热裂纹。此外，碳质量分数高时，气孔敏感性也较大。

（2）焊接材料　应尽量选用抗裂性能好的低氢型焊接材料。

焊条电弧焊时，若要求焊缝与母材等强度，宜选用强度级别相当的低氢型焊条；若无等强度要求，则选用强度级别比母材低一级的低氢型焊条，以提高焊缝的塑性、冲击韧度和抗裂性能。

如果选用非低氢型焊条，必须采取严格的工艺措施，如控制预热温度，减少母材熔合比等。

当工件不允许预热时，可选用塑性优良的铬镍奥氏体不锈钢焊条，可以减少焊接应力，避免热影响区冷裂纹的产生。

（3）焊接工艺　焊接中碳钢时，还应采取适当的工艺措施，如焊前预热、焊后热处理、锤击焊缝等。

3. 高碳钢的焊接

（1）焊接特点　高碳钢（$w_C > 0.6\%$）淬硬性高，焊接时极易产生硬而脆的高碳马氏体，在焊缝和热影响区中容易产生裂纹,难以焊接。一般不用高碳钢制造焊接结构,而用于制造高硬度或耐磨的零部件,对它们的焊接多数是对破损件的焊补修理。

高碳钢零部件的最终热处理一般都采用淬火加低温回火,因此在焊接这些零部件之前应先进行退火,以减少焊接裂纹,焊后再重新进行热处理。

（2）焊接材料　要求焊缝性能与母材相等是比较困难的。焊条电弧焊时,当要求焊缝强度较高时,可选用 E7015(J707) 或 E6015(J607) 焊条;要求强度较低时,选用 E5016(J506) 或 E5015(J507) 焊条。也可选用铬镍奥氏体不锈钢焊条,此时可降低预热温度或不预热。气体保护焊时,对性能要求较高时采用与母材成分相近的焊丝;要求不高时,可采用低碳钢焊丝。

（3）焊接工艺　高碳钢焊接性差,应采取焊前退火、预热,焊后缓冷、高温回火,以及与中碳钢相似的工艺措施。

3.3.3　合金钢的焊接

1. 合金结构钢的焊接

合金结构钢分为机械制造用合金结构钢和低合金结构钢两大类。用于机械制造的合金结构钢(包括调质钢、渗碳钢等),一般都采用轧制或锻制的毛坯,用于焊接结构较少。如需焊接,因其焊接性与中碳钢相似,所以保证焊接质量的工艺措施与中碳钢基本相同。

低合金结构钢是在焊接结构中最常用的钢种,它价格较低,综合力学性能良好,具有优良的焊接性。但随着强度级别的提高,钢中合金元素含量增加,使焊接性下降。如 Q295、Q345 焊接性良好,焊接时一般不需预热,仅在低温下焊接,在对大刚度、大厚度结构焊接时才进行预热。高强度级别的钢,如 Q420、Q460 等焊接性较差,易产生焊接缺陷,如粗晶区脆化、热裂纹等。在焊接这类钢时必须进行焊前预热,采用低氢型焊条,必要时进行焊后热处理或消氢处理。

2. 珠光体耐热钢的焊接

高温下具有足够强度和抗氧化性能的钢称为耐热钢。珠光体耐热钢是以铬、钼为主要合金元素的低合金钢,由于它的基体组织是珠光体(或珠光体＋铁素体)故称珠光体耐热钢。合金元素铬、钼显著提高了钢淬硬倾向,在焊接热循环决定的条件下,使焊缝及热影响区易产生冷裂纹。此外,合金元素铬、钼、钒等会使工件在焊后热处理中产生再热裂纹,再热裂纹常产生于热影响区的粗晶区域。

珠光体耐热钢的焊接性较差,因此焊接时应采取下列工艺措施。

（1）选用碱性焊条,焊条使用前应清理和烘干。

（2）焊前预热　焊接珠光体耐热钢一般都需要预热,在整个焊接过程中,使工件温度保持在 150～350 ℃范围内。

（3）焊后缓冷　这是焊接珠光体耐热钢必须遵循的原则,即使在炎热的夏季也必须做到这一点。一般焊后立即用石棉布覆盖焊缝及近缝区,以确保焊后缓冷。

（4）焊后热处理　焊后应立即进行热处理,以防止冷裂纹,消除应力和改善组织。对于厚壁容器及管道,焊后常进行高温回火,回火温度为 700～750 ℃。

3. 不锈钢的焊接

不锈钢按其组织形态分为奥氏体不锈钢、马氏体不锈钢和铁素体不锈钢三大类。

（1）奥氏体不锈钢的焊接　以高铬、镍为主要合金元素的奥氏体不锈钢具有优良的焊接性,适合各种弧焊方法进行焊接,不需预热。焊条或焊丝根据与母材等成分的原则进行选择,如果焊接材料选择不当,或者焊接工艺不合理时,会出现焊接接头抗应力腐蚀能力下降和焊缝中出现热裂纹等问题。在工艺方面,应注意焊条(电弧焊时)的烘干,焊接位置尽量采用平焊,如采用立焊、仰焊,则应选用直径较小的焊条。应尽量采用短弧快速焊,弧长一般在 $2 \sim 3$ mm,不允许焊条作横向摆动。必要时,焊后进行固溶处理或消除应力处理。

(2)马氏体不锈钢的焊接　常用马氏体不锈钢均具有淬硬和冷裂倾向。但对于超低碳马氏体不锈钢则无淬硬倾向,且具有较高的塑性。高含铬量(≥17 %)马氏体不锈钢,由于奥氏体相区被缩小,淬硬倾向较小。对于 Cr13 型马氏体不锈钢,随钢中碳质量分数的增加,其焊接性变差。Cr13 型马氏体不锈钢(尤其是碳质量分数偏高时)在焊接时应采取焊前预热、焊后热处理工艺措施,同时合理选择焊接材料,如焊条和焊丝中的硫、磷质量分数应严格限制在 0.015 %之内,硅的质量分数应低于0.3 %,碳的质量分数应低于母材,以降低淬硬倾向,防止冷裂。

(3)铁素体不锈钢的焊接　铁素体不锈钢焊接时不会出现淬硬现象,但过热区中的铁素体晶粒易长大,使接头韧性明显降低,另外焊接接头易产生晶间腐蚀。

防止接头脆化的工艺措施有:

① 选用含少量钛元素的母材,以防止粗晶脆化;

② 提高母材和焊缝金属的纯度,减小 475 ℃脆性,一旦产生 475 ℃脆性,可在 600 ℃以上短时加热,然后空冷;

③ 采用小焊接线能量,缩短在 950 ℃以上高温停留时间,工件避免用冲击整形;

④ 采用不锈钢焊条时,预热温度不超过 150 ℃。

防止晶间腐蚀的工艺措施有:

① 降低母材和焊缝的碳质量分数,可采用超低碳母材和超低碳焊丝;

② 焊后将工件再次加热到 650～850 ℃,并缓慢冷却;

③ 选含强碳化物形成元素的钢,如钛、铌等,可以避免形成富铬碳化物,提高抗晶间腐蚀能力。

④ 在焊接工艺上,采用小焊接线能量、强制冷却、焊后热处理等都可以消除或减小晶间腐蚀倾向。

3.3.4　铸铁的焊接

铸铁由于碳质量分数高,含硫、磷等杂质元素高,基本无塑性(或塑性低),因而决定了其焊接性差。铸铁焊接主要用于铸件的补焊和修复。

1. 补焊特点

(1)焊接接头白口及淬硬组织　焊接时熔池的冷却速度远大于铸件冷却速度,不利于石墨化,因而在熔合区产生白口组织。而在过热区和正火区也因冷速快,奥氏体会转变为马氏体组织。

(2)焊接裂纹　铸铁焊接裂纹主要是冷裂纹,这是由于石墨,尤其是片状石墨的存在,不仅减小焊接接头有效承载面积,而且容易产生应力集中,加上低温时(<400 ℃)铸铁强度低、塑性差,当应力超过铸铁的抗拉强度时,即产生焊接裂纹。

焊条为铸铁时,焊缝对热裂纹不敏感。但如采用低碳钢焊条或镍基铸铁焊条冷焊时,会出现结晶裂纹,即热裂纹。热裂纹产生的主要原因是:母材与焊缝化学成分相差悬殊,熔池存在时间短,其中碳、硫、磷分布不均匀,而这些元素是促进热裂纹产生的主要有害元素。

(3)气孔　铸铁碳质量分数高,焊接时易生成一氧化碳、二氧化碳气体,由于冷速快,熔池中的气体来不及逸出而形成气孔。

2. 补焊方法

根据铸铁的焊接特点,铸铁焊接时一般采用焊条电弧焊和气焊,少数大件也可采用电渣焊。按焊前是否预热分为热焊法和冷焊法。

(1)热焊法　热焊法主要适用于厚度在 10 mm 以上的工件的补焊。焊接时,将工件整体或有缺陷的局部位置预热到 600～700 ℃,然后进行补焊,焊后缓冷,这种工艺方法称为热焊法。热焊时有效减少了焊接接头的温差,而且铸铁在高温时塑性较好,加上焊后缓冷,可以使石墨化过程较充分地进行,有利于消除白口组织及防止马氏体淬硬组织的产生,从而有效地防止焊接裂纹。

热焊法劳动条件较差,生产率低,且成本高。

(2)冷焊法　冷焊法是指不对铸件预热或在低于 400 ℃预热温度下的焊接方法,常用焊条电弧焊进行铸铁的冷焊。冷焊时要解决的问题是如何防止白口组织,一般通过选用合适的焊条和采取合理的焊接工艺来防止白口,一是提高焊缝石墨化能力,即控制焊缝碳质量分数为 4.4 %～5.5 %、硅质量分数为 3.5 %～4.5 %,可以有效防止白口组织;二是提高焊接热输入量,如采用大直径焊条,大电流连续焊工艺等,以减慢焊接冷却速度。冷焊法生产率高,成本低,劳动条件好,对于要求不高的铸件应尽量采用。

冷焊法常用的焊条有钢芯或铸铁芯铸铁焊条,适用于一般非加工面的补焊;镍基铸铁焊条适用于重要铸件的加工面的补焊;铜基铸铁焊条,适用于焊后需要加工的灰铸铁件的补焊。

3.3.5　非铁合金的焊接

1. 铝及铝合金的焊接

工业上用于焊接的铝合金主要是工业纯铝、不能热处理强化的铝合金(如铝镁合金和铝锰合金)及可热处理强化的铝合金(如铝铜镁合金和铝锌镁合金),铸造铝合金有时也可进行焊接。

(1)焊接特点　工业纯铝和不能热处理强化的铝合金具有良好的焊接性。可热处理强化的铝合金和铸造铝合金焊接性较差。

铝及铝合金的焊接特点如下。

① 铝极易氧化生成氧化铝(Al_2O_3)薄膜,厚度为 0.1～0.2 μm,熔点高(约为 2 025 ℃),组织致密。焊接时,它对母材与母材之间、母材与填充金属之间的熔合起阻碍作用,另外由于氧化膜密度大(约为铝的 1.4 倍),不易浮出熔池而形成焊缝夹渣。

② 铝线膨胀系数大(约为钢的 2 倍),焊接时将产生较大的焊接应力,甚至导致热裂纹的产生。

③ 铝热导率大(约为钢的 4 倍),导电性好,电阻焊时比焊接钢需功率更大的电源。

④ 铝熔点低,高温时强度和塑性低,高温液态无显著颜色变化,焊接操作不慎时容易出现烧穿、焊缝反面出现焊瘤等缺陷。

⑤ 铝及铝合金液态可溶解大量氢,而固态时几乎不溶解氢,故在焊缝中易形成气孔。

总体上铝及铝合金的焊接性是比较好的,可以采用各种熔焊、电阻焊和钎焊等方法,对于焊接性较差的能热处理强化铝合金,只要采用合适的工艺措施,也能获得性能良好的焊接接头。

(2)焊接方法　目前焊接铝及铝合金的常用方法有氩弧焊、气焊、电阻焊和钎焊。其中氩弧焊是一种较好的方法,由于氩气的保护作用和氩离子对工件表面氧化膜的阴极破碎作用,焊接质量优良。气焊主要用于薄件及性能要求不高的结构。

2. 铜及其合金的焊接

工业上常用的铜及其合金主要有纯铜、无氧铜、黄铜和青铜等。

(1)焊接特点　铜及铜合金的焊接性较差,主要表现在以下几个方面。

① 铜热导率大(是铁的 7～11 倍),焊接时有大量的热损失,容易产生未熔合和未焊透等缺陷,因此焊接时要采用大功率电源,工件厚度大于 4 mm 时,要采取预热措施。

② 铜膨胀系数大,凝固时产生较大的收缩应力,加上铜导热性强而使热影响区宽,焊接应力大,变形严重,焊接刚度大的结构时还会引起焊接裂纹。

③ 铜在液态下溶解大量的氢,固态时溶解度明显降低(液固转变时最大溶解度之比达 3.7,而铁仅为 1.4),气体来不及逸出,在焊缝中形成气孔。此外,熔池中的 Cu_2O 遇氢后反应生成水汽也易引起气孔。

④ 铜合金中的合金元素(如锌、锡、铅、铝等)易氧化,且大多数沸点低,易蒸发和烧损,使焊缝中夹杂物增多、合金元素减少而影响其强度及耐蚀性。

⑤ 铜及铜合金在熔焊过程中,晶粒易长大,使接头塑性和韧性显著下降。

(2)焊接方法　铜及铜合金常用焊接方法有以下几种。

① 氩弧焊　适用于焊接纯铜、黄铜和青铜,能获得良好的焊接质量。焊接时采用特制的含硅、锰等脱氧元素的焊丝,如 HS221、HS222、HS224 或 QSi3-1 等直接焊接;若用一般的纯铜丝或从工件上剪下来的条料作焊丝,则必须使用焊剂来溶解氧化铜和氧化亚铜,以保证焊接质量。

② 气焊　适用于焊接黄铜,焊接纯铜和青铜时焊接性较差。由于气焊温度较低,锌的蒸发较少,焊接时采用轻微的氧化焰和含硅焊丝(如 HS221、HS222 等),配合焊剂(如硼砂 20 ％ ＋硼酸 80 ％、硼酸甲酯 75 ％ ＋甲醇 25 ％),可使熔池表面形成一层致密的氧化硅薄膜,保护效果好,焊接质量高。

③ 钎焊　纯铜及除铝青铜外的铜合金都较容易钎焊,常用铜基、银基和锡基钎料。

3.3.6　异种金属的焊接

常见的异种金属焊接接头有:钢-钢、钢-铸铁、钢-非铁合金,以及非铁合金间(如铝-铜、钛-铝、钛-铜等)焊接接头。

1. 两种不同钢的焊接

当钢的强度级别相近,例如低合金钢之间的焊接,焊接时难度不大。对于低碳钢或低合金钢与其他钢种的焊接,因其焊接性有一定差异,一般要求焊接接头强度不低于被焊钢材强度较低者,焊接工艺以焊接性较差的钢种制订。

2. 钢与铸铁的焊接

钢与铸铁的焊接时，由于铸铁在冷却结晶过程中，对冷却速度的敏感性很强，而且具有强度低、塑性差的特点，因而焊接性很差。主要问题如下。

（1）出现白口组织　采用低碳钢填充材料焊接钢和铸铁，由于铸铁的融入，熔池中具有较高的碳质量分数，将形成铸铁组织。在高温电弧作用下熔池中促进石墨化元素（硅、铝、钛等）严重烧蚀，加上大的冷却速度，使液态金属中碳的石墨化难以进行，出现白口组织。

防止出现白口组织的措施：一是选择合适的焊接方法，如采用气焊时，由于加热和冷却速度都比较缓慢，减少碳和硅等促进石墨化元素的烧损，可防止白口组织的产生，选用 CO_2 焊进行多层焊时，前层对后层起预热作用，能避免焊缝产生白口组织；二是选用塑性好、抗裂性好的填充金属，如镍基合金、高钒合金等，可使焊缝中的铸铁成分减少。

（2）产生焊接裂纹　焊接裂纹是由于填充材料、母材金属的收缩量和焊接变形等方面的影响造成的。

当采用铸铁焊条时，焊条和母材金属强度低、塑性差，当焊缝存在脆硬组织时，很容易产生裂纹；采用钢焊条时，由于钢中的碳和硅比铸铁中的少，靠近铸铁母材金属侧半熔化区的碳和硅向焊缝中扩散，使该区域促进石墨化元素减少，从而形成白口组织。

焊接钢和铸铁时，靠近钢母材金属一侧，钢的收缩率比铸铁要大 2.17 %，使焊接应力加剧，易产生裂纹；用钢焊条焊接时，第一层焊缝的 $w_c > 0.7$ %，靠近铸铁母材金属一侧的白口区较宽，其收缩率为 2.3 %，比相邻的奥氏体收缩率 0.9 %～1.3 % 大得多，使两个区产生很大的切应力，极易产生裂纹。

防止焊接裂纹的措施：焊前预热；采用小电流、短弧、窄焊缝，提高焊接速度；焊后缓冷；选用低硫、磷含量填充金属或含硅、锰、铁、稀土金属的填充材料进行脱硫等。

3. 钢与铝的焊接

钢与铝熔焊困难，压焊较易。

铝能和钢中的铁、锰、铬、镍等元素形成有限固溶体，也能形成各种金属间化合物，还能与钢中的碳形成化合物，这些化合物对接头性能有不利影响。

铝和钢在物理性能上差异大，给焊接造成如下困难：

①两者熔点相差 800～1 000 ℃，很难同时达到熔化状态；

②热导率相差 2～3 倍，同一热源难以加热均匀；

③线膨胀系数相差 1.4～2 倍，在接触界面两侧产生热应力，无法通过热处理消除；

④铝及铝合金表面受热迅速生成氧化膜，给金属熔合造成困难。

其焊接工艺要点如下。

（1）熔焊时宜采用钨极氩弧焊　焊前在钢表面镀上一层与铝相匹配的第三种金属作为中间层。低碳钢或低合金钢中间层多为锌、银等，奥氏体不锈钢最好渗铝。对焊时，宜开 K 形坡口，坡口开在钢板一侧，用交流电源。若在钢的坡口表面先镀一层铜或银，然后再镀锌，效果更好。

（2）压焊是钢和铝焊接时较适宜的方法，尤其是冷压焊、超声波焊和扩散焊等，一般焊接界面都不形成金属间化合物。

冷压焊前表面必须清洁，焊接时接头处有足够塑性变形量，铝及铝合金的最小变形量在60 % 以上。对于塑性差别很大的异种金属冷压对接，为了增加接头的连接面积，常把较硬的工件加工成尖楔形，焊接时把它压入较软的工件中去。

4. 钢与铜的焊接

钢与铜焊接性较好,因为铜与铁不能形成脆性化合物,相互间有一定的溶解度,液态时晶格类型相同,晶格常数相近。但两者熔点、热导率、线膨胀系数等物理性能差别较大,且铜在高温时极易氧化和吸收气体,给焊接带来不利因素。主要表现在:

① 铜一侧熔合区易产生气孔,母材晶粒粗大;

② 铜一侧存在低熔点共晶体及有较大热应力,易产生焊接裂纹;

③ 钢一侧熔合区常发生液态铜向钢晶粒之间渗透,导致形成热裂纹,特别是含锡的青铜渗透较为严重。

焊接工艺要点如下。

(1) 焊条电弧焊时,当板厚大于 3 mm 时需开坡口,坡口形状与焊接钢时基本相同,X 形坡口一般不留钝边,以保证焊透。选用低氢型药皮和铜焊条。

(2) 板厚大于 3 mm 时就可以采用埋弧焊,当板厚大于 10 mm 时,需开 V 形坡口。焊接时选用纯铜焊丝,用铝丝作填充以脱氧,并能阻止液态铜向钢一侧渗透,焊剂可采用 HJ431。

(3) 氩弧焊主要适用于薄件焊接,也常用在纯铜-钢的管与管、板与板、管与板之间的焊接,焊前必须对铜进行酸洗,除去钢表面的油污。低碳钢与纯铜焊接时,可选用 HS202 焊丝作为填充金属;不锈钢与纯铜焊接时,可用 B30 白铜丝或 QAl9-2 铝青铜焊丝。用直流正接法,电弧偏向铜一侧。

5. 铝与铜的焊接

铝与铜可以用熔焊、压焊和钎焊,其中以压焊应用最多。

熔焊的主要困难是两者熔点差别较大,焊时很难同时熔化。高温下铝强烈氧化。铜和铝固态下有限固溶,并能形成多种金属间化合物,如 $AlCu_2$、$AlCu_3$、$AlCu$、Al_2Cu 等。铝铜合金中铜的质量分数在 13 % 以下时,综合性能最好。因此熔焊时应设法控制焊缝金属中铜的质量分数不超过这个范围,或者采用铝基合金。

铝和铜均为塑性很好的金属,因此很适宜用压焊焊接,尤其是冷压焊、摩擦焊和扩散焊等。铝与铜焊接工艺要点如下。

(1) 熔焊以氩弧焊为主,焊时电弧中心要偏向铜一侧,偏移量相当于厚度的二分之一,以达到两侧同时熔化。可采用纯铝或铝硅合金作填充焊丝。焊缝金属中加入合金元素可改善接头质量:加入锌、镁能限制铜向铝中渗透;加入钙、镁能使表面活化,易于填满树枝状结晶的间隙;加入硅、锌能减少金属间化合物。加入方法为在焊前涂到铜的待焊表面上。

(2) 进行摩擦焊前需对工件退火,锉平结合表面,并尽快焊接,以免表面被玷污或重新生成氧化膜。闪光对焊时宜采用大电流(比焊钢时大 1 倍)、高送料速度(比焊钢时高 4 倍)、高压快速(100～300 mm/s)顶锻和极短的通电顶锻时间(0.02～0.04 s),以保证形成的金属间化合物能随液态金属一起挤出接头之外,保证接触面处产生较大的塑性变形。

3.4　焊接结构工艺设计

合理、正确的焊接结构设计是保证良好的焊接质量和结构使用安全的重要前提。对焊接结构设计的总体要求是结构的整体或各个部分在其使用过程中不发生失效,其中包括弹性变形、塑性变形失效及断裂等,并达到所要求的使用性能。

3.4.1　焊接结构工艺设计的内容与步骤

设计焊接结构时,既要考虑结构的强度、工作条件和使用性能的要求,还要考虑焊接工艺过程的特点,以便在工艺上采取必要的措施。焊接结构设计的步骤与内容如下。

1. 分析工作条件,提出性能要求

焊接结构的工作条件包括:所受载荷的大小、载荷类型、载荷分布、工作温度、使用环境等。应根据具体焊接结构在使用过程中的工作条件,对其提出性能要求,如强度、刚度、塑性、冲击韧度等力学性能及耐蚀性要求等。

2. 进行分析对比,优化设计方案

根据焊接结构的性能要求,提出若干种整体结构设计方案,进行分析对比,确定最优方案。设计时应熟悉有关产品结构的国家技术标准与规程,合理选择结构形式和所用材料,确定接头形式和焊接方法。设计中还应考虑制造单位的质量管理水平、产品检验技术等有关问题,以便设计出制造方便、质量优良、成本低廉的焊接结构。

3. 根据设计方案,分步进行设计

焊接结构设计的主要内容和步骤如下。

(1) 选择焊接结构的材料。

(2) 确定焊接方法和焊接材料。

(3) 确定焊接接头形式与坡口形状。

(4) 合理布置焊缝。

(5) 制订简明的焊接工艺。

3.4.2　焊接结构材料的选择

正确选择结构材料是保证焊接结构的使用性能和工艺性能的前提。选材时应考虑以下问题。

(1) 在满足使用性能要求前提下,尽量选用焊接性好的材料,尽可能避免选用异种材料或不同成分的材料。

如前所述,钢中碳和合金元素的含量,尤其是碳质量分数的高低是钢焊接性好坏的决定因素,因此在设计焊接结构时应优先选择碳当量低的钢。由于结构对强度和硬度要求较高,必须采用较高的碳或合金元素含量时,应在设计和工艺中采取必要的措施,以保证焊接质量。

(2) 选择结构材料应考虑材料的冶金质量　材料的冶金质量包括冶炼时脱氧程度,杂质的数量、大小和分布状况等。镇静钢脱氧完全、组织致密,是重要结构的首选钢材。沸腾钢碳质量分数高,冲击韧度较低,性能不均匀,焊接时易产生裂纹,只能用于一般焊接结构。

(3) 优先选用型材　如角钢、槽钢、工字钢等,以减少焊缝数量,增加结构强度和刚度。

(4) 异种金属焊接结构的选材　异种金属焊接时,无论从焊接原理还是操作技术上都比同种金属焊接复杂得多,一般来说,两种金属化学成分和物理性能相近时,焊接性较好,反之焊接性较差。因此选材时应尽可能选成分和性能相近的材料,但异种材料焊接往往因性能要求不同而选用将两种材料拼焊在一起的复合结构,在这种情况下,必须选择成分或性能差别较大的两种材料,只能通过采取合理的焊接结构设计和焊接工艺来保证焊接质量,如焊前预热、焊后热处理、合理选择焊接材料和焊接方法等。

3.4.3　焊接方法的选择

焊接方法的选择首先应能满足焊接技术要求与质量要求，在此前提下，尽可能选用经济效益好，劳动强度低的焊接方法。若生产批量大，还应考虑提高生产率和降低成本。表 3-10 给出了不同金属材料适用的焊接方法，材料相同但厚度不同时，焊接方法也会有所区别。

表 3-10　不同金属材料所适用的焊接方法

材料	厚度/mm	焊条电弧焊	埋弧焊	喷射过渡	潜弧	脉冲喷射	短路过渡	管状焊丝气体保护焊	钨极气体保护焊	等离子弧焊	电渣焊	电阻焊	闪光焊	激光焊	摩擦焊	电子束焊	火焰钎焊	电阻加热钎焊	软钎焊
碳钢	≤3	○	○	—	—	○	○	—	○	—	—	○	○	○	—	○	○	○	○
	3～6	○	○	○	○	○	○	○	○	—	—	○	○	○	○	○	○	○	○
	6～19	○	○	○	○	○	—	○	○	—	—	○	○	○	○	○	—	○	○
	≥19	○	○	○	○	○	—	○	○	○	—	○	○	○	○	—	—	—	○
低合金钢	≤3	○	○	—	—	○	○	○	○	—	—	○	○	○	—	○	○	○	○
	3～6	○	○	○	○	○	○	○	○	—	—	○	○	○	○	○	—	○	○
	6～19	○	○	○	○	○	—	○	○	—	—	○	○	○	○	○	—	○	○
	≥19	○	○	○	○	○	—	○	○	○	○	○	○	○	○	—	—	—	○
不锈钢	≤3	○	○	—	—	○	○	—	○	○	—	○	○	○	—	○	○	○	○
	3～6	○	○	○	○	○	○	—	○	○	—	○	○	○	○	○	—	○	○
	6～19	○	○	○	○	○	—	○	○	○	—	○	○	○	○	○	—	○	○
	≥19	○	○	○	○	○	—	○	○	○	○	○	○	○	○	—	—	—	—
铸铁	3～6	○	—	—	—	—	—	—	○	—	—	—	—	—	—	—	○	—	○
	6～19	○	—	○	○	○	—	○	○	—	—	—	—	—	—	—	—	—	○
	≥19	○	—	○	○	○	—	○	○	—	—	—	—	—	—	—	—	—	○
铝及铝合金	≤3	—	—	○	○	○	○	—	○	○	—	○	○	○	—	○	○	○	○
	3～6	—	—	○	○	○	○	—	○	○	—	○	○	○	○	○	—	—	○
	6～19	—	—	○	○	○	—	—	○	○	—	—	○	○	○	○	—	—	—
	≥19	—	—	○	○	○	—	—	○	○	○	—	○	○	○	○	—	—	—
铜及铜合金	≤3	—	—	○	○	○	○	—	○	○	—	○	○	—	—	○	○	○	○
	3～6	—	—	○	○	○	○	—	○	○	—	—	○	—	—	○	—	—	○
	6～19	—	—	○	○	○	—	—	○	○	—	—	○	—	—	○	—	—	○
	≥19	—	—	○	○	○	—	—	○	○	○	—	○	—	—	○	—	—	○

续表

| 材料 | 厚度/mm | 焊条电弧焊 | 埋弧焊 | 熔化极气体保护焊 | | | | 管状焊丝气体保护焊 | 钨极气体保护焊 | 等离子弧焊 | 电渣焊 | 电阻焊 | 闪光焊 | 激光焊 | 摩擦焊 | 电子束焊 | 硬钎焊 | | 软钎焊 |
				喷射过渡	潜弧	脉冲喷射	短路过渡										火焰钎焊	电阻加热钎焊	
钛及钛合金	≤3	—	—	—	—	○	—	—	○	○	—	○	○	○	—	○	—	—	—
	3～6	—	—	○	—	○	—	—	○	○	—	○	○	○	—	○	—	—	—
	6～19	—	—	—	—	—	—	—	○	○	—	—	○	○	—	○	—	—	—
	≥19	—	—	—	—	—	—	—	○	○	—	—	—	—	—	○	—	—	—
镁及镁合金	≤3	—	—	—	—	○	—	—	○	○	—	○	—	○	—	○	—	—	—
	3～6	—	—	○	—	—	—	—	○	○	—	—	—	—	—	○	—	—	—
	6～19	—	—	—	—	—	—	—	○	○	—	—	—	—	—	○	—	—	—
	≥19	—	—	—	—	—	—	—	○	—	—	—	—	—	—	○	—	—	—
难熔金属	≤3	—	—	—	—	○	—	—	○	○	—	○	○	—	—	○	—	—	—
	3～6	—	—	—	—	—	—	—	○	○	—	—	—	—	—	○	—	—	—
	6～19	—	—	—	—	—	—	—	○	—	—	—	—	—	—	○	—	—	—

注：○—被推荐的焊接方法。

　　不同焊接方法对接头类型和焊接位置的适应能力是不同的，表 3-11 所示为常用焊接方法所适用的接头形式和焊接位置。

　　同一工件有时可选用多种焊接方法，均能满足使用要求，但不同方法的焊接质量，特别是焊缝的外观质量仍有较大差别。产品质量要求高时，可选用氩弧焊、电子束焊、激光焊等，质量要求低时，可选用焊条电弧焊、CO_2 焊和气焊等。

表 3-11　常用焊接方法所适用的接头形式、焊接位置及成本

| 适用条件 | | 焊条电弧焊 | 埋弧焊 | 电渣焊 | 熔化极气体保护焊 | | | | 氩弧焊 | 等离子焊 | 气电立焊 | 电阻点焊 | 缝焊 | 闪光对焊 | 气焊 | 扩散焊 | 摩擦焊 | 电子束焊 | 激光焊 | 钎焊 |
					喷射过渡	潜弧	脉冲喷射	短路过渡												
碳钢	对接	A	A	A	A	A	A	A	A	A	C	C	A	A	A	A	A	A	A	A
	搭接	A	A	B	A	A	A	A	A	C	A	A	C	A	A	C	B	A	A	A
	角接	A	A	B	A	A	A	A	A	B	C	C	C	C	A	A	C	A	A	C
焊接位置	平焊	A	A	C	A	A	A	A	A	A	—	—	—	—	A	—	—	A	A	—
	立焊	A	C	C	B	C	A	A	A	A	A	—	—	—	A	—	—	C	A	—
	仰焊	A	C	C	C	C	A	A	A	A	—	—	—	—	A	—	—	C	A	—
	全位置	A	C	C	C	C	A	A	A	A	—	—	—	—	A	—	—	C	A	—
设备成本		低	中	高	中	中	中	中	低	高	高	高	高	低	高	高	高	高	高	低
焊接成本		低	低	低	中	低	中	低	中	中	低	中	中	中	高	低	高	中	中	中

注：A—好；B—可用；C——般不用。

3.4.4　焊接接头设计

1. 接头设计原则

焊接接头是构成焊接结构的关键部分,其性能好坏直接影响到整个焊接结构的质量,所以选择合理的接头形式十分重要。焊接接头的设计包括接头形式和坡口形状的设计、焊缝的合理布置。在保证焊接质量的前提下,接头设计应遵循以下原则:

(1) 接头形式应尽量简单,焊缝填充金属要尽可能少;

(2) 接头不应设在最大应力可能作用的截面上;

(3) 合理选择和设计接头的坡口形状和尺寸,如坡口角度、钝边高度、根部间隙等,使之有利于坡口的加工和焊透;

(4) 按等强度要求,焊接接头的强度应不低于母材抗拉强度的下限值;

(5) 焊缝要避免密集和交叉布置,以减少过热、应力集中、变形和其他缺陷;

(6) 焊缝外形应连续、圆滑,以减少应力集中;

(7) 接头设计应便于制造和检验。

2. 焊接接头及坡口形式设计

(1) 焊接接头形式　焊接接头的基本形式有对接接头、T形接头(或十字接头)、角接接头和搭接接头四种(见图3-25)。

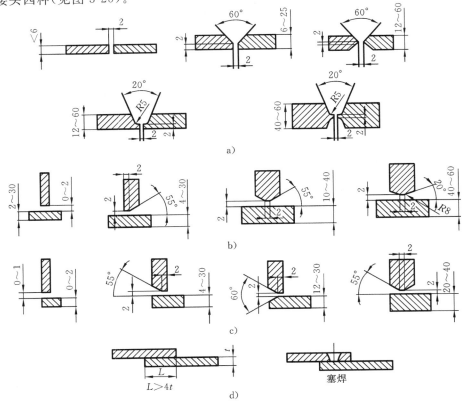

图 3-25　焊接接头形式

a) 对接接头　b) T形接头　c) 角接接头　d) 搭接接头

对接接头是最常用的接头形式,用于连接在同一平面的金属板。其传力效率最高,应力集中较低,并易保证焊透和排除工艺缺陷,具有较好的综合性能,是重要零件和结构的首选接头。其缺点是焊前准备工作量大,组装费时,而且焊接变形较大。

T形接头(或十字接头)是将相互垂直的工件用(角)焊缝连接起来的接头。这种接头种类较多,能承受各种方向的外力和力矩。这类接头应避免采用单面角焊缝,因为接头根部有较深的缺口,其承载能力低。

角接接头多用于箱形结构,如仅在外角单面焊时承载能力差,采用双面焊缝从内部加强的角接接头,承载能力较大。

搭接接头是用焊缝将两个工件相互重叠连接而成的接头,这类接头材料消耗大,而且由于两工件不在同一平面,受力时将产生附加力矩。但因焊前准备和装配工作比较简单,其横向收缩量也比较小,因此在焊接结构中仍然得到广泛应用。

(2) 坡口的形状和选择原则 对接接头、T形接头和角接接头中为了保证焊透,常在焊前在待焊工件边缘加工出各种形状的坡口,表 3-12 列出了常用坡口的类型。

表 3-12　常用坡口的类型

坡口名称	I 形坡口	V 形坡口	Y 形坡口	双 Y 形坡口	单边 Y 形坡口	双单边 V 形坡口
图　形						
符　号	‖	V	Y	X	⊬	K

坡口名称	卷边	U 形坡口	U 形坡口带钝边	双 U 形坡口带钝边	J 形坡口带钝边	双 J 形坡口带钝边
图　形						
符　号	⋏	∪	Y	X	⊬	K

如何设计和选择这些坡口,主要取决于被焊工件的厚度、焊接方法、焊接位置和焊接工艺。坡口一般选择原则如下。

① 填充材料最少　如同样厚度平板对接,双面 V 形坡口比单面 V 形坡口省约一半的填充金属材料。

② 具有好的可达性　如对于有些结构不便或不能两面施焊时,宜选择 V 形或 U 形坡口。

③ 容易加工且费用低　V 形坡口和双 V 形坡口可以用气割方法加工,而 U 形坡口一般要机加工,成本较高。

④ 有利于控制焊接变形　双面对称坡口角变形小,而单面 V 形坡口角变形比单面 U 形坡口角变形大。

3. 焊缝的合理布置

焊接结构中的焊缝布置对保证焊接质量、提高生产率影响很大。合理布置焊缝,可以有效地防止和减少焊接应力与变形,并能提高结构的强度。布置焊缝时应注意以下问题。

（1）焊缝位置应考虑焊接操作方便　焊缝要便于焊接，并能确保质量。尽量设置平焊缝，避免仰焊缝，减少立焊缝。焊缝位置应有足够的操作空间，焊接时尽量少翻转，以提高生产率。图 3-26 所示为几种典型的焊缝布置方法。

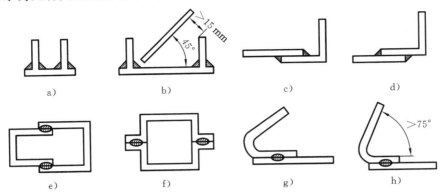

图 3-26　焊缝的布置方法

a) 不合理　b) 合理　c) 不合理　d) 合理　e) 不合理　f) 合理　g) 不合理　h) 合理

（2）避免焊缝过分密集或交叉　焊缝过于集中或重叠交叉，会使焊接热影响区的金属组织严重过热，力学性能下降。两条平行焊缝之间，一般要求相距 100 mm 以上。转角处应平缓过渡，如图 3-27 所示。

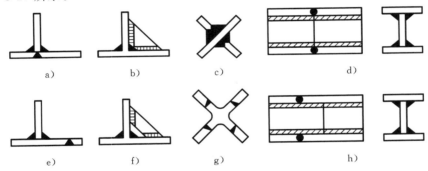

图 3-27　焊缝避免过于密集和交叉

a) 不合理　b) 不合理　c) 不合理　d) 不合理　e) 合理　f) 合理　g) 合理　h) 合理

（3）焊缝布置尽可能对称　如果焊缝布置不对称，焊接收缩时，会造成较大的弯曲变形；而焊缝对称布置，焊接变形将是最小的，如图 3-28 所示。

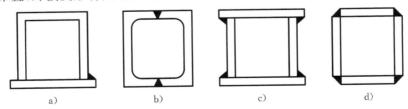

图 3-28　焊缝尽量对称布置

a) 不合理　b) 合理　c) 合理　d) 合理

（4）焊缝应尽可能避开最大应力和应力集中的位置　对于受力较大的结构，在最大应力和应力集中的位置不应该设置焊缝，如图 3-29 所示。例如焊接大跨度的钢梁，如果原材料长度不够,则宁可增加一条焊缝,以便使焊缝避开最大应力的地方。压力容器的封头,焊缝不能布置在应力集中的转角位置。

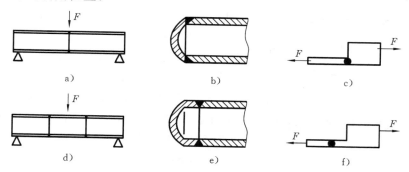

图 3-29　焊缝应避开最大应力和应力集中的位置

a) 不合理　b) 不合理　c) 不合理　d) 合理　e) 合理　f) 合理

（5）焊缝应远离机械加工表面或已加工表面　焊接结构整体有较高精度要求时,如某些机床结构,应在全部焊成之后进行消除应力退火,最后进行机械加工,以免受焊接变形的影响。有些结构上只是某些零件需要机械加工,如管配件、传动支架等,一般需先加工再焊接,则焊缝应离已加工的表面尽可能远一点。

在表面粗糙度要求较小的加工表面上,不要设置焊缝,因焊缝中可能存在某些缺陷,且焊缝的组织与母材有明显的差别,加工后达不到表面粗糙度的要求,如图 3-30 所示。

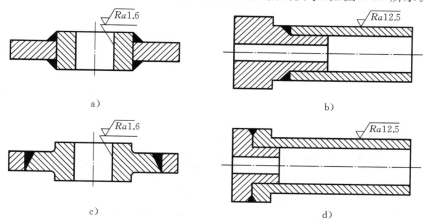

图 3-30　焊缝远离机械加工表面

a) 不合理　b) 不合理　c) 合理　d) 合理

另外,对于不同厚度工件焊接时,接头处应平滑过渡,这样容易获得优质的接头性能。

3.4.5　典型焊接结构工艺设计举例

结构名称:圆筒形压力容器(见图 3-31)。

材料:16MnR。

板厚:筒体 12 mm;封头 14 mm;人孔圈 20 mm;管接头 7 mm。

生产批量:小批。

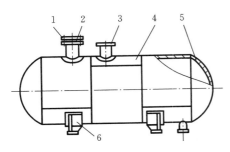

图 3-31　圆筒形压力容器焊接结构
1—人孔盖　2—人孔　3—接管
4—筒体　5—封头　6—支座

1. 工作条件和性能要求

圆筒形压力容器是工业生产中最常用的焊接结构形式之一,它由筒体、封头及附件(如人孔圈、接管等)等主要部件组成。压力容器工作时内部承受很高的压力,并且往往还盛有有毒的介质,所以比一般的金属结构具有更高的性能要求。

压力容器的主要性能要求是足够的强度和刚度、一定的耐久性(一般压力容器使用年限为 10 年,高压容器使用年限为 20 年)、可靠的密封性。

2. 材料

压力容器一般可用低碳钢、普通低合金高强度钢、奥氏体不锈钢、铝及铝合金等材料制造。对材料的要求如下。

(1) 材料的使用温度　由于不同压力容器工作温度相差很大,应根据不同工作温度选择材料。

(2) 材料的冲击韧度　为防止压力容器产生脆性断裂,对材料的缺口冲击韧度有一定要求。由于 V 形夏氏试样更能准确地反映材料缺口韧度,所以对低温容器(工作温度≤−20 ℃)用钢,一律以夏氏冲击韧度为材料验收标准。

(3) 材料的碳质量分数　为保证焊接质量,容器材料应有良好的焊接性,所以规定碳的质量分数不得超过 0.24 %。

本例容器选用 16MnR 材料。

3. 工艺流程

圆筒形压力容器制造工艺流程如图 3-32 所示。

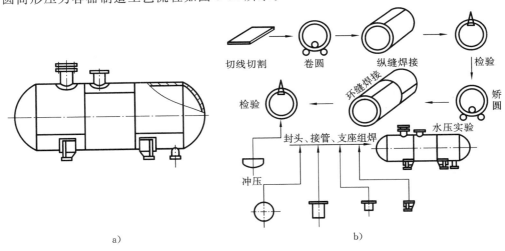

a)

b)

图 3-32　圆筒形压力容器制造工艺流程
a) 结构图　b) 工艺流程图

(1) 封头的制造　封头是容器的端盖,根据形状不同,可分为球形封头、椭圆形封头、碟形封头、锥形封头和平板封头等。它一般由容器制造厂或封头专业加工厂制造。封头可直接用整板冲压成形,也可以拼焊后冲压成形。

(2) 筒体节制造　当筒体直径在 800 mm 以下时,可以用单张钢板卷制而成,这时筒体节上只有一条纵向焊缝;当筒体直径为 800～1 600 mm 时,可用两个半圆合成,筒体节上有两条纵焊缝。

（3）容器总装　包括筒节与筒节、筒节与封头,以及接管、法兰、人孔、支座等附件的装配。

（4）容器的焊接　容器环缝可用埋弧焊等方法进行双面焊。其他附件与筒体的焊接一般用焊条电弧焊。

（5）验收　压力容器按照 GB 150.4—2011 标准进行验收。

4. 焊接工艺

根据各焊缝的不同情况,选用不同的焊接方法、焊接材料、焊接工艺和接头形式（见表3-13）。

表 3-13　圆筒形压力容器焊接工艺

序号	焊缝名称	焊接方法与焊接工艺	焊接材料
1	筒体节纵缝	因容器质量要求较高,又是小批量生产,采用埋弧焊双面焊,先内后外,不开坡口;材料为 16MnR,应在室内焊接	焊丝:H08MnA 焊剂:SJ101
2	筒体节环缝	采用埋弧焊双面焊,不开坡口;焊接最后一道环缝时,采用焊条电弧焊在内部封底,再用埋弧焊焊接外环缝	焊丝:H08MnA 焊剂:SJ101
3	管接头焊缝	管壁厚 7 mm,焊条电弧焊双面焊接,装配后角焊,不开坡口	焊条:J507
4	人孔纵缝	板厚 20 mm,焊缝短,采用焊条电弧焊,立焊位置,V 形坡口	焊条:J507
5	人孔圈环缝	板厚 20 mm,焊条电弧焊双面焊接,单面坡口	焊条:J507

3.5　工业机器人与焊接机器人简介

3.5.1　工业机器人简介

国际标准化组织(ISO)将工业机器人定义为"一种自动的、位置可控的、具有编程能力的多功能机械手,这种机械手具有几个轴,能够借助于可编程序操作来处理各种材料、零件、工具和专用装置,以执行各种任务"。广义地说,工业机器人是一种在计算机控制下的可编程的自动机器,它具有以下四个基本特征。

（1）具有特定的机械机构,其动作具有类似于人或其他生物的某些器官的功能;

（2）具有通用性,可从事多种工作,可灵活改变动作程序;

（3）具有不同程度的智能,如记忆、感知、推理、决策、学习等;

（4）具有独立性,完整的机器人系统在工作中可以不依赖于人的干预。

1. 工业机器人的结构形式

机器人本体,也称为操作机,其结构通常由一系列相互铰接或相对滑动的构件所组成。它通常有几个自由度,用以抓取或移动物体（工具或工件）。

如图 3-33 所示,机器人本体的结构形式主要有串联杆件型和并联杆件型两大类。

工业机器人多为串联杆件型,其结构形式又可分为直角坐标型、圆柱坐标型、极（球）坐标型和关节型。

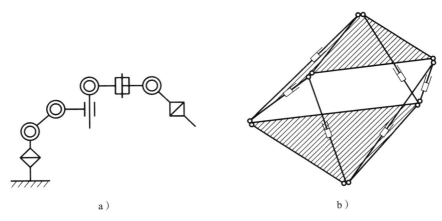

图 3-33　机器人本体的结构形式

a) 串联杆件型　b) 并联杆件型

（1）直角坐标型　如图 3-34a 所示,此类机器人的结构和控制方案与机床类似,其到达空间位置的三个方向的运动由直线构成,运动方向相互垂直,末端操作由附加的旋转机构实现。这种机器人的优点是运动学模型简单,各轴线位移分辨率在操作范围内任一点上均为恒定的,控制精度容易提高;缺点是机构庞大,工作空间小,操作灵活性差。简易或专用的工业机器人常采用这种形式。

（2）圆柱坐标型　如图 3-34b 所示,这种机器人在基座水平转台上装有立柱,水平臂可沿立柱做上下运动,并可在水平方向伸缩。其优点是末端执行器可获得较高的速度;缺点是末端执行器外伸离立柱轴心越远,线位移分辨精度越低。

（3）极坐标型　如图 3-34c 所示,这种机器人的操作机手臂不仅可绕垂直轴旋转,还可绕水平轴做俯仰运动,且能沿手臂轴做伸缩运动。与其他类型机器人的结构相比,这类机器人的结构灵活,伸缩关节的线位移恒定,但其转动关节在末端执行器上的线位移分辨率是一个变量,控制系统复杂。

（4）关节型　如图 3-34d 所示,该类机器人的外形结构和动作与人的手臂类似,属于串联关节系统,通过每个关节的旋转运动,最后综合形成机器人末端的运动及位姿。它的优点是结构紧凑、灵活、占用空间小,缺点是运动学模型复杂、高精度控制难度大。目前工业机器人大多采用关节型结构,其原因在于关节型机器人在相同的几何参数和运动参数条件下具有较大的工作空间,手臂的灵活性最大,可使末端执行器的空间位置和姿态调至任意状态,以满足实际作业需要。为此,后续内容将围绕关节型工业机器人介绍。

2. 工业机器人的发展

从机器人诞生到 20 世纪 80 年代初,机器人技术经历了一个长期缓慢的发展过程。到了20 世纪 90 年代,随着计算机技术、微电子技术及网络技术等的快速发展,机器人技术也得到了飞速发展。工业机器人的制造水平、控制速度和控制精度、可靠性等不断提高,而机器人的制造成本和价格在不断下降。从功能完善程度上看,工业机器人的发展经历了三个阶段,形成了通常所说的三代机器人。

（1）第一代——示教再现型机器人(teaching and playback robot)。这类机器人在实现动作之前,必须由人工示教运动轨迹,然后将轨迹程序存储在记忆装置中。当机器人工作时,需要从记忆介质中读取程序,按照预先示教好的轨迹与参数机械地重复动作。这类机器人不具

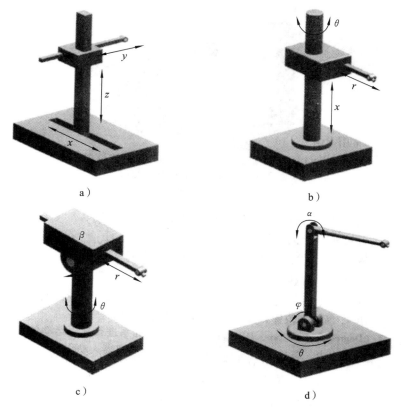

图 3-34　工业机器人本体的结构形式 (串联杆件型)
a) 直角坐标型　b) 圆柱坐标型　c) 极坐标型　d) 关节型

有外界信息的反馈能力,很难适应环境的变化。目前国际上商品化、实用化的工业机器人基本上都属于这种类型。

(2) 第二代——感知型机器人(robot with sensors)。这类机器人配备有相应的感觉传感器(如视觉、触觉、力觉传感器等),对外界环境有一定感知能力,能获取作业环境、作业对象等简单的信息,并由机器人体内的计算机进行分析、处理,控制机器人的动作。机器人工作时可根据感觉器官(传感器)获得的信息灵活调整自己的工作状态,保证在适应环境的情况下完成工作。虽然第二代工业机器人具有一些初级的智能,但还是需要技术人员的协调工作。这类工业机器人目前已得到了少数的应用。

(3) 第三代——智能机器人(intelligent robot)。这类机器人以感觉为基础,以人工智能为特征,不仅具有比第二代机器人更加完善的环境感知能力,而且还具有逻辑思维、判断和决策能力,可根据作业要求与环境信息自主地规划操作顺序以完成赋予的任务,更接近人的某些智能行为。目前研制的智能机器人大都只具有部分智能,和真正意义上的智能机器人还差得很远,有很多技术问题有待解决,尤其在非结构性环境下机器人的自主作业能力还十分有限,正处于探索阶段。

3. 工业机器人的基本组成

如图 3-35 所示,工业机器人主要由以下几部分组成:操作机、控制器和示教器。

(1) 操作机　操作机是工业机器人的机械主体,是用来完成各种作业的执行机械,主要由

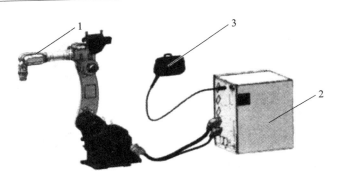

图 3-35　工业机器人的基本组成

1—操作机　2—控制器　3—示教器

驱动装置、传动单元和执行机构组成。驱动装置的受控运动通过传动单元带动执行机构,从而精确地保证末端执行器所要求的位置、姿态和实现其运动。为了适应不同的用途,机器人操作机最后一个轴的机械接口通常是一个连接法兰,可接装不同的机械操作装置,如焊枪、焊钳、喷枪、夹持器等,习惯上称为末端执行器。

(2)控制器　如果说操作机是工业机器人的"肢体",那么控制器则是工业机器人的"大脑"和"心脏",它是决定机器人功能和水平的关键部分,也是机器人系统中更新和发展最快的部分。它通过各种控制电路硬件和软件的结合来操纵机器人,并协调机器人与周边设备的关系,其典型硬件架构如图 3-36 所示。控制器的功能可分为人机界面部分和运动控制部分。相应于人机界面的功能有显示、通信、作业条件等,而相应于运动控制的功能是运动演算、伺服控制、输入输出控制(相当于 PLC 功能)、外部轴控制、传感器控制等。

(3)示教器　示教器是人与机器人的交互接口,可由操作者手持移动,使操作者能够方便地接近工作环境进行示教编程。它的主要工作部分是操作键与显示屏。实际操作时,示教器控制电路的主要功能是对操作键进行扫描并将按键信息送至控制器,同时将控制器产生的各种信息在显示屏上进行显示。因此,示教器实质上是一个专用的智能终端。

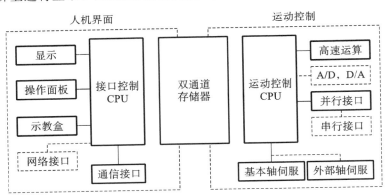

图 3-36　机器人控制器架构

3.5.2　焊接机器人

简单来说,焊接机器人是机器人上安装焊枪或焊钳完成焊接作业的机器人。焊接机器人系统可以简单理解为机器人系统＋焊接系统,而这两个系统不是简单地组合在一起,还需要满足以下要求。

（1）两个系统之间需要能有效通信,使两者能按照焊接时序和运动时序完成焊接作业。

（2）为便于使用,焊接机器人应能灵活、快捷地实现焊接路径的规划和调整。

（3）应能实现焊接工件的快速安装、变位、拆卸等操作,以提高整个焊接过程的效率。

（4）在焊接过程中,焊接热可能会引起不能忽略的焊接变形及焊缝偏差,焊接机器人一般还需配备各种焊接传感器,尤其是焊缝跟踪传感器,以监控焊接过程,保证焊接质量。

（5）应保证焊接过程的可靠性,提供剪丝装置,提高引弧的可靠性;提供清枪装置,去除喷嘴上的焊渣和飞溅金属;提高焊接电源可靠性,保证能连续工作。

（6）焊接机器人系统还可能需要构建离线编程和仿真系统,以提高复杂工件编程的效率,检测焊接轨迹规划的合理性。

（7）为保证安全,焊接机器人系统需构建相关防护装置。

（8）对于 TIG 焊、等离子焊等采用高频高压引弧的焊接方法,机器人系统还需要有抗高压、高频干扰的能力。

1. 焊接机器人系统的组成

典型焊接机器人系统主要由以下几部分组成:机器人操作机（或称本体、机械臂）、机器人固定或移动装置、变位机、控制器、焊接系统、焊接传感器、中央控制计算机、示教器及相应的安全设备等。

1）机器人操作机

机器人操作机是焊接机器人系统的执行机构。它与一般的工业机器人的组成相同,它的任务是精确地保证末端执行器的位姿、速度等运动要求。

执行机构是机器人完成工作任务的机械实体,一般为机械臂＋末端执行器。在焊接操作中,末端执行器为焊枪或焊钳,用于完成焊接作业。

机器人的驱动器可以是电动机（如步进电动机、伺服电动机）、气缸、液压缸和新型驱动器。而传动机构可以是谐波传动、螺旋传动、链传动、带传动、绳传动、齿轮传动及液力传动等。

由于具有六个旋转关节的铰接开链式机器人操作机从运动学上已被证明能以最小的结构尺寸获取最大的运动空间,并且能以较高的位置精度和最优的路径到达指定位置,因此这种类型的机器人操作机在焊接领域得到广泛的运用。

2）机器人固定或移动装置

为更好地利用机器人的工作区间,合理放置机器人是非常有必要的。可以利用底座、导轨、龙门架等方式安装机器人。

底座是一个支架,可把机器人安装在一个合适的高度上,以获得更好的工作范围,合理利用空间,提高工具操作的灵活性。也可以将机器人安装在导轨上（导轨上也可以继续安装底座）,导轨移动时,机器人跟随移动,可进一步扩大机器人的应用范围。还可以将机器人进行壁挂式安装和悬挂式安装,以进一步提高机器人系统的空间利用率。悬挂式安装可以安装在支架或龙门架上。

3）变位机

变位机作为机器人焊接生产线及焊接柔性加工单元的重要组成部分,其作用是将被焊工件旋转（平移）到最佳的焊接位置,如图 3-37 所示。在焊接作业前和焊接过程中,变位机通过夹具来装夹和定位被焊工件,对工件的不同要求决定了变位机的负载能力及其运动方式。

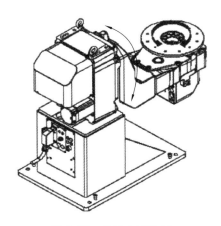

图 3-37 机器人变位机

为使机器人操作机能充分发挥效能,焊接机器人系统通常使用两台变位机。当在其中一台变位机上进行焊接作业时,另一台则完成工件的上装和卸载,从而使整个系统获得最高的费用效能比。

4) 机器人控制器

机器人控制器是整个机器人系统的神经中枢,它由计算机硬件、软件及一些专用电路组成。其软件包括控制器系统软件、机器人专用语言、机器人运动学及动力学软件、机器人控制软件、机器人自诊断及自保护软件等。控制器负责处理焊接机器人工作过程中的全部信息和控制其全部动作。典型焊接机器人控制器系统结构如图 3-38 所示。

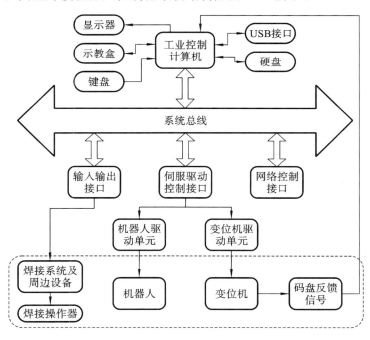

图 3-38 典型焊接机器人控制器系统结构

5) 焊接系统

焊接系统是焊接机器人完成焊接作业的核心装备。其主要由焊钳(点焊机器人)或焊枪

（弧焊机器人）、焊接电源及其控制器、水电气等辅助部分组成。焊接控制器是由微处理器及部分外围接口芯片组成的控制系统，它可以根据预定的焊接监控程序，完成焊接参数输入、焊接程序控制及焊接系统故障自诊断，并实现与本地计算机及示教器的通信联系。用于焊接机器人的焊接电源和送丝机必须由机器人控制器直接控制，或通过 PLC 协调控制，电源在其功率和接通时间上必须与自动过程相匹配。

大多数焊接机器人由通用工业机器人装上某种焊接工具而构成。在实际焊接生产中，焊接机器人可以提供不同的焊枪搭接方案，完成不同的焊接任务。一台机器人甚至可以根据程序要求和任务性质，自动更换机器人手腕上的工具，完成包括焊接在内的抓物、搬运、安装、焊接、卸料等。

为提高工作效率和焊接可靠性，焊接机器人系统一般还会配备焊枪服务中心，由焊枪清理器、剪丝机构和工具中心点（TCP）校正单元组成。

（1）焊枪清理器主要是清除飞溅，由自动机械装置带动顶端的尖头旋转来对焊枪导电嘴进行清理，同时也可对弧焊焊枪喷嘴内部飞溅进行清理；自动喷雾装置对清理完飞溅的枪头部分进行喷雾，防止焊接过程飞溅粘连到导电嘴和喷嘴上。

（2）剪丝机构完成对焊丝的剪切，将焊丝剪至合适的长度，可达到去除焊丝端部小球、保持干伸长稳定和稳定焊接参数的目的。

（3）TCP 校正单元完成对 TCP 的校正，保证焊枪位姿的准确性。

6）焊接传感器

在焊接过程中，尽管机器人操作机、变位机、装卡设备和工具能达到很高的精度，但由于存在被焊工件几何尺寸和位置误差，以及焊接过程热输入引起的工件变形，传感器仍是焊接过程中（尤其是焊接大厚工件时）不可缺少的设备。传感器的任务是实现工件坡口的定位、焊缝跟踪以及焊缝熔透信息的获取。工件坡口的定位主要是采用接触传感器；焊缝跟踪采用的是焊缝跟踪传感器，主要有电弧传感式和激光视觉传感式；焊缝熔透控制目前还处于科研阶段，在实际应用时，可以采用相应传感器对焊接电流、电弧电压进行测量并监控。

7）中央控制计算机

中央控制计算机在工业机器人向系统化和网络化的发展过程中发挥着重要的作用，通过串行接口或其他网络通信接口与机器人控制器相连接。中央控制计算机主要用于在同一层次或不同层次的计算机形成通信网络，同时与传感系统相配合，实现焊接路径和参数的离线编程、焊接专家系统的应用及生产数据的管理。

8）示教器

示教器是与控制系统相连的一种手持式操作装置，可对焊接机器人进行编程或使机器人运动，用于执行与焊接有关的许多任务，如编制、修改、运行焊接机器人程序等。示教器可在恶劣的工业环境下持续运作，目前很多示教器采用触摸屏进行操作，其触摸屏应易于清洁，且防水、防油、防飞溅等。

示教器触摸屏与智能手机屏幕类似，可以显示程序、选择与输入信息。早期的示教器不具备触摸屏功能，采用键盘进行选择或输入。

随着相关技术的进步，出现了无线示教器。机器人控制柜与示教器之间没有电缆连接，采用无线连接技术。示教过程中不再考虑拿着示教器的移动作业路径和电缆走线，可缩短示教作业时间。一台无线示教器可以实现多台机器人示教。

9）安全设备

安全设备是焊接机器人系统安全运行的重要保障,其主要包括驱动系统过热自断电保护、动作超限位自断电保护、超速自断电保护、机器人系统工作空间干涉自断电保护及人工急停断电保护等,它们起到防止机器人伤人或周边设备的作用。在机器人的工作部还装有各类触觉或接近觉传感器,可以使机器人在过分接近工件或发生碰撞时停止工作。此外,机器人系统周围一般安装有围栏,围栏上有安全门或安全光栅等。

2. 点焊机器人

工业机器人中约 50% 是焊接机器人,焊接机器人主要分为点焊机器人和弧焊机器人两大类,如图 3-39 所示。

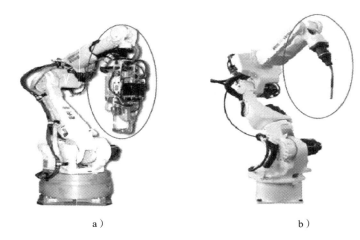

a）　　　　　　　　　　　　　　　　　　b）

图 3-39　焊接机器人

a）点焊机器人　b）弧焊机器人

点焊机器人是用于点焊自动操作的工业机器人,其末端握持的作业工具是焊钳。点焊机器人由机器人本体、计算机控制系统、示教器和点焊焊接系统几部分组成。点焊机器人选用关节型工业机器人的基本设计,一般具有六个自由度:腰转、大臂转、小臂转、腕转、腕摆及腕捻。其驱动方式有液压驱动和电气驱动两种。电气驱动具有保养维修简便、能耗低、速度高、精度高、安全性好等优点,因此应用较为广泛。

点焊机器人按照示教程序规定的动作、顺序和参数进行点焊作业,其过程是完全自动化的,并且具有与外部点焊机器人专用点焊钳设备通信的接口,可以通过这一接口接收上一级主控与管理计算机的控制命令进行工作。对点焊机器人一般有如下要求。

（1）安装面积小,工作空间大;

（2）快速完成小节距的多点定位(例如每 0.3～0.4 s 移动 30～50 mm 节距后定位);

（3）定位精度高(±0.25 mm),以确保焊接质量;

（4）持重大(50～100 kg),以便携带内装变压器的焊钳;

（5）内存容量大,示教简单,节省工时;

（6）点焊速度与生产线速度相匹配,同时安全可靠性好。

点焊机器人的焊钳,包括气动焊钳和电伺服点焊钳。气动焊钳两个电极之间的张开度一般只有两级冲程,而且电极压力一旦调定后是不能随意变化的。电伺服点焊钳的张开和闭合由伺服电动机驱动,码盘反馈,使这种焊钳的张开度可以根据实际需要任意选定并预置,而且电极间的压紧力也可以无级调节。焊钳的一般形式有 C 型和 X 型，如图 3-40 所示。

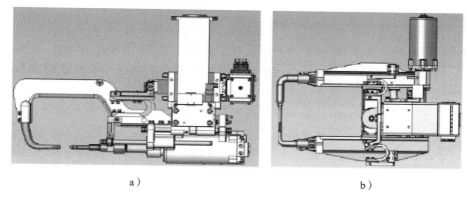

a)　　　　　　　　　　　　　　　　　　b)

图 3-40　点焊机器人焊钳的形式

a) C 型　b) X 型

3. 弧焊机器人

弧焊机器人是用于弧焊自动操作的工业机器人，其末端握持的作业工具是焊枪。弧焊机器人一般由示教器、控制器、机器人本体及自动送丝装置、弧焊电源、焊枪、保护气系统等部分组成，如图 3-41 所示，可以在计算机的控制下实现连续轨迹控制和点位控制。弧焊过程比点焊过程复杂得多，工具中心点(TCP)即焊丝端头的运动轨迹、焊枪姿态、焊接参数都要求精确控制。所以弧焊机器人还必须具备一些符合弧焊要求的功能，如接触寻位、自动寻找焊缝起点位置、电弧跟踪及自动再引弧功能等。

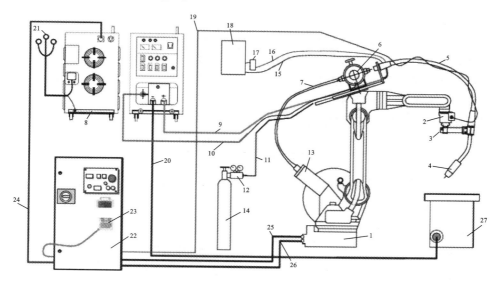

图 3-41　弧焊机器人系统基本配置

1—机器人本体　2—防碰撞传感器　3—焊枪把持器　4—焊枪　5—焊接电缆　6—送丝机构　7—送丝管
8—焊接电源　9—功率电缆(＋)　10—送丝机构控制电缆　11—保护气软管　12—保护气流量调节器　13—送丝盘架
14—保护气瓶　15—冷却水冷水管　16—冷却水回水管　17—水流开关　18—冷却水箱　19—防碰撞传感器电缆
20—功率电缆(－)　21—焊机供电一次电缆　22—机器人控制柜 YASNAC XRC　23—机器人示教盒(PP)
24—焊接指令电缆(I/F)　25—机器人供电电缆　26—机器人控制电缆　27—夹具及工作台

弧焊机器人主要有熔化极气体保护焊和非熔化极气体保护焊两种类型，具有可连续进行焊接作业,保证焊接作业的高生产率、高质量和高稳定性等特点。随着技术的发展,弧焊机器人正向着智能化的方向发展。

弧焊机器人是包括各种电弧焊附属装置在内的柔性焊接系统,而不只是一台以规划的速度和姿态携带焊枪移动的单轴,因此对其性能有着特殊的要求。在弧焊作业中,焊枪应跟踪工件的焊道运动,并不断填充金属形成焊缝。运动过程中速度的稳定性和轨迹精度是两项重要指标。一般情况下,焊接速度取 $5\sim50$ mm/s,轨迹精度为 $\pm(0.2\sim0.5)$mm。由于焊枪的姿态对焊接质量也有一定影响,因此希望在跟踪焊缝的同时,焊枪姿态的可调范围尽量大。除以上性能要求外,弧焊机器人还需具备以下基本性能要求:

(1) 可设定焊接条件(电流、电压等);

(2) 具有摆动功能;

(3) 具有坡口填充功能;

(4) 具有焊接异常检测功能;

(5) 抓重一般要求 $5\sim50$ kg;

(6) 具有焊接传感器(初始焊位导引、焊缝跟踪)的接口功能。

总之,弧焊机器人的焊接质量主要取决于焊接运动轨迹的精度和优良性能的焊接系统。

4. 焊接离线编程软件

早期的机器人主要应用于大批量生产,如在汽车自动生产线上的点焊与弧焊,编程所花费的时间相对比较少,机器人用示教的方式进行编程可以满足一定的要求。随着机器人应用到中小批量生产以及所完成任务复杂程度的增加,用示教方式编程就很难满足要求。传统的工业机器人示教编程工作方式有以下不足:

(1) 机器人在线示教不适应当今小批量、多品种的柔性生产的需要;

(2) 复杂的机器人作业,如弧焊、装配任务很难用示教方式完成;

(3) 运动规划的失误会导致机器人间及机器人与固定物的碰撞,破坏生产;

(4) 编程者的安全性差,不适合太空、深水、核设施维修等极限环境下的焊接工作;

(5) 不便于编辑机器人程序。

示教编程和离线编程的比较见表 3-14。

表 3-14　示教编程和离线编程的比较

示教编程	离线编程
需要实际机器人系统及工作环境	需要机器人系统及工作环境的图形模型
编程时机器人停止工作	编程不影响机器人工作
在实际系统上调试程序	通过计算机仿真调试程序
编程质量取决于编程者经验	可利用规划技术进行轨迹设计与优化
难以实现复杂轨迹编程	容易实现复杂轨迹编程

焊接机器人离线编程及仿真技术是利用计算机图形学的成果,在计算机中建立起焊接机器人及其工作环境的模型,通过对图形的控制和操作,在不使用实际机器人的情况下进行编程,进而产生焊接机器人程序。随着 CAD 软件的发展,出现了集成在功能强大的 CAD 软件上的离线编程系统,真正做到了 CAD/CAM 一体化。商品化的离线编程系统在弧焊方面进步很大,实现了无碰焊接路径的自动生成、焊缝的自动编程等功能。国外通用离线编程软件见表3-15。

表 3-15 国外通用离线编程软件

软件包	开发公司或研究机构
ROBEX	德国亚琛工业大学
PLACE	美国 McAuto 公司
Robot－SIM	美国 Calma 公司
ROBOGRAPHIX	美国 ComputerVision 公司
IGRIP	美国 Deneb 公司
ROBCAD	美国 Tecnomatix 公司
CimStation	美国 SILMA 公司
Workspace	美国 RobotSimulations 公司

从应用看,商品化的离线编程系统都具有较强的图形功能和编程功能,针对焊接有专门的点焊、弧焊模块。机器人和变位机具有协调运动功能,并针对弧焊特点,系统可以快捷地生成焊接路径。对于焊接参数一般采取用户编辑文件的方式,焊接参数保存在文件中,用户可以查看、修改。有的系统实现了焊接参数的自动规划,如 Workspace,并具有和商用机器人的专用接口。

复习思考题

3-1 焊接方法分哪几类? 各有什么特点?

3-2 什么是焊接电弧? 电弧中各组成部分的温度有多高? 什么是直流正接和直流反接?

3-3 焊接电源和一般工业用电有什么区别?

3-4 焊条焊芯和药皮各有什么作用? 焊条选用原则是什么?

3-5 用碳电极产生的电弧温度比用钢焊条作为电极所产生的电弧温度高,为什么焊接钢构件时不用碳电极?

3-6 何谓焊接热影响区? 低碳钢焊接时其热影响区分哪几个区域? 其组织对接头性能有什么影响?

3-7 产生焊接应力与变形的原因是什么? 如何防止焊接应力与变形?

3-8 焊接变形的基本形式有哪些? 如何矫正焊接变形?

3-9 常见焊接缺陷有哪些? 试述热裂纹和冷裂纹形成原因及防止方法。

3-10 常用无损探伤有哪些方法? 各自适用范围是什么?

3-11 埋弧焊与焊条电弧焊相比有什么特点?

3-12 试述氩弧焊、电渣焊和 CO_2 焊在加热方式、熔池保护方法及热影响区大小等方面的特点。

3-13 等离子弧是怎样产生的? 等离子弧切割与一般火焰切割的原理有何不同?

3-14 什么是压焊? 压焊与熔焊有何不同?

3-15 什么是电阻焊? 说出三种电阻焊的名称,并各举一应用实例。

3-16 点焊两块厚薄不同的焊件时,应怎样进行焊接?

3-17 试述电阻对焊和闪光对焊的过程,并比较它们在焊接质量和焊接工艺上的异同点。

3-18 实践证明,两种金属之间,如铝与镁、铝与铜、高速钢与碳素钢、铝与不锈钢之间,尽管彼此的熔点相差较大,同样可用摩擦焊进行焊接。但铸铁与铸铁、铸铁与其他金属却不能用摩擦焊进行焊接,试说明其原因。

3-19 钎焊和熔焊有什么不同? 钎焊中熔剂起什么作用?

3-20 比较下列各种焊接方法的热影响区的宽窄:(1)焊条电弧焊;(2)埋弧焊;(3)电渣焊;(4)气焊;(5)电阻焊;(6)等离子弧焊;(7)激光焊。

3-21 什么是金属的焊接性? 钢材的焊接性好坏主要由什么因素决定?

3-22 简述低碳钢、中碳钢和高碳钢的焊接性。

3-23 铸铁的焊接特点是什么? 为了获得满意焊接质量,铸铁焊接时应采取哪些工艺措施?

3-24 简述奥氏体不锈钢、铝及铝合金、铜及铜合金的焊接特点及焊接时应采取的工艺措施。

3-25 举出三种异种金属焊接实例,并分析其焊接特点及焊接工艺措施。

3-26 中压容器的外形及基本尺寸如题图 3-1 所示,材料全部用 15MnVR,筒身壁厚 10 mm,输入输出管的壁厚为 9 mm,封头厚 12.7 mm。

(1)确定焊缝位置(钢板长 2 500 mm,宽 1 000 mm);

(2)确定焊接方法、焊接材料和接头形式;

(3)确定焊缝焊接顺序;

(4)焊接时采用什么工艺措施,能使所有焊缝在焊接时基本上能处于平焊的位置?

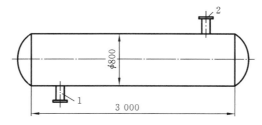

题图 3-1

1—输出管   2—输入管

3-27 容器的外形如题图 3-2 所示,材料为 Q235,单件生产。其中 A、B、C 三个法兰座都是锻件,法兰的圆柱部分壁厚均为8 mm,颈部 a、e、f 的壁厚为 5 mm,圆弧段 b、d 的壁厚为6 mm,容器身 c 壁厚为 5 mm。试确定:

(1)焊缝位置(现有 5 mm、6 mm、8 mm 厚的 Q235 钢板,长均为2 500 mm,宽均为1 000 mm);

(2)焊接方法及接头形式;

(3)焊接顺序;

(4)检验焊缝质量的方法。

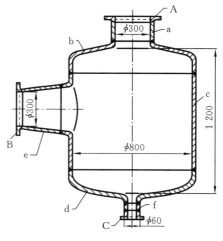

题图 3-2

第4章 非金属材料的成形

随着科学技术的发展,非金属材料已经越来越多地应用在国民经济各个领域,非金属材料的成形技术也得到较快的发展。非金属材料是指除金属以外的工程材料,品种极其繁多,在工程上常用的主要有塑料、橡胶、陶瓷等。近年来单一材料已经很难满足零件在强韧性、稳定性、耐蚀性、经济性等多方面的要求,从而出现了复合材料。复合材料以其优异的性能而得到了迅猛发展。严格地说,复合材料并不完全属于非金属材料,但它的成形与非金属成形有密切联系,所以常把它归于非金属材料的成形。

由于非金属材料与金属材料在结构和性能上有较大差异,其成形特点也不同,与金属材料的成形相比,非金属材料成形有以下特点。

(1) 非金属材料可以是液态成形,也可以是固态成形,成形方法灵活多样,可以制成形状复杂的零件。例如,塑料可以用注塑、挤塑、压塑成形,还可以用浇注和粘接等方法成形;陶瓷可以用注浆成形,也可用注射、压注等方法成形。

(2) 非金属材料通常是在较低温度下成形,成形工艺较简便。

(3) 非金属材料的成形一般要与材料的生产工艺结合。例如,陶瓷应先成形再烧结,复合材料常常是将固态的增强材料与呈流态的基料同时成形。

4.1 高分子材料的成形

高分子材料是以高分子化合物(亦称高聚物、聚合物、高分子、树脂等)为主要组分的材料。高分子材料品种繁多,原料来源丰富,加工简便,成本相对较低,又有质量轻、比强度高、耐蚀、易于改性等特点,应用非常广泛。高分子材料按其性质可以分为塑料、橡胶、纤维、黏合剂和涂料等。本节主要介绍工程塑料和橡胶两种典型的高分子材料的成形技术。

4.1.1 工程塑料的成形

1. 塑料的组成及特点

塑料是以高聚物为主并加入各种添加剂的人造材料。塑料在一定温度和压力作用下具有可塑流动性,因而便于成形各种工程构件,在现代工业中得到了广泛的应用,是最主要的工程材料之一。

塑料按使用情况可分为通用塑料、工程塑料及特种塑料。通用塑料价格便宜,产量大、成形性好,广泛地用于日用品、包装、农业等领域,如聚氯乙烯、聚丙烯、聚乙烯等;工程塑料能承受一定的外力作用,具有较高的强度和刚度并具有较好的尺寸稳定性,如聚甲醛、聚碳酸酯、聚酰胺、ABS 等;特种塑料具有如耐热、自润滑等特异性能,可用于特殊要求,如有机硅塑料、聚酰亚胺等。

塑料的主要组成是合成树脂和添加剂。合成树脂是具有可塑性的高分子化合物的统称,它是塑料的基本组成物,它决定了塑料的基本性能,塑料中合成树脂的质量分数一般为30％～100％。树脂在塑料中还起黏结剂的作用,许多塑料的名称是以树脂来命名的,如聚苯乙烯塑料的树脂就是聚苯乙烯;添加剂的作用主要是改善塑料的某些性能或降低成本,常用的添加剂有填充剂、增塑剂、稳定剂、润滑剂、固化剂、着色剂等。

塑料最大的特点是具有可塑性和可调性。所谓可塑性是指通过简单的成形工艺,利用模具可以制造出所需要的各种不同形状的塑料制品;可调性是指在生产过程中可以通过变换工艺、改变配方,制造出不同性能的塑料。塑料的其他性能分述如下。

1) 物理性能

(1) 密度　塑料的密度在 $0.85～2.2$ g/cm³ 之间,仅相当于钢密度的 1/4～1/8。若在塑料中加入发泡剂后,泡沫塑料的密度仅为 $0.02～0.2$ g/cm³。

(2) 电性能　塑料具有良好的电绝缘性。聚四氟乙烯、聚乙烯、聚丙烯、聚苯乙烯等塑料可作为高频绝缘材料,聚碳酸酯、聚氯乙烯、聚酰胺、聚甲基丙烯酸甲酯、酚醛、氨基塑料等可作为中频及低频绝缘材料。

(3) 热性能　塑料遇热、遇光易老化、分解,大多数塑料只能在 100 ℃ 以下使用,只有极少数塑料(如聚四氟乙烯、有机硅塑料等)可在 250 ℃ 左右长期使用;塑料的导热性差,是良好的绝热材料;塑料线膨胀系数大,一般为钢的 3～10 倍,因而塑料零件的尺寸不稳定,常因受热膨胀产生过量变形而引起开裂、松动、脱落。

2) 化学性能

塑料具有良好的耐腐蚀性能,大多数塑料能耐大气、水、酸、碱、油的腐蚀。因此工程塑料能制作化工设备及在腐蚀介质中工作的零件。

3) 力学性能

(1) 强度与刚度　塑料的强度、刚度较差,其强度仅为 30～150 MPa,且受温度的影响较大,塑料的刚度仅为钢的 1/10。但由于塑料的密度小,故比强度比较高。

(2) 蠕变与应力松弛　塑料在外力作用下,在应力保持恒定的条件下,变形随时间的延续而慢慢增加,这种现象称为蠕变。例如架空的电线套管会慢慢变弯,这就是蠕变。蠕变会导致应力松弛,如塑料管接头经一定时间使用后,应力松弛会导致管道泄漏。

(3) 减摩性和耐磨性　许多塑料的摩擦因数小,如聚四氟乙烯、尼龙、聚甲醛、聚碳酸酯等都具有小的摩擦因数,因此塑料具有良好的减摩性;同时塑料具有自润滑性,在无润滑或少润滑摩擦的条件下,其减摩性优于金属,工程上用这类塑料来制造轴承、轴套、衬套、丝杠螺母等摩擦磨损件。

此外,塑料还具良好的减振性和消声性,用塑料制作零件可减小机器工作时的振动和噪声。

2. 塑料制件的成形

按照其成形加工阶段来分类,塑料的成形可分为一次成形、二次成形。一次成形是指将塑料原材料转变成具有一定形状和尺寸的制品或半成品的各种工艺方法,如注射成形、挤出成形、压制成形和浇注成形等;二次成形是指在改变一次成形所得的半成品的形状和尺寸的同时,又不破坏其整体性能的各种工艺方法,如热成形、中空吹塑成形等。所有塑料制品的生产必须经过一次成形,是否经过二次成形则视产品的具体情况而定。

1) 塑料的一次成形

一次成形技术共同的特点有二:一是成形对象均为塑料原材料,二是借助物料的流动或大的塑性变形实现从原材料到制品的转变。一般的一次成形技术都要经过物料的加热熔融、熔体流动造型、冷却凝固或交联固化等阶段。各种一次成形技术最重要的区别，就在于熔体流动造型所采用的方式不同，如注塑成形是将熔体在高压下注入已闭合的模腔，挤出成形是使熔体强制通过挤出机的口模等。

（1）注射成形　注射成形又称注射模塑或注塑成形，是塑料最重要的一种加工方法。注射成形制品占塑料制品总量的 30 % 以上。

① 注射成形具有以下几个工艺特点：

ⅰ) 成形周期短，可生产形状复杂、尺寸精确、壁薄和带金属嵌件的大、中、小型零件（从几克到几千克、几十千克）；

ⅱ) 对成形各种塑料的适应性强，目前，除氟塑料之外，几乎所有的热塑性塑料都可以用此方法成形，某些热固性塑料（如酚醛塑料、氨基塑料等）也可以采用注射成形；

ⅲ) 生产效率高、易于实现自动化生产；

ⅳ) 注射成形制品的一致性较好，几乎不需要进一步加工；

ⅴ) 注射成形所需设备昂贵，模具结构比较复杂，制造成本高，所以注射成形特别适合大批量生产。

② 注射机是注射成形的主要设备，按外形可分为立式、卧式、直角式，按注射方式可分为往复螺杆式、柱塞式，以往复螺杆式用得最多。注射机除了液压传动系统和自动控制系统外，主要由料斗、料筒、加热器、喷嘴、模具和螺杆构成。将颗粒状或粉状塑料原料倒入料斗内，在重力和螺杆（或柱塞）推送下，原料进入料筒后，在料筒中被加热至流动状态，然后使熔融物料以高压高速经喷嘴注射到设计好的闭合模具内，经一定时间完成冷却、定形、固化成形、开启模具、取出制品等步骤。图 4-1 为注射成形示意图。

注塑模是指成形时确定塑料制品形状、尺寸所用部件的组合，其结构形式主要由塑料品种、制品形状和注塑机类型等决定。其基本结构是一致的，即由浇注系统、成形零件、结构零件，以及加热、冷却系统构成。

③ 注塑工艺过程包括加料、塑化、注射、模塑、冷却和脱模几个步骤，其中最主要的是塑化、注射和模塑三个阶段。

ⅰ) 塑化　从料斗进入料筒的塑料在料筒内受热达到流动状态并具有良好的塑性的过程称为塑化。注射成形工艺对塑化的要求是：塑料在进入模腔前应达到规定的成形温度并在规定的时间内提供足够数量的塑料熔体；塑料熔体各点的温度应均匀一致，不发生或极少发生热分解以保证生产的连续。

ⅱ) 注射　将塑化良好的熔体在螺杆（或柱塞）的推挤下注入模腔的过程称为注射，塑料熔体自料筒经喷嘴、主（分）流道、浇口进入模腔需克服一系列流动阻力，产生很大的压力损失（30 % ～70 % 的注射压力降在此消耗掉）。为了能进入模腔的熔体保持足够的压力使之压实，需足够的注射压力。

ⅲ) 模塑　注入模腔的塑料熔体在充满模腔后经冷却定型为制品的过程称为模塑。不管何种形式的注塑机，塑料熔体进入模腔内的流动情况均可分为充模、压实、倒流和浇口冻结后的冷却四个阶段。

ⅳ) 冷却、脱模　塑料熔体自注入模腔内即开始冷却，浇口冻结后的冷却是从浇口的塑料完全冻结起到制品从模腔顶出时止。充满模腔的塑料熔体在受压的情况下，继续冷却固化，以便制品在脱模时具有足够的刚度而不致发生扭曲变形，在此阶段，随料温逐渐下降、模腔内塑

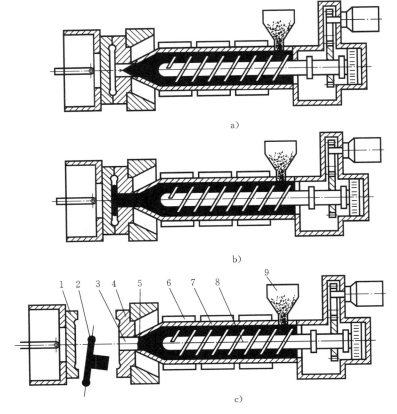

图 4-1　注射成形示意图

a)物料自料斗进入机筒被熔融塑化,同时模具闭合

b)螺杆前进,把熔料注入模腔中　c)螺杆后退,模具打开,制品脱出

1,4—模具　2—制品　3—模腔　5—喷嘴　6—加热套　7—机筒　8—螺杆　9—料斗

料体积收缩,压力下降。冷却结束后松开模具,顶出制品,完成脱模过程。

④ 注塑制品的修饰及后处理是指制品脱模后,实施手工或机械加工、抛光、表面涂饰、退火及调湿处理等,以满足制品外观质量、尺寸精度和力学性能的要求。

(2)挤出成形　挤出成形又称挤塑成形,是一种利用挤出机螺杆的挤压作用使受热熔融的热塑性塑料在压力推动下,强制通过口模而连续加工成各种截面形状制品的方法。这种方法主要用来生产塑料板材、管材、棒材、薄膜、电线电缆、型材、涂层制品等。目前,挤出制品占热塑性塑料制品的 40 %～50 %。

① 挤出成形的工艺特点　挤出方法常用于某些热固性塑料及其他材料的复合材料。挤出方法具有生产率高、用途广、适应性强、设备成本低,以及浇口、浇道和毛边等废料损耗少等特点。

② 挤出成形设备　挤出成形的主要设备包括挤出机、机头和口模、定形冷却装置、牵引系统及切割设备等。挤出机目前大量使用的是单螺杆挤出机和双螺杆挤出机,后者特别适用于硬聚氯乙烯粉料或其他多组分体系塑料的成形加工,但通用的是单螺杆挤出机。

常用的卧式单螺杆挤出机结构如图 4-2 所示。挤出成形的工艺过程如下:塑料颗粒 1 盛于料斗 2 中,借助螺杆 3 的作用将塑料从料筒 5 的左端推向右端,并且愈压愈紧。加热器 6 加热,以及螺杆旋转时塑料与料筒及螺杆之间产生的剪切摩擦热,使塑料呈熔融流动状态。加热器外侧用冷却器 4 冷却。滤板 7 的作用在于使塑料沿螺杆方向形成压力,并使塑料塑化均匀,同时使塑料由带旋转的流动变成平直流动,有时加上滤网用以增强效果。对流动性差的塑料可以不用滤网。口模 8 是决定制品截面形状的模具。当螺杆转动时,连续地从口模挤出制品。从口模挤出的制品经定形冷却并由牵引机牵引与卷取。牵引机的速度需与挤出速度匹配,最后按所需长度一段一段地进行切割。

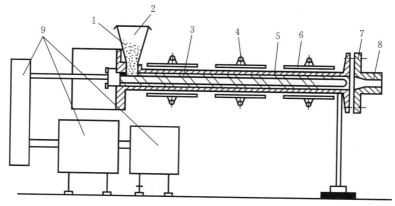

图 4-2　卧式单螺杆挤出机结构示意图

1—塑料颗粒　2—料斗　3—螺杆　4—冷却器　5—料筒　6—加热器　7—滤板　8—口模　9—动力部分

　　③ 挤出成形工艺过程　挤出成形工艺包括物料的干燥、成形、制品的成形与冷却、制品的牵引与卷取(或切割),有时还包括制品的后处理等。

　　i)原料的干燥　原料中的水分会使制品出现气泡、表面晦暗,还会降低制品的物理和力学性能等,因此使用前应对原料进行干燥处理。通常水的质量分数应控制在 0.5 % 以下。

　　ii)挤出成形　当挤出机加热到预定温度后即可加料。开始挤出的制品外观和质量都很差,应及时调整工艺条件,当制品质量达到要求后即可正常生产。

　　iii)制品的定型与冷却　定型与冷却往往是同时进行的,在挤出管材和各种型材时需要有定型工艺,挤出薄膜、单丝、线缆包覆物时,则不需此工艺。

　　iv)牵引(拉伸)和后处理　常用的牵引挤出管材设备有滚轮式和履带式两种。牵引时要求牵引速度和挤出速度相匹配,均匀稳定。一般应使牵引速度稍大于挤出速度,以消除物料离模膨胀所引起的尺寸变化,并对制品进行适当拉伸。

　　(3)压制成形　压制成形也称压塑成形,它主要用于热固性塑料的生产。有些熔融温度极高,几乎没有流动性的热塑性材料(如聚四氟乙烯),也采用这种压制的方法成形。

　　根据材料的加工工艺特征,压制成形有模压法和层压法两种,如图 4-3 所示。模压法是将粉末状、粒状、碎屑或纤维状塑料置于金属模具中加热加压,物料在加热条件下软化呈可塑状态,在压力作用下填充金属型腔各处;在继续加热的过程中,树脂与固化剂产生交联反应而固化。经一段时间,固化成具有一定形状的制品。物料完全固化后,开启模具将其取出,经修边、抛光等加工制成符合要求的制品。层压法是以纸张、棉布、玻璃布等片状材料,在树脂中浸渗,然后一张一张叠放成所需的厚度,放在层压机上加热加压,经过一段时间后,树脂固化,相互黏结成形。

　　模压成形与注射成形相比,生产过程的控制,使用的设备(主要设备是液压机)和模具较简单、较易成形大型制品,工艺成熟,是最早出现的塑料成形方法。热固性塑料模压制品具有耐热性好、使用范围宽、变形小等特点,但其缺点是生产周期长、效率低,较难实现自动化,工人劳

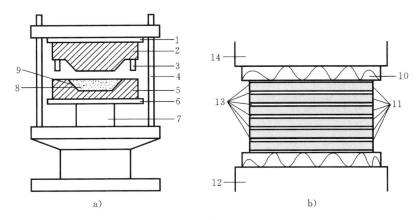

图 4-3　压制成形示意图

a) 模压机及模具　　b) 层压制品

1,14—上模板　2—上模　3—导合钉　4—支柱　5—下模　6,12—下模板

7—柱塞　8—物料　9—模腔　10—帆布石棉垫布　11—高聚物层　13—不锈钢或其他垫板

动强度大,不能成形复杂形状的制品,也不能模压厚壁制品。

模压法成形的塑料主要有酚醛塑料、氨基塑料、环氧树脂、有机硅、硬聚氯乙烯、聚三氟氯乙烯、氯乙烯与醋酸乙烯共聚物等。

(4) 压延成形　压延成形是生产高分子薄膜和片材的主要方法,它是将接近黏流温度的物料通过一系列相向旋转着的平行辊筒的间隙使其受到挤压和延展作用,成为具有一定厚度和宽度的薄片状制品的连续成形方法。压延成形广泛应用于橡胶和热塑性塑料的成形加工中。橡胶的压延是制成胶片或与骨架材料贴合制成胶布半成品的工艺过程,它包括压片、压型、贴胶和擦胶等作业。塑料的压延成形主要适用于热塑性塑料,其中以非晶型的 PVC 及其共聚物最多,其次是 ABS、EVA 以及改性 PS 等塑料,也有压延 PP、PE 等结晶型塑料。压延制品的应用相当广泛,薄膜制品主要用于农业、工业包装、室内装饰以及各种生活用品等,片材制品常用作地板、软硬唱片基材、传送带以及热成形或层压用片材等。

① 压延成形的工艺特点　压延成形具有生产能力大、可自动化连续生产、产品质量好的特点。但压延成形设备庞大,精度要求高,辅助设备多,投资较高,维修也较复杂,而且制品宽度受到压延机辊筒长度的限制。

② 压延成形设备　压延制品的生产是多工序作业,其生产流程包括供料阶段和压延阶段,是一个从原料混合、塑化、供料到压延的完整连续生产线。供料阶段所需的设备包括混合机、开炼机、密炼机或塑化挤出机等,压延阶段由压延机和牵引、轧花、冷却、卷取、切割等辅助装置组成,其中压延机是压延成形生产中的关键设备。压延机主要由压延辊筒及其加热冷却装置、制品厚度调整机构、传动设备及其他辅助装置等组成(见图 4-4)。

辊筒是压延成形的主要部件,结构和开炼机辊筒的结构大致相同,但由于压延机的辊筒是压延制品的成形面,而且压延的均是薄制品,因此压延辊筒必须具有足够的刚度与强度,以确保辊筒受压产生的弯曲变形不超过许用值;辊筒表面应有足够的硬度和耐磨性及较高的加工精度,以保证制品尺寸的精确度。压延辊筒一般由冷铸钢或冷硬铸铁制成,也可使用铬钼合金钢,表面最好镀硬铬,并精磨至镜面光洁度。辊筒的长径比一般为 2～3,工业生产用压延机的直径通常为 200～900 mm,工作面长度为 500～2 700 mm,辊筒沿长度方向的直径误差要求很小。同一压延机的几个辊筒,其直径和长度都是相同的。近年来发展了异径辊筒压延机。

辊筒内部可通蒸汽、过热水或冷水来控制表面温度,其结构有空心式和钻孔式两种,如图 4-5 所示。相对于空心式辊筒,钻孔式辊筒传热面积大,传热分布均匀,温度控制较准确和稳定,辊筒表面的温度均匀,可有效地提高制品的精度,是目前主要采用的压延辊筒。

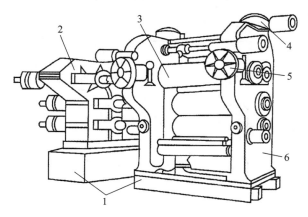

图 4-4 压延机的构造

1—机座 2—传动装置 3—辊筒 4—辊距调节装置 5—轴交叉调节装置 6—机架

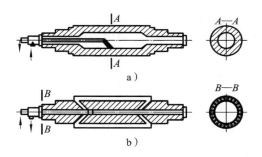

图 4-5 压延辊筒的结构

(a) 空心式辊筒 (b) 钻孔式辊筒

③ 压延成形工艺过程 完整的塑料压延成形工艺过程可以分为供料和压延两个阶段。供料阶段是压延前的备料阶段,主要包括塑料的配制、混合、塑化和向压延机传输喂料等几个工序。压延阶段是压延成形的主要阶段,包括压延、牵引、刻花、冷却定型、输送及卷绕或切割等工序。所以压延成形工艺过程实际上是从原料开始经过各种聚合物加工步骤的整套连续生产线。

在各种塑料压延制品中,最典型、最主要的是 PVC 软质薄膜、硬质片材以及人造革。各种制品的配方和品种不同,生产工艺和工艺条件有所不同,但基本原理是相同的。塑料压延成形工艺过程如图 4-6 所示。

(5)铸塑成形 塑料的铸塑成形是从金属的浇铸技术演变而来的一种成形方法。铸塑是将聚合物的单体、预聚体、塑料的熔融体、高聚物的溶液、分散体等倾倒到一定形状规格的模具里,而后使其固化定型从而得到一定形状的制品的一种方法。

铸塑工艺的一般过程如下:

原料 → 浇铸液的配制 → 过滤和脱泡 → 浇注 → 硬化 → 脱模 → 后处理 → 制品

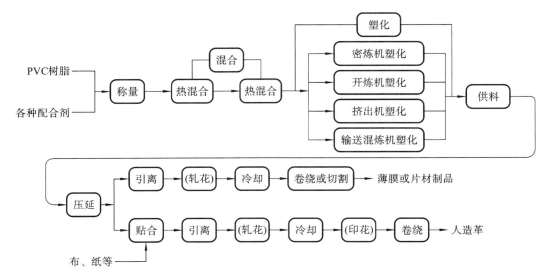

图 4-6　塑料压延成形工艺过程

　　与注射成形或模压成形相比,塑料在铸塑过程中一般不需加压,故不需要加压设备,对塑模的强度要求也较低,且由于塑料流动温度一般不是很高,因而各种模具材料都较容易适应,可以直接用金属或合金、玻璃、木材、石膏、塑料和橡胶等材料制造。所得制品大分子取向低,内应力小,质量较均匀。此外,对制品的尺寸限制也较少。但是铸塑也存在生产周期长及制品尺寸准确性较差的缺点。根据浇铸液的性质及制品硬化的特点,铸塑成形既可以是一个物理过程,也可以是一个物理—化学过程。铸塑技术包括静态铸塑、嵌铸、离心浇铸以及流延铸塑、搪塑和滚塑等。

　　(6) 冷压烧结成形　　冷压烧结成形是将一定量的成形物料(如 PTFE 悬浮树脂粉料)加入常温的模具中,在高压下压制成密实的型坯(又称锭料、冷坯或毛坯),然后送至高温炉中烧结一定时间,从烧结炉中取出,冷却后即得到制品的塑料成形技术。

　　冷压烧结成形主要用于 PTFE、超高分子量 PE 和 PI 等难熔树脂的成形,其中以 PTFE 最早采用,而且成形工艺也最为成熟。PTFE 虽是热塑性塑料,但由于分子中有碳氟键的存在,其链的刚性很大,晶区熔点很高(约 327 ℃),而且相对分子质量很大,分子链堆砌紧密,使得 PTFE 熔融黏度很大,甚至加热到分解温度(415 ℃)时仍不能变为黏流态,因此不能用一般热塑性塑料的成形方法来加工,只能采用类似于粉末冶金烧结的方法,即冷压烧结的方法来成形。

　　2) 塑料的二次成形

　　塑料的二次成形是相对于一次成形而言的。有些塑料制品由于技术或经济等原因,不能或不适应采用一次成形取得最终制品,而需要采用注射、挤出等一次成形所制得的型材或坯件经过再次成形而制得最终产品。故二次成形技术就是以一次成形的产物为成形对象,经过再次成形以获得最终制品的各种技术。

　　二次成形除加工对象与一次成形不同外,其成形原理也有区别。一次成形是通过塑料的流动或塑性变形实现造型,成形过程总是伴随有聚合物的状态改变或相态改变,而二次成形过程始终是在低于聚合物流动温度或熔融温度的固态下进行,一般是通过黏弹性变形来实现塑料型材或坯件的再造型。常用的技术有中空吹塑、热成形等。

（1）中空吹塑成形　中空吹塑成形也称中空成形，属于塑料的二次加工。吹塑成形是把熔融状态的塑料坯料置于模具内，用压缩空气将此坯料吹胀，使之紧贴着模壁的内侧成形而获得中空制品的成形方法。目前广泛采用的是挤压吹塑法，所用模具多数采用对半分开的形式。其成形过程如图 4-7 所示，先将挤出机挤出的适当大小的坯料置于分开的模具中，如图 4-7a 所示；然后闭合模具并通入压缩气体，这时还具有良好塑性的坯料被吹胀而紧贴于模壁，如图 4-7b 所示；待冷却后打开模具，即得中空制品，如图 4-7c 所示。

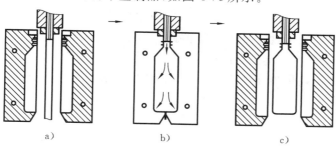

图 4-7　吹塑成形过程
a）放置型坯　b）夹紧后送入空气　c）打开模具取出成形品

吹塑成形一般用于成形中空、薄壁的制品，如瓶、筒、罐、化学品包装容器、轿车油箱、轿车暖风通道及儿童玩具等。

（2）热成形　热成形是将塑料片材或板材加热至软化，再在外力（如气体、液体压力或机械压力等）作用下使之紧贴模腔表面，最后冷却脱模，得到形状与模腔相同的制品的成形方法。热成形所用原材料是已经经过成形的塑料片材或板材，属于二次成形。故热成形要求板材、片材在加工条件下具有较好的延展性，适合采用该成形方法的主要是热塑性塑料，如 ABS 等。热成形的特点是适应性强、设备投资少、模具制造简单、应用广泛。

真空成形是最常用的热成形方法。成形时将热塑性板材、片材夹持起来，固定在模具上，用辐射加热器加热至软化温度时，抽去板材和模具之间的空气，在大气压力下，板材拉伸变形，贴合到模腔表面，冷却后即得所需制品。真空成形法主要用于成形杯、盘、箱壳、盒、盖等薄壁敞口容器制品，如一次性饭盒、药品包装、纽扣、电池包装。较厚的板材还可以成形冰箱的内胆等大件制品。其工艺过程如图 4-8 所示。

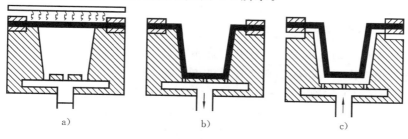

图 4-8　真空成形工艺过程
a）加热　b）抽真空　c）吹压缩空气

真空成形的特点是对模具材料的加工要求低，单件、小批生产时可用硬木、高强度石膏（内含质量分数为 10%～30% 的水泥）和塑料制模，大量生产时多用铝合金制模。其缺点是制品厚度不太均匀，不能制造形状复杂的制品。

（3）薄膜双向拉伸成形　薄膜双向拉伸成形是在挤出成形的基础上发展起来的一种塑料

薄膜的成形方法,它是将挤出成形所得的厚度为 1～3 mm 的厚片或管坯重新加热到材料的高弹态下进行大幅度拉伸而成薄膜。薄膜的拉伸是相对独立的二次成形过程。目前用于生产拉伸薄膜的聚合物主要有 PET、PP、PS、PVC、PE、PA、PI、PEN、聚偏氯乙烯及其共聚物等。

薄膜拉伸的拉伸取向方法主要分为平膜法和管膜法。

平膜法双向拉伸有先纵向拉伸后横向拉伸和先横向拉伸后纵向拉伸两种方法,前者生产上用得最多,后者工艺较为复杂。先纵后横的典型工艺过程如图 4-9 所示。先纵后横拉伸成形 PP 双轴取向薄膜时,挤出机经平缝机头将塑料熔体挤成厚片,厚片立即被送至冷却辊急冷。冷却定型后的厚片经预热辊加热到拉伸温度后,被引入到具有不同转速的一组拉伸辊进行纵向拉伸,达到预定纵向拉伸比后,膜片经过冷却即可直接送至拉幅机(横向拉伸机)。纵拉后的膜片在拉幅机内经过预热、横拉伸、热定型和冷却作用后离开拉幅机,再经过切边和卷绕即得到双向拉伸薄膜。

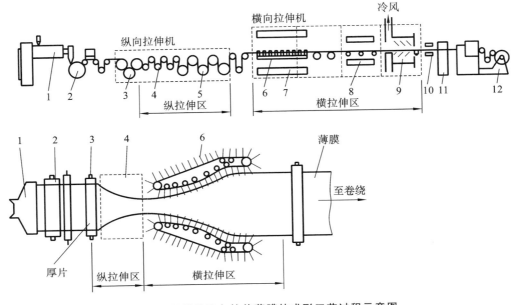

图 4-9　平膜法双向拉伸薄膜的成形工艺过程示意图

1—挤出机　2—厚片冷却辊　3—预热辊　4—多点拉伸辊　5—冷却辊　6—横向拉幅机夹子
7,8—加热装置　9—风冷装置　10—切边装置　11—测厚装置　12—卷绕机

管膜双向拉伸薄膜的成形工艺过程分为管坯成形、双向拉伸和热定型三个阶段,如图4-10所示。管坯通常由挤出机将熔融塑料经管形机头形成,从机头出来的管坯立刻被冷却夹套的水冷却,冷却的管坯温度控制在 $T_g \sim T_{f(m)}$,经第一对夹辊折叠后进入拉伸区,在此处管坯由从机头和探管通入的压缩空气吹胀,管坯受到横向拉伸并胀大成管形薄膜。由于管膜在胀大的同时受到下端夹辊的牵伸作用,因此在横向拉伸的同时也被纵向拉伸。调节压缩空气的进入量和压力以及牵引速度,就可以控制纵横两向的拉伸比,此法通常可达到纵横两向接近于平衡的拉伸。拉伸后的管膜经过第二对夹辊再次折叠后,进入热处理区域,再继续保持压力,亦即使管膜在张紧力存在下进行热处理定型,最后经空气冷却、折叠、切边后,成品用卷绕装置卷取。此法设备简单、占地面积小,但管膜厚度不均匀,强度也较低,主要用于 PE、PS、偏聚氯乙烯等。平膜法和管膜法成形双向拉伸膜的工艺都可用于制造热收缩膜,但绝大多数热收缩膜用管膜法生产。

除以上成形方法外,塑料的成形工艺还有合成纤维拉伸成形、发泡成形、滚塑成形、反应注射成形等,这里不一一作介绍。

4.1.2　橡胶制品的成形

1. 橡胶的组成及特点

按其来源不同,橡胶可分为天然橡胶与合成橡胶两类。天然橡胶是橡胶树的液状乳汁经采集和适当加工而成,天然橡胶的主要化学成分是聚异戊二烯;合成橡胶主要成分是合成高分子物质,其品种较多,丁苯橡胶和顺丁橡胶是较常用的合成橡胶。

按用途不同,橡胶可分为通用橡胶和特种橡胶,通用橡胶的用量一般较大,主要用于制作轮胎、输送带、胶管、胶板等,主要品种有丁苯橡胶、氯丁橡胶、乙丙橡胶等;特种橡胶主要用于高温、低温、酸、碱、油和辐射介质条件下的橡胶制品,主要有丁腈橡胶、硅橡胶、氟橡胶等。

橡胶的主要成分是生胶、加入各种配合剂(如硫化剂、增塑剂、防老化剂和填充剂等)和骨架材料制成。橡胶具有极高的弹性、可挠性和伸长率,良好的耐磨性、电绝缘性、耐蚀性以及与其他物质的黏结性等,且可隔音吸振。

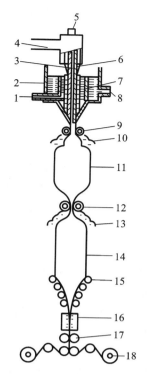

图 4-10　管膜法薄膜拉伸工艺示意图

1—冷却水进口　2—冷却夹套　3—管坯　4—挤出机
5—空气进口　6—探管　7—冷却套管　8—冷却水出口
9,12,17—夹辊　10,13—加热装置　11—双轴取向管膜
14—热处理管膜　15—导辊　16—加热器　18—卷取

2. 橡胶制品的成形工艺

橡胶制品的生产工艺主要包括塑炼、混炼和成形三个阶段。

1) 生胶的塑炼

生胶塑炼是指在一定条件下对生胶进行机械加工,使其由强韧性状态转变为柔软、具有可塑性的状态的工艺加工过程。经过塑炼,橡胶的弹性降低,可塑性增加,黏度降低,黏着性能提高并且获得适当的流动性,从而满足混炼、压延、压出、模压成形等工艺过程的要求。

塑炼的方法主要是机械塑炼法,即通过开放式炼胶机、密闭式炼胶机、螺杆式塑炼机(也称压出机)的机械破坏作用,使橡胶分子链断裂,以降低生胶的弹性,获得一定的可塑性。有时还辅以化学塑炼,即在机械塑炼时加入塑解剂,促使橡胶大分子降解,增加塑炼效果。

(1) 用开放式炼胶机塑炼　开放式炼胶机(简称开炼机),其构造如图 4-11 所示。由一对做相向旋转的辊筒,借助物料与辊筒的摩擦力,将物料拉入辊隙,在剪切、挤压力及辊筒加热的混合作用下,使各组分得到良好的分散和充分的塑化。

生胶在开炼机上塑炼时,由于受到胶料和辊筒表面之间的摩擦力的作用,胶料被带入两辊的间隙之中,因为两个辊筒的速度不同而产生的速度梯度作用,使胶料受到强烈的摩擦剪切。在强烈的摩擦剪切作用下,橡胶的分子链断裂,在周围氧气或塑解剂的作用下生成相对分子质

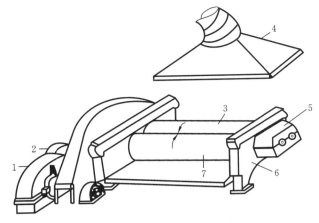

图 4-11　开炼机的基本构造

1—减速箱　2—电动机　3—后辊　4—排风罩　5—速比齿轮罩　6—机架　7—前辊

量较小的稳定分子,可塑性得到提高。

　　开炼机塑炼的工艺控制因素主要有辊温和塑炼时间、辊距和速比、化学塑解剂、装胶量等。

　　(2)用密闭式炼胶机塑炼　密闭式炼胶机(也称密炼机)是生胶塑炼和混炼的主要设备之一。密炼机塑炼与开炼机比较,具有工作密封性好、工作条件和胶料质量大为改善、混炼周期短、生产效率高、安全性能好等优点。但密炼机是在密闭条件下工作,散热条件差,工作温度比开炼机高出许多,即使在冷却条件下,也为 120~140 ℃,甚至可达 160 ℃。生胶在密炼机中受到高温和强烈的机械剪切作用,产生剧烈氧化,短时间内即可获得所需的可塑度。这种方法生产能力大,粉尘污染小,劳动强度低,能量消耗少,适用于耗胶量大、胶种变化少的生产部门。

　　密炼机的基本构造如图 4-12 所示。密炼机的主要部件是一对转子和一个塑炼室。转子的横截面呈梨形,并以旋转的方式沿着轴向排列,两个转子的转动方向是相反的,转速也略有差别。转子转动时,被塑炼的生胶不仅绕着转子而且沿着轴向移动。两个转子的顶尖之间和顶尖与密炼室内壁之间的距离都很小,转子在这些地方扫过时都会对物料施加强大的剪切力。密炼室的顶部设有压缩空气或液压油操纵的活塞,以压紧物料,使其更有利于塑炼。密炼室的外部和转子的内部都开有加热和冷却介质的循环通道,以便对密炼室和转子进行加热和冷却。密炼室上部有一个加料斗,工作时由上顶栓将加料口关闭。密炼室下部有一出料口,工作时用下顶栓关闭。

　　用密炼机塑炼时,将生胶加入密炼室,在一定温度和压力下塑炼一定时间,直至达到所要求的可塑度为止。塑炼过程中主要的控制因素有塑炼温度和时间、化学塑解剂、转子速度、装胶量及上顶栓压力等。

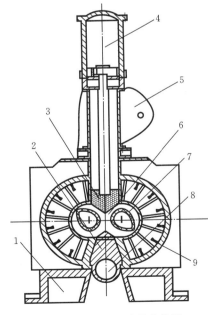

图 4-12　密炼机的基本构造

1—底座　2—下顶栓　3—上顶栓
4—上顶栓气缸　5—加料斗　6—密炼室
7—转子　8—冷却水喷淋头　9—下顶栓气缸

　　(3)用螺杆式塑炼机塑炼　螺杆塑炼机塑炼的特点是可在高温下连续塑炼。螺杆式塑炼机的工作原理与塑料挤出机类似,因为负荷较大,所以有较大的驱动功率,螺杆长径比也较小。螺距由大到小,以保证吃料、送料、初步加热和塑炼的需要。螺杆塑炼机适合于机械化、自动化生产。但由于生胶塑炼质量较差、可塑性不够稳定等问题,其使用受到一定的限制,远不如开炼机、密炼机应用广泛。

2）胶体的混炼

胶体的混炼就是将各种添加剂混入生胶中,制成质量均匀的混炼胶的过程。对混炼的质量要求有两个基本方面:一是保证制品具有良好的物理、力学性能,二是胶料本身要具有良好的加工工艺性能。也就是说,要求胶料中的添加剂应达到保证制品物理、力学性能的最低分散程度,同时还应使胶料具有后续加工所需要的最低可塑度。

混炼加工仍然可使用开炼机、密炼机,也可采用压出机(橡胶挤出机)。生产中使用最多的还是密炼机。开炼机在小型橡胶工厂中仍占有一定的比例。

（1）在开炼机上混炼　　在开炼机上的混炼加工与塑炼加工类似,可采用一段混炼和两段混炼的方法。加料时,一般加料顺序为:生胶→固体软化剂→促进剂、活化剂、防老剂→补强填充剂→液体软化剂→硫黄及超促进剂。加料顺序不当,会影响添加剂分散的均匀性,有时甚至会造成胶料烧焦、脱辊、过炼等现象,使操作难以进行,胶料性能降低。

混炼时,辊筒的间距一般为 4～8 mm。辊距不能过小,辊距太小时胶料不能及时通过辊隙,会使混炼效果降低。混炼时辊温一般在 50～60 ℃ 之间,合成橡胶辊温适当要低些,一般在 40 ℃ 以下。混炼时间一般为 20～30 min,合成橡胶混炼时间较长。用于混炼的开炼机辊筒速比一般在 1 :（1.1～1.2）。

（2）在密炼机上混炼　　密炼机混炼可以采用一段混炼和分段混炼两种方法。一段混炼法适用于天然橡胶或掺用合成橡胶的质量分数不超过 50% 的胶料。一段混炼操作中常采用分批逐步加料的方法。通常的加料顺序为:生胶→固体软化剂→防老剂、促进剂、活化剂→补强填充剂→液体软化剂→从密炼机中排出胶料到压片机上再加硫黄和超促进剂。分段混炼即胶料的混炼分几次进行。在两次混炼之间,胶料必须经过压片冷却和停放,然后才能进行下一次混炼,通常经过两次混炼即可制得合格的胶料。第一次混炼像一段混炼一样,只是不加入硫黄和活性大的促进剂。制得一段混炼胶后,将胶料由密炼机排出到压片机上,出片、冷却、停放 8 h 以上,再进行第二阶段混炼加工。混炼均匀后排料到压片机上,加入硫化剂,翻炼均匀后下片。分段混炼法每次混炼时间短,混炼温度较低,添加剂分散更均匀,胶料质量更高。密炼机混炼温度一般为 120～130 ℃。

无论是开炼机混炼还是密炼机混炼,经出片或造粒的胶料均应立即进行强制冷却以防出现烧焦或冷后喷霜。通常的冷却方法是将胶片浸入液体隔离剂(如陶土悬浮液)中,也可将隔离剂喷洒在胶片或粒料上然后用冷风吹干。液体隔离剂既起冷却作用,又能防止胶料互相黏结。混炼好的胶料冷却后还需停放 8 h 以上,让添加剂继续扩散,均匀分散;使橡胶与炭黑进一步结合,提高炭黑的补强效果;同时也能使胶料松弛混炼时受到的机械应力,减小内应力作用和胶料收缩率。

3）橡胶的成形

橡胶的成形是指以生胶和各种配合剂混合制得的胶料为原料,通过各种成形方法,经加热、加压(硫化处理)获得橡胶制品的工艺过程。

橡胶成形的主要方法有模压成形、压注成形、注射成形和挤出成形等,其中模压成形应用最广。

（1）橡胶的模压成形　　胶料的模压成形,就是将准备好的橡胶半成品置入模具中,在加热加压的条件下,使胶料呈现塑性流动充满模腔,经一定的持续加温时间后完成硫化,再经脱模和修边后得到制品的成形方法。这种方法的主要设备是平板硫化机和橡胶压制模具。模压成形的设备成本较低,制品的致密性好,适宜制作各种橡胶制品、橡胶与金属或织物的复合制品。

① 模压成形前的准备工作　橡胶模压成形工艺流程如图 4-13 所示。生胶经过塑炼、混炼工艺操作后再经过 24 h 停放,然后被送去制备胶料半成品。胶料半成品的准备常使用压延机、开炼机、压出机等。胶料可在压延机或开炼机上被压制成所要求尺寸的胶片,然后用圆盘刀或冲床裁成半成品;也可用螺杆压出机压出一定规格的胶管,再横切成一定重量的胶圈,用于较小规格的密封圈、垫片、油封等的生产。胶料半成品的大小和形状应根据模腔而定。半成品的重量应超出成品净重的 5%～10%,一定的过量不但可以保证胶料充满型腔,而且可以在成形中排除模腔内的气体和保持足够的压力。

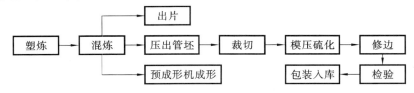

图 4-13　橡胶模压成形工艺流程图

② 橡胶的模压成形　橡胶制品的模压成形过程包括加料、闭模、硫化、脱模及模具的清理等操作步骤,其中最重要的是硫化过程。硫化过程的实质是橡胶线型分子链之间形成化学交联,随着交联度的增大,橡胶的定伸强度、硬度也会增大。抗拉强度先是随着交联程度的上升而逐渐上升,当达到一定值后,如果继续交联,抗拉强度会急剧下降。断后伸长率随着交联度的提高而降低,并逐渐趋于很小的值。在一定交联范围内,硫化胶的弹性增大,当交联度过大时,由于橡胶分子的活动受到影响,弹性反而降低。所有这些说明,要想获得最佳的综合平衡性能,必须控制交联程度(即硫化程度)。硫化过程控制的主要因素是硫化温度、时间和压力。

(2)橡胶的注射成形　橡胶注射成形与塑料注射成形相似,是一种将胶料直接从机筒注入模具硫化的生产方法。橡胶注射成形工艺主要包括喂料塑化、注射保压、硫化出模几个过程。国产六模胶注射机如图 4-14 所示。

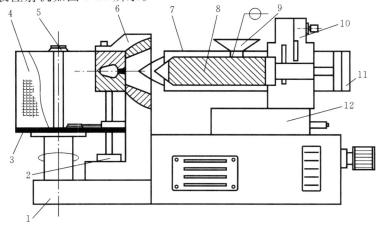

图 4-14　六模胶注射机示意图

1—机座　2—液压锁模缸　3—转盘　4—模具　5—转轴　6—合模机构
7—机筒　8—螺杆　9—带状胶料　10—螺杆驱动装置　11—注射油缸　12—注射座

① 喂料塑化　先将预先混炼好的胶料（通常加工成带状或粒状）从料斗喂入机筒，在螺杆的作用下，胶料沿螺槽被推向机筒前端，在螺杆前端建立压力，迫使螺杆后退。而胶料在沿螺槽前进时，受到激烈的搅拌和变形，加上机筒外部的加热温度很快升高，可塑性增加。由于螺杆受到来自注射油缸的背压作用，且螺杆本身具有一定的压缩比，胶料受到强大的挤压作用而排出残留的空气，从而变得十分致密。

② 注射保压　当螺杆后退到一定的位置，螺杆前端储存了足以注射的胶量时，注射座带动注射机构前移，机筒前端的喷嘴与模具浇口接触，在注射油缸的推动下，螺杆前移进行注射。胶料经喷嘴进入型腔。模具型腔充满胶料后注射完毕。继续保压一段时间，以保证胶料的密实、均匀。

③ 硫化出模　在保压过程中，胶料在高温下渐渐转入硫化阶段。这时注射座后移，螺杆又开始旋转进料，开始新一轮塑化。此时转盘转动一个工位，将已注满胶料的模具移出夹紧机构，继续硫化，直至出模。同时，另一副模具转入夹紧结构，准备进入另一次注射。如此循环生产。

同塑料注射机一样，橡胶注射机也具有注射装置、合模装置、液压和控制系统。注射模具的结构也十分相似。但橡胶注射与塑料注射也有很大的不同，橡胶注射时首先考虑的不是加温流动，而是防止胶料温度过高，发生烧焦的问题。橡胶注射成形的重要工艺参数有料筒温度、注射温度、模具温度、注射压力、螺杆转数和背压等。

料筒温度的控制在橡胶注射成形中十分重要。胶料在料筒内受热，塑化，变得具有流动性。胶料的黏度下降，流动性增大时，注射过程才易进行。因此，在一定的温度范围内提高料筒的温度，可以使注射温度提高，缩短注射时间和硫化时间，提高硫化胶的硬度或定伸强度。但过高的温度会使胶料的硫化速度加快并出现烧焦现象，这时胶料黏度会大大增加，并堵塞注射喷嘴，迫使注射中断。所以，应该在安全性许可的前提下，尽可能提高料筒温度。

注射温度是指胶料通过注射机喷嘴后的温度，这时胶料温度的热源主要有两个，一是料筒加热传递的温度，另一个则是胶料通过窄小喷嘴时的剪切摩擦热。所以，提高螺杆转速、背压、注射压力以及增加喷嘴直径，都可提高注射温度。另外，不同的橡胶，通过喷嘴后的温升情况不同。

模具温度也就是硫化温度。模具温度高，硫化时间就短。在模压成形时，由于胶料加入模具时处于较低的温度，且胶料是热的不良导体，模温高使得制品外部过硫，而内部欠硫，使模具温度的提高受到限制。

注射压力是指注射时螺杆或柱塞施于胶料单位面积上的力。注射压力大，有利于克服胶料熔体的流动阻力，使胶料充满模腔；还使胶料通过喷嘴时的速度提高，剪切摩擦所生的热量也大，这对充模和加快硫化都有好处。采用螺杆式注射机，注射压力一般取 $80 \sim 110$ MPa。

另外，螺杆的转速和背压对胶料的塑化及其在料筒前端建立压力有一定影响。随着螺杆转速的提高，胶料受到的剪切力、摩擦力增大，所产生的热量也越大，塑化效果也越好。当螺杆转速超过一定范围，由于螺杆的推进，胶料在料筒内受热塑化时间变短，塑化效果反而下降。所以，螺杆转速一般不超过 100 r/min。背压越大，螺杆旋转时消耗的功率大，剪切摩擦热就越大。背压一般设定为 22 MPa 以内。

在成形过程中除上述工艺控制因素之外，还应合理掌握硫化时间，以得到高质量的硫化橡胶制品，完成硫化以后，开启模具，取出制品，经过修边工序修整注射时产生的飞边和毛边。最后经过产品质检合格后，即可包装、入库、出厂。

4.2　陶瓷材料的成形

4.2.1　陶瓷材料的成形基础

1. 陶瓷材料的组成与性能

陶瓷是指用天然或人工合成的粉状化合物经过成形和高温烧结而制成的一类无机非金属材料,它通常由三种不同的相组成,即晶相、玻璃相和气相(气孔)。陶瓷材料具有高硬度、高熔点、脆性大、耐腐蚀等特点,具体分述如下。

1) 物理、化学性能

(1) 热性能　熔点高,大多在 2 000 ℃以上,因而陶瓷具有优于金属的高温强度和高温蠕变抗力。陶瓷的热膨胀系数小、热导率低、热容量小,而且随气孔率的增加而降低,故多孔或泡沫陶瓷可用作绝热材料。

(2) 电性能　大部分陶瓷具有较高的电阻率、较小的介电常数和介电损耗,可用作绝缘材料。但具有各种电性能的新型陶瓷材料如压电陶瓷、半导体陶瓷等作为功能材料,为陶瓷的应用开拓了广阔的前景。

(3) 化学稳定性　陶瓷的结构稳定,具有很好的耐火性或不燃烧性,并对酸、碱、盐等腐蚀性介质均有较强的抗蚀性,与许多熔融金属也不发生作用,故可作坩埚材料。

2) 力学性能

(1) 高弹性模量、高硬度　陶瓷材料的弹性模量比金属高数倍,比聚合物高 2~4 个数量级。其硬度在各类材料中也是最高的,陶瓷的硬度随温度升高而降低,但在高温下仍较高。

(2) 低抗拉强度和较高抗压强度　陶瓷材料的抗拉强度比金属低很多。其受压时,气孔等不易扩展成宏观裂纹,故抗压强度较高。

(3) 塑性、韧性低,脆性大　陶瓷材料是非常典型的脆性材料,塑性变形开始温度约为 $0.5T_m$(T_m 为熔点的绝对温度)。由于开始塑性变形的温度很高,因此陶瓷具有良好的高温强度,其冲击功、断裂韧度都很低。

(4) 优良的高温强度和低抗热震性　陶瓷材料的熔点高于金属,因而具有优于金属的高温强度,具有高的蠕变抗力,同时抗氧化性能好,故广泛用作高温材料。但其抗热震性差,当温度剧烈变化时容易破裂。

根据陶瓷的化学组成、显微结构及性能的不同,可将陶瓷分为普通陶瓷和特种陶瓷两大类。普通陶瓷是以黏土、长石、硅石等天然原料,经过粉碎、成形及烧结而成的,主要用于日用品、建筑和卫生用品及电器、耐酸器皿、过滤器皿等。特种陶瓷是采用纯度较高的人工合成化合物(如氧化物、氮化物、碳化物、硼化物及氟化物等),通过恰当的结构设计,精确的化学计量,合适的成形方法和烧成制度,并经过加工处理得到的无机非金属材料,具有特殊的性质和功能,它主要用在高温场合以及机械、电子、宇航、医学工程等方面,成为近代尖端科学技术的重要组成部分。虽然特种陶瓷与普通陶瓷都是经过高温烧结而合成的无机非金属材料,但在所用粉体、成形方法和烧成制度及加工要求等方面有着很大区别。二者的主要区别见表 4-1。

表 4-1　特种陶瓷与普通陶瓷的主要区别

区别	普通陶瓷	特种陶瓷
原料	天然矿物原料	人工精制合成原料（氧化物、非氧化物两大类）
成形	注浆、可塑成形为主	注浆、压制、热压注、注射、轧膜、流延、等静压成形为主
烧结	温度一般在 1 350 ℃以下，燃料以煤、油、气为主	结构陶瓷常需 1 600 ℃左右高温烧结，功能陶瓷需精确控制烧结温度，燃料以电、气、油为主
加工	一般不需加工	常需切割、打孔、研磨和抛光
性能	以外观效果为主	以内在质量为主，常呈现耐温、耐磨、耐腐蚀和各种敏感特性
用途	用于炊具、餐具、陈设品	主要用于航空、能源、冶金、交通、电子、家电等行业

2. 特种陶瓷制品的生产过程

特种陶瓷制品的生产过程主要包括配料与坯料制备、成形、烧结及后续加工等工序。

（1）配料　制作陶瓷制品，首先要按瓷料的组成，将所需各种原料进行称重配料，它是陶瓷工艺中最基本的一环。称料务必精确，因为配料中某些成分加入量的微小误差也会影响到陶瓷材料的结构和性能。

（2）坯料制备　配料后应根据不同的成形方法，混合制备成不同形式的坯料，如用于注浆成形的水悬浮液；用于热压注成形的热塑性浆料；用于挤压、注射、轧膜和流延成形的含有机塑化剂的塑性料；用于干压或等静压成形的造粒粉料。混合一般采用球磨或搅拌等机械混合法。

（3）成形　成形是将坯料制成具有一定形状和规格的坯体。成形技术与方法对陶瓷制品的性能具有重要意义，由于陶瓷制品品种繁多，性能要求、形状规格、大小厚薄不一，产量不同，所用材料性能各异，因此采用的成形方法各种各样，应经综合分析后确定。

（4）烧结　烧结是对成形坯体进行低于熔点的高温加热，使其内的粉体间产生颗粒黏结，经过物质迁移导致致密化和高强度的过程。只有经过烧结，成形坯体才能成为坚硬的具有某种显微结构的陶瓷制品（多晶烧结体），烧结对陶瓷制品的显微组织结构及性能有着直接的影响。

（5）后续加工　经成形、烧结后，还可根据需要进行后续精密加工，使之符合表面粗糙度、形状、尺寸等精度要求，如磨削加工、研磨与抛光、超声波加工、激光加工，甚至切削加工等。切削加工是采用金刚石刀具在超高精度机床上进行的，目前在陶瓷加工中仅有少量应用。

4.2.2　陶瓷制品的成形方法

由于不同陶瓷制品的用途各异，形状、尺寸、材质及烧成温度不一，对各种陶瓷制品的性能、质量的要求也不尽相同，因此采用的成形方法也多种多样，进而造成了成形工艺的复杂化。目前，陶瓷材料成形方法的分类尚未统一，可以从以下几个方面加以分类。

（1）按坯料的特性分类。

粉末原料均需经过加工处理来制成适合于一定成形方法的坯料。可按坯料的特性分类，主要是坯料的流动、流变性质，将成形方法分为三类：干坯料成形、可塑法成形和浆料成形。

①干坯料成形　所谓干坯料是指粉末经过粉碎、磨细至一定粒度并混合均匀后制成的坯料中，基本不含水分等液体或含量很少（一般小于 7%），所含的其他成型剂或润滑剂也极少（不超过 2%），坯料呈现出固相颗粒的流动特性。以这种坯料成形的方法有压制成形、等静压

成形及轧制成形等。

②可塑法成形　可塑性坯料中所含的各种成型剂的量较干坯料要多,但一般不超过30％。水在粉末颗粒润湿的情况下也是一种成型剂,而且其他的成型剂中有相当一部分都必须溶于水后才能发挥增加坯料可塑性和黏结颗粒的作用。坯料呈半固化状态,具有一定的流变性,有良好的可塑性,在成形后或成形再冷却后能够保持形状。挤制成形、轧膜成形、热压注成形及注射成形等方法可归属于可塑法成形。注射成形由于是针对超细粉末的,所以粉末比表面积大,所用成型剂的量不止30％,但是从坯料的流变性和保型性看仍属于这一类成形方法。

③浆料成形　浆料中除粉末颗粒外主要含水分和极少量的分散剂,一般水的含量为28％～35％。粉末颗粒依靠分散剂的作用呈分散状态悬浮在水中,形成固液两相混合的浆料,并呈现出具有一定黏度的流体的流动性质。采用这一类坯料的成形方法有注浆成形和原位凝固成形。

(2) 按成形的连续性分类。

①连续成形　用有些成形方法能成形出长度远远大于宽度、厚度的坯体,坯料为连续的、截面尺寸一致的带状、棒状或管状等,理论上用这类成形方法可成形出的长度无限长,只要坯料能源源不断地供应。在实际生产中往往将坯料在成形后切割成所需要的一定长度,或用连续式烧结炉烧结后再切割成一定长度。属于这类成形方法的有粉末轧制成形、挤制成形、轧膜成形和流延法成形等。

②非连续成形　除了上述几种连续成形以外的成形方法均属于非连续成形。

(3) 按有无模具分类。

①有模成形　压制成形、等静压成形、注浆成形、注射成形、热压注成形及原位凝固成形等方法均属于有模成形。用有模成形方法成形出的坯体的形状、尺寸由模具所决定。最为常用的模具材料是金属材料,有时也使用非金属材料,如注浆成形用石膏模或多孔塑料模,冷等静压成形则用橡胶模或塑料模。

②无模成形　上述属于连续成形的几种成形方法均可归于无模成形。在无模成形中,粉末轧制成形、轧膜成形的坯体的厚度虽然由轧辊的缝隙间距所控制,宽度也取决于轧辊的宽度,但长度方向的尺寸是自由的。挤制成形的坯体的截面形状是由挤制腔出口的形状所决定的,长度也是不受限制的。也就是说,用这类方法成形的坯体至少有一个方向的尺寸是自由的。况且,轧辊、挤制嘴也不属于通常意义上的模具。

综上,粉末坯体的成形方法较多,以下主要介绍压制成形、可塑法成形和浆料法成形。

1. 压制成形方法

压制成形又称模压成形,它是将粉料(含水量控制在4％～7％,甚至可为1％～4％)加入少量黏结剂进行造粒,然后将造粒后的粉料置于金属模(一般为钢模)中,在压力机械上加压成一定形状的坯体。压制成形法的特点是黏结剂含量较低,不经过干燥就可以直接焙烧,坯体的收缩率小。该方法大大提高了坯体的致密程度,进而提高了制件的强度,而且压制成形的机械化水平较高。压制成形法是在日用陶瓷和特种陶瓷的生产中常常采用的一种成形方法,通常可分为干法、半干法和湿法压制。干法压制:坯料含水量为0％～5％,包括润滑介质和其他液态加入物;半干法压制:坯料的含水量为5％～8％;湿法压制:坯料的含水量为8％～18％。

1) 干压成形

干压成形是将粉料装入钢模内,通过冲头对粉末施加压力,压制成具有一定形状和尺寸压坯的成形的方法,卸模后将坯体从凹模中脱出,如图4-15所示。

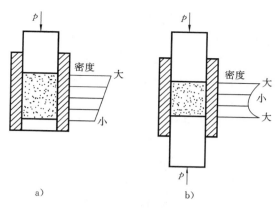

图 4-15　干压成形过程示意图

a）单向加压　b）双向加压

干压成形是基于较大的压力将粉末坯料在模型中压成的。其实质是在外力作用下颗粒在模具内相互靠近,并借助于内摩擦力牢固地把各颗粒联系起来且保持一定的形状的工艺。这种内摩擦力作用在相互靠近的颗粒外围结合剂薄层上,总之,干压坯体可以看成是由一个液相层(结合剂)、空气、坯料组成的三相分散的体系。如果坯料的颗粒级配和造粒恰当,堆集的密度比较高,那么空气的含量可以大大减少。随着压力的增大,坯料将改变外形,相互滑动,间隙被填充并减少,逐渐加大接触且相互紧贴。颗粒之间进一步靠近使得胶体分子与颗粒之间的作用力加强,因而坯体具有一定的力学强度。如果坯料的颗粒级配合适,结合剂使用正确,加压方式合理,干压法可以得到比较理想的坯体密度。

干压成形的优点是工艺简单、操作方便、周期短、效率高、便于自动化生产。此外,干压成形还具有坯体密度大、尺寸精确、收缩小、强度高等特点。但干压成形对大型体生产有困难,模具磨损大、加工复杂、成本高,另外压力分布不均匀,坯体的密度不均匀,会在烧结中产生收缩不均、分层开裂等现象。干压成形也难于制造出形状复杂的零件。

2）等静压成形

等静压成形又叫静水压成形,它是利用液体介质不可压缩性和均匀传递压力性的一种成形方法。也就是说,处于高压容器中的试样受到的压力如同处于同一深度的静水中所受到的压力情况,所以叫做静水压或等静压。根据这种原理而得到的成形工艺则称为静水压或等静压成形。

等静压成形与干压成形的主要区别如下。

（1）干压成形只有一到两个受压面,而等静压成形则是多轴施压,即多方向加压多面受压,这样有利于把粉料压实到相当的密度。同时,粉料颗粒的直线位移小,消耗在粉料颗粒运动时的摩擦功相对较小,提高了压制效率。

（2）与施压强度大致相同的其他压制成形相比,等静压成形可以得到较高的生坯密度,而且在各个方向上都密实均匀,不因为形状厚薄不同而有较大的变化。

（3）由于等静压成形的压强方向性差异不大,粉料颗粒间和颗粒与模型间的摩擦作用显著地减少,所以在生坯中产生应力的现象是很少出现的。

（4）等静压成形的生坯强度较高,生坯内部结构均匀,不存在颗粒取向排列。

（5）等静压成形采用的粉料含水量很低(一般在 $1\%\sim3\%$),也不必或很少使用黏结剂或润滑剂。这对于减少干燥收缩或烧成收缩是有利的。

（6）对制件的尺寸和尺寸之间的比例没有很大的限制。等静压成形可以成形直径为500 mm、长 2.4 m 左右的黏土管道,且对制件形状的适应性也较宽。

（7）等静压成形可以实现高温等静压,使成形与烧结合为一个工序。

等静压成形的理论基础是根据"帕斯卡原理"关于液体传递压强的规律:加在密闭液体上的压强能够大小不变地被液体向各个方向传递。图 4-16 为等静压成形的原理示意图,用于成形的粉料装在塑性包套内并置于高压容器中,当液体介质通过压力泵注入压力容器时,根据流体力学原理,其压强大小不变且均匀地传递到各个方向。此时,在高压容器中的粉料在各个方向上受到的压力应当是均匀的和大小一致的。

等静压成形的制品具有组织结构均匀,密度高,烧结收缩率小,模具成本低,生产效率高,可成形形状复杂的细长制品、大尺寸制品和精密尺寸制品等突出优点,是目前较为先进的一种成形工艺,开始替代传统的成形方法,如用于生产火花塞、瓷球、柱塞、真空管壳等产品,显示出越来越广阔的应用前景。

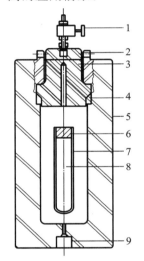

图 4-16　等静压成形原理示意图

1—排气阀　2—压紧螺母　3—盖顶
4—密封圈　5—高压容器　6—橡胶塞
7—模套　8—压制料　9—压力介质入口

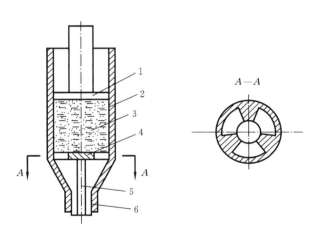

图 4-17　挤压法成形过程示意图

1—活塞　2—挤压筒　3—瓷料
4—型环　5—型芯　6—挤嘴

2. 可塑法成形

在可塑法成形时,在坯料中加入一定量的水或塑化剂,使坯料成为具有良好塑性的料团,然后利用外力的作用使可塑坯料发生塑性变形而制成坯体。可塑法成形主要包括挤压法、刀压法、滚压法、车坯法和轧膜法等。

1）挤压法成形

挤压法成形主要用来制造壁厚为 0.2 mm 左右的各种管状产品(如高温炉管、热电偶套管、电容器瓷管等)和截面形状规则的瓷棒或轴(如圆形、方形、椭圆形、六角形瓷棒等)。随着粉料质量和泥料可塑性的提高,它也可用来挤制长 100~200 mm、厚 0.2~0.3 mm 的片状坯膜,半干后再冲制成不同形状的片状制品,或者用来挤制每平方厘米 100~200 个孔的蜂窝状或筛格式穿孔陶瓷制品。

挤压法成形过程如图 4-17 所示。将真空炼制的泥料放入挤制机内,该机一头可以通过活塞对泥料施加压力,另一头装有机嘴(即成形模具)。通过更换机嘴,能挤出各种形状的坯体,也可直接将挤嘴安装在真空炼泥挤压机上,成为真空炼泥挤压机,其制品性能更好。挤出的坯体待晾干后可切割成所需长度的成品。

挤压法成形生产效率高、产量大、操作简便。但挤嘴结构复杂,加工精度要求较高。

2) 刀压法成形和滚压法成形

刀压法成形也称旋压法成形,如图 4-18 所示,它是利用型刀和石膏模型进行成形的一种方法。成形时取定量的可塑泥料,投进旋转的石膏模中,然后将型刀渐渐压入泥料。由于型刀与旋转着的模型之间存在相对运动,随着模型的旋转及型刀的挤压和刮削作用,将坯泥沿石膏模型的工作面上展开形成坯件。刀口的工作弧线形状与模型工作面的形状构成了坯体的厚度。这种方法又可分为凹模法和凸模法。凹模法成形时石膏模内凹,模内壁决定坯体的外形,型刀决定坯体的内部形状;凸模法成形时石膏模凸起,坯体内表面形状由模型决定,外表面由型刀旋压决定。

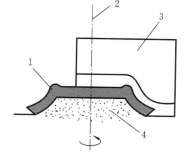

图 4-18　刀压法成形示意图
1—坯料　2—旋转轴
3—样板刀　4—石膏模型

滚压法成形是由刀压法成形演变而来的,它与刀压法成形的不同之处是将扁平的型刀改为回转型的滚压头。成形时,滚压头和盛放泥料的模型分别绕自己的轴线以一定速度同方向旋转。滚压头一面旋转一面逐渐压入泥料,泥料受“滚”与“压”的作用而成形制品。与刀压法成形相似,滚压法成形可分为凸模滚压成形和凹模滚压成形两种。

3) 车坯法成形

车坯法成形是利用挤压出的圆柱形泥团作为坯料,在卧式或立式车床上加工成形。车床的结构与金属切削加工的普通车床相似。根据泥团所含水分的多少,又分为干车成形和湿车成形两种:前者泥料水的质量分数为 6%～11%,后者泥料水的质量分数为 16%～18%。尺寸精度要求较高的产品多采用干车成形,但干车成形时粉尘多,生产率低,刀具损耗大。湿车成形的优缺点正好与干车成形相反。

车坯法成形适合加工形状较为复杂的圆形制品,特别是大型的圆形制品。

4) 轧模法成形

轧模法成形是将准备好的坯料拌以一定量的有机黏结剂(一般用聚乙烯醇),并混合均匀后置入轧模机的两轧辊之间进行加工。通过调整轧辊间距,经过多次辊轧,最终达到所要求的厚度。轧好的坯片需经冲切工序制成所需的坯件。

由于在辊轧过程中,坯料只在厚度和前进方向受到碾压,在宽度方向受力较小,因此坯料和黏结剂不可避免地会出现定向排列。干燥和烧结时,横向收缩大,易产生变形和开裂,坯体性能也呈各向异性。轧模法成形适合生产厚度为 1 mm 以下的薄片状产品,但对厚度小于 0.08 mm 的超薄片,难以用此法轧制且质量也不易控制。

5) 注射成形

注射成形是将陶瓷粉末和有机黏结剂混合后,用注射成形机在 130～300 ℃温度范围内将陶瓷粉末注射到金属模腔内,待其冷却后黏结剂固化便可以取出成形好的生坯。陶瓷注射成形的原理如下:先将陶瓷粉末与适量的黏结剂混合后制备成适用于注射成形工艺要求的喂料;当温度升高时,喂料产生较好的流动性,此时在一定的压力作用下注射成形机将具有流动性的喂料注射到模具的型腔内制成毛坯;待其冷却后取出已固化的成形坯体在一定的温度条件下进行脱脂,去除毛坯中所含的黏结剂,再进行烧结获得所需形状、尺寸的陶瓷制件。

陶瓷的注射成形是一种适用于制备精密陶瓷的新技术,该方法具有许多特殊的技术优势和工艺优势。与传统陶瓷成形技术相比,注射成形技术可以制备出体积小、形状复杂、尺寸精度高的结构件,而且由于流动充模,生坯密度均匀,制件的烧结性能优越。另外,由于注射成形是一种近净成形工艺,不需要后续加工或只需微加工即可,特别是对于耐高温、高强度、高硬度、抗腐蚀等性能优异的碳化硅、氮化硅等高温结构陶瓷的成形,注射成形技术显得尤为重要。陶瓷注射成形工艺的优势主要体现在以下方面。

(1) 具有优越的成形能力,能够生产形状复杂的精密部件。

(2) 由于采用的原料为较细的粉末颗粒,因此烧结密度高,固相烧结可以获得95%以上的相对理论密度,而液相烧结可以达到99%以上,显微组织细小均匀,具有优良的力学性能。

(3) 注射成形在注射过程中处于等静压状态,所得的成形坯体密度均匀,保证了烧结的均匀收缩,因此,注射成形方法制备的部件尺寸精度高、公差小。

(4) 注射成形的产品利用率高,烧结零件不需要或只需要进行少量的后续机械加工处理即可使用,降低了生产成本,可以获得较高的生产效率。

3. 注浆法成形

注浆法成形是在石膏模中进行的。石膏模具多孔且吸水性强,能很快吸收陶瓷浆料的水分,达到成形的目的。

注浆法成形过程可以视为吸浆成坯和巩固脱模两个阶段。吸浆成坯阶段由于石膏模的吸水作用,先在靠近模型的工作面上形成一薄泥层,随后泥层逐渐增厚达到所要求的坯体厚度。成形的动力是模型的毛细管力。此时不能马上脱模,需继续放置,即进入巩固阶段,模型继续吸水及坯体表面水分蒸发并伴有干燥收缩。当水分降低到某一数值时,坯体内水分减少的速度会急剧变小,此时由于坯体收缩并有了一定的强度,脱模就比较容易。注浆法成形有三种基本方法:空心注浆法、实心注浆法及热压注浆法。为了强化注浆过程,生产中还使用压力注浆、离心注浆和真空注浆等。

1) 空心注浆法

空心注浆法所用的石膏模是空心的(即无模芯),泥浆注满模腔经过一定时间后,石膏模腔内部黏附一定厚度的坯体,将多余的泥浆倒出,坯体形状便在模内形成。坯体的厚薄取决于吸浆时间、模型的湿度和温度以及浆料的性质。

空心注浆适用于小型薄壁的产品。空心注浆的工艺过程如图 4-19 所示。

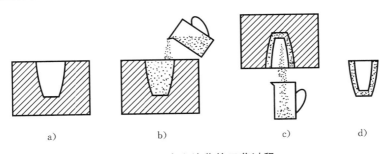

a)　　　　　　　b)　　　　　　　c)　　　　　　　d)

图 4-19　空心注浆的工艺过程
a) 空石膏模　b) 注浆　c) 放浆　d) 坯体

2）实心注浆法

实心注浆法所用石膏模具由外模和模芯组成，泥浆注入外模与模芯之间，坯体的表面由外模腔决定，内部形状则由模芯决定（见图 4-20）。这样，泥浆注满后，模型从两个方向吸收泥浆的水分，往往造成靠近模壁处坯体致密，而坯体中心较疏松，这与泥浆性能和浇注操作有关，所以应精心制作泥浆和严格操作工艺。

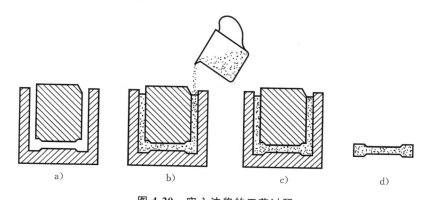

图 4-20　实心注浆的工艺过程
a）空石膏模　b）注浆　c）放浆（未画出）　d）坯体

注浆法成形对制品的适应性较强，得到的制品致密，强度也高，但因坯件含水量较大，其干燥收缩较大，生产时要消耗较多的石膏模，占用场地也较大。

3）热压注浆法

利用蜡类材料热熔冷固的特点，把粉料与熔化的蜡料黏结剂迅速搅和成具有流动性的料浆，在热压铸机中用压缩空气把热熔料浆注入金属模，冷却凝固后成形。这种成形操作简单，模具损失小，可成形复杂制品，但坯体密度较低，生产周期较长。

4）注凝成形

在 20 世纪 80 年代后期，昂贵的生产成本使得陶瓷材料的生产和研究陷入了窘境。在这个背景下美国橡树岭国家实验室对陶瓷成形方法进行了深入的研究，并在 20 世纪 90 年代初期发明了一种新的陶瓷成形技术——注凝成形。注凝成形工艺是一种新颖的胶态成形工艺，它很好地将传统陶瓷工艺和有机聚合物化学结合，将高分子单体聚合的方法灵活地引入到陶瓷成形工艺中，制备低黏度、高固相含量、均匀性好的陶瓷坯体。

注凝成形工艺的基本原理是，在低黏度、高固相含量的粉体-溶剂悬浮体系中加入少量的有机单体，然后利用催化剂和引发剂，使悬浮体中的有机单体聚合交联形成三维网状结构，从而使液态浆料原位固化成形，得到具有粉体与高分子物质复合结构的坯体。将坯体进行脱模、干燥、去除有机物、烧结，最后获得所需的陶瓷部件。

5）热压铸成形

热压铸成形又称热压注成形，其基本原理是利用石蜡受热熔化后的流动性，将无可塑性的陶瓷粉料与热蜡液均匀混合形成浆料，在一定的压力作用下注入金属模具中成形，等待冷却固化后再脱模取出成形好的坯体。坯体经过去除注口并适当地修整后埋放于吸附剂中，然后一起加热进行脱脂处理，排除掉石蜡和其他可挥发的添加剂，再烧结成陶瓷制件。

注浆成形、可塑法成形和干压成形等都是按照原料粉碎、坯料制备、成形、干燥、烧结的工艺路线进行的。也就是说，这些成形方法都是先成形后烧成，其干燥烧成的收缩很大，烧成时要发生分解、氧化、晶型转变、气相产生、液相出现等一系列物理化学变化,这都将导致坯体产生变形、开裂等缺陷。而热压铸成形工艺则是把上述一系列物理化学变化在成形之前就进行完毕,把坯料烧结成瓷粉,进行粉碎,再加入工艺黏结剂加热化浆,并在一定的温度、压力下铸造成形,再脱蜡烧成。这样物理化学变化少、收缩少,造成缺陷的可能性极低。

　　6) 流延成形

　　流延成形也称为带式浇注成形或者刮刀成形。流延成形所用的浆料由粉料、塑化剂和溶剂组成。粉料要求必须是超细粉碎,其大部分颗粒的粒径应该小于 $3\ \mu m$。各种添加剂的选择和用量要根据粉料的物理化学特性和颗粒状况而定。配好的浆料经充分混合后搅拌排除气泡,真空脱气,获得可以流动的黏稠浆料。浆料泵入流延机料斗前必须经过两层滤网来滤除个别团聚的大颗粒及未溶化的黏结剂。由此可见,在流延成形工艺中最关键的是浆料的制备和流延成形工艺。流延成形首先把粉碎好的粉料与有机塑化剂溶液按照适当的配比混合后制成具有一定黏度的浆料,浆料从容器桶流下,被刮刀以一定的厚度刮压涂覆在专用的基带上,经过干燥、固化后从基带上剥下,制成生坯带的薄膜。然后,根据制件的形状、尺寸需要对生坯带进行冲切、层合等加工处理,最终制成待烧结的毛坯。

　　目前,流延成形法是一种比较成熟并能够获得高质量、超薄型制件的成形工艺方法,现已广泛应用在电容器、多层布线瓷、氧化锌低压压敏电阻等新型陶瓷的生产中。

4.3　复合材料的成形

　　复合材料是指两种或多种成分不同、性质不同、有时形状也不同的相容性材料以物理方式进行合理复合而制得的一类新材料。组成复合材料有两类物质:一类为基体材料,形成几何形状并起黏结作用,如树脂、陶瓷、金属等;另一类为增强材料,起提高强度或韧化作用,如纤维、颗粒、晶须等。

　　按基体的不同,复合材料可分为树脂基复合材料、金属基复合材料和陶瓷复合材料等。在同一基体的基础上,还可按增强材料的不同进行分类,如金属基复合材料又可分为纤维增强金属基复合材料、颗粒增强金属基复合材料等。

　　复合材料成形工艺与其他材料成形工艺相比,其特点是材料的形成与制品的成形同时完成。复合材料的生产过程通常是复合材料制品的生产过程。

4.3.1　金属基复合材料的成形

　　制备金属基复合材料,关键在于获得基体金属与增强材料之间良好的浸润和合适的界面结合。制造步骤主要包括增强材料的预备处理或预成形、材料复合、复合材料的二次成形和加工。下面介绍几种常用方法。

　　1. 液态金属浸润法

　　液态金属浸润法的实质是使基体金属呈熔融状态时与增强材料浸润结合,然后凝固成形,常用工艺有以下几种。

　　(1) 常压铸造法　将经过预处理的纤维制成整体或局部形状的零件预制坯,预热后放入浇注模,浇入液态金属,靠重力使金属渗入纤维预制坯并凝固。此法可采用常规铸模设备,降低制造成本,适应于较大规模的生产。但复合材料制品易存在宏观或微观缺陷。

（2）液体金属搅拌法　将基体金属放入坩埚中熔化,插入旋转叶片,搅拌金属液,并逐步加入弥散增强材料,直至在熔体中均匀分布为止,然后进行脱气处理,注入模中凝固成形。可以采用熔模铸造直接生产零件,也可先制成铸坯,再经二次成形加工,生产板、管和各种型材。该法设备较为简单,生产成本低,主要用于陶瓷颗粒增强金属基复合材料的制造。

（3）真空加压铸造法　它是在真空或惰性气体的密封容器中加热纤维预制坯和熔化金属,随后将铸模的引流管插入熔融金属中,并通入惰性气体对金属液面施以一定压力,强制液态金属渗入预制坯,冷却凝固后制成复合材料或制品,铸造装置如图 4-21 所示。该方法可防止纤维和基体金属在加热过程中氧化,有利于纤维表面净化,改善其浸润性,从而显著减少复合材料和制品中的缺陷,适应于生产小型零件,但生产率较低。

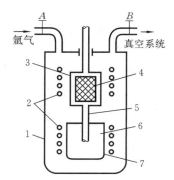

图 4-21　真空加压铸造装置示意图
1—密封容器　2—加热器　3—铸模
4—纤维预制品　5—引流管
6—液态金属　7—坩埚

（4）挤压铸造法　先将增强材料放入配有黏结剂和纤维表面改性溶质的溶液中,充分搅拌,而后压滤、干燥、烧结成具有一定强度的预制坯,如图 4-22 所示;随后将预热后的预制坯放入固定在液压机上经预热的模具中,注入液态金属,加压,使金属渗透制坯,并在高压下凝固成形为复合材料制品,如图 4-23 所示。该成形方法可生产材质优良、加工余量小的制品,成本低,生产率较高。

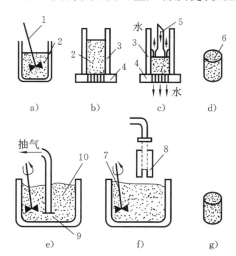

图 4-22　短纤维预制坯的两种制造过程
a）搅拌　b）入模　c）挤压　d）干燥
e）抽吸　f）脱模　g）干燥
1—搅拌器　2,10—晶须和水　3—模具　4—过滤器　5—活塞
6—纤维预制体　7—黏结剂　8—预制坯　9—过滤器

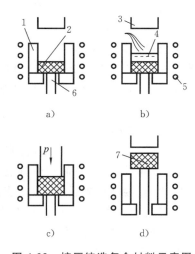

图 4-23　挤压铸造复合材料示意图
a）入模　b）浇注　c）压制　d）顶出
1—模具　2—预制坯　3—压头　4—金属液
5—加热器　6—顶杆　7—复合材料

2. 扩散黏结法

扩散黏结法是在较长时间、较高温度和压力下,使固态金属基体与增强材料的接触界面通

过原子间相互扩散而黏结。制造时先把增强纤维用不同的方法,如等离子喷涂法、液态金属浸渗法、化学涂覆法等制成预制制坯,处理、清洗后,按一定形状、尺寸和排列形成叠层封装,加热压制,压制过程可以在真空、惰性气体或大气环境中进行,常用的压制方法有以下三种。

(1)热压法　将预制带式复合丝按要求铺在金属箔上,交替叠层,再放入金属模具中或封入真空不锈钢内,加热、加压一定时间后取出冷却,去除封套。

(2)热等静压法　将预制坯装入金属或非金属包套中,抽真空并封焊包套,再将包套装入高压容器内,注入高压惰性气体(氮或氩)并加热。气体受热膨胀后均匀地对受压件施以高压,扩散黏结成复合材料。此法可制造形状较为复杂的零件,但所需设备昂贵。

(3)热轧法　经预处理的纤维、复合丝同铝箔交替排成坯料,用不锈钢薄板包裹或夹在两层不锈钢之间加热和多次反复轧制,制成板材或带材。

3. 粉末冶金法

粉末冶金法是根据制品要求采用不同的金属粉末与陶瓷颗粒、晶须或短纤维,经均匀混合后放入模具中,高温、高压成形。该法可直接制成零件,也可制坯进行二次成形。制得的材料致密度高,增强材料分布均匀。

4. 喷雾共淀积法

喷雾共淀积法是用于生产陶瓷颗粒增强金属基复合材料的一种新工艺,熔融金属从炉子底部的浇注孔流出,经喷雾器被高速惰性气体流雾化,同时由气体携带陶瓷颗粒加入雾化流中使其混合、沉降,在金属滴尚未完全凝固前喷射在基板或特定模具上,并凝固成固态共淀积体(复合材料)。此法生产的材料的致密度高,陶瓷颗粒分布均匀,生产率高,可直接生产不同规格的空心管、板、锻坯和挤压锭等。

4.3.2　树脂基复合材料的成形

要获得良好的树脂基复合材料制品,必须根据原材料的工艺特点,制品尺寸和形状,使用要求等条件,正确选择成形方法和工艺参数。树脂基复合材料成形方法有手糊成形、喷射成形、热压罐成形、对模模压成形、纤维缠绕成形、拉挤成形及压注成形等。下面介绍几种常用方法。

1. 手糊成形

手糊成形是聚合物基复合材料生产中最早使用和最简单的一种成形方法。其工艺过程是先在经清理并涂有脱模剂的模具上均匀刷一层树脂,再将纤维增强织物按要求裁剪成一定形状和尺寸,直接铺设到模具上,并使其平整,多次重复以上步骤逐层铺贴,直至所需厚度为止。涂刷结束后让其在室温下(或在专用设备中加热、加压)固化成形。

手糊成形的特点是不需专用设备,工艺简单,操作方便,生产成本低,其制品的形状和尺寸不受限制,适用性广。但由于靠手工操作,生产效率低,产品质量不稳定,因此一般适用于要求不高的大型制件,如船体、储罐、大口径管道、汽车壳体、风机叶片及仿形加工用靠模等。

2. 喷射成形

喷射成形是利用压缩空气将经过特殊处理而雾化的树脂与切短的纤维同时通过喷射机的喷枪喷射到模具上,经过辊压、排除气泡等步骤后,再继续喷射,直至完成坯件制件(见图4-24),然后从回转台上取下进行固化的一种成形方法。

喷射成形生产效率高,制品无接缝,其形状和尺寸大小受限制小,适于异形制品的成形;但

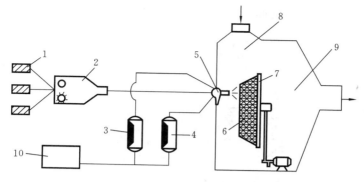

图 4-24　喷射成形

1—纤维　2—纤维切断器　3—甲组分树脂罐　4—乙组分树脂罐　5—喷枪

6—被喷物　7—旋转台　8—隔离室　9—抽风罩　10—压缩空气

场地污染大,制件承载能力不高。主要适于制造船体、汽车车身、浴盒等大型部件。

3. 热压罐成形

　　热压罐成形是制造结构复合材料制品的一种通用方法。主要用于成形高性能复合材料制品。首先将预浸材料按一定排列顺序置于涂有脱模剂的模具上,铺放分离布和带孔的脱模薄膜,在脱模薄膜的上面铺放吸胶透气毡,再包覆耐高温的真空袋,并用密封条密封周边(见图 4-25);然后,连续从真空袋内抽出空气并加热,使预浸材料的层间达到一定程度的真空度,达到要求温度后,向热压罐内充以压缩空气,给制品加压。热压罐成形工艺的主要设备是能承受所需温度和压力,并具有必要成形空间的热压罐,以及加温、加压系统,抽真空系统和控制系统等。由于无法直接观察到基体树脂的流变和固化行为,只能通过测定树脂在固化过程中的

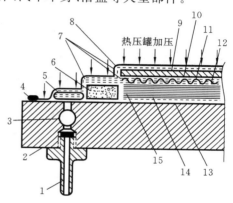

图 4-25　热压罐成形示意图

1—接真空源　2—平板模具　3—模具排气导管

4—密封胶条　5—排气材料　6—柔性挡块

7—透气层　8—真空袋　9—均压板　10—排气层

11—吸胶透气毡　12—分离布　13—脱模层

14—隔离层　15—制品

黏度、介电常数或反应热的变化,来确定加温和加压程序的实施。因而,该方法也被认为是一种具有"技巧性"的方法。

4. 对模模压成形

　　对模模压成形是将模压料约束在两个模具型面之间形成制品形状,并加压使之固化。成形的产品质量高,尺寸精度高,自动化程度高,复现性好,成形速度快,适合大量生产,产品质量基本不受操作人员技能的影响。

　　根据所使用模压料形式和状态不同,对模模压成形又可分为增强模压料模压、毡与预成形坯料模压、树脂注入模压、泡沫蓄积模压等方法。在工业中占主导地位的是增强模压料模压和树脂注入模压。

　　增强模压料模压包括块状模压料、片状模压料,以及近年来开发的厚片状模料(TMC),高纤维含量模压料等模压工艺。图 4-26 所示为厚片模压料制造流程。它是将树脂夹持在两个反向旋转的辊子之间,再将切断的纤维送到树脂糊中,通过反向旋辊将二者合并通过两个辊子

面沉积到图示的两个塑料薄膜之间,经过传送装置后便可得到确定厚度的模压料。

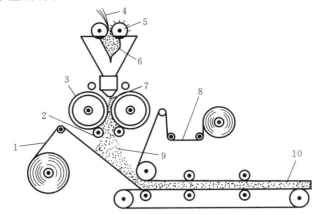

图 4-26　厚片模压料制造流程

1,8—聚乙烯薄膜　2—擦除辊　3—浸渍辊　4—玻璃纤维　5—切刀
6—短玻璃纤维　7—树脂糊　9—TMC复合物　10—TMC成品

　　树脂注入模压是将增强材料铺放在模具中,再将模具闭合,而后将树脂注入模中,使树脂完全浸渍于密封在模具中的增强材料并固化。为了有效地浸渍增强材料,应先从模内抽真空,之后在适当的压力下注入树脂,再用模内加热装置或固化加热至固化温度。这种成形方法与热压罐和其他压制成形工艺相比,只需较小的成形压力和轻型模具,因此可以制备大型和几何形状比较复杂的制品。

　　5. 缠绕成形

　　缠绕成形是制造具有回转体形状的复合材料制品的基本成形方法。它是将浸渗树脂的纤维,按照要求的方向有规律、均匀地布满芯模表面,然后送入固化炉固化,脱去芯模即可得到所需制品,如图 4-27 所示。该方法的基本设备是缠绕机、固化炉和芯模。

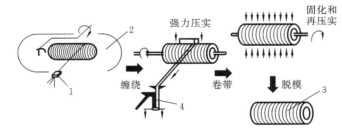

图 4-27　缠绕成形示意图

1—进给小车　2—芯模　3—制品　4—张力器

　　缠绕成形可按设计要求确定缠绕方向、层数和数量,获得等强度结构,机械化、自动化程度高,产品质量好,但对于非回转体制品,缠绕规律及缠绕设备比较复杂,目前正处于研究阶段。

　　6. 拉挤成形

　　拉挤成形是高效率生产连续、恒定截面复合型材的一种自动化工艺技术。其工艺特点是:连续纤维浸渗树脂后,通过具有一定截面形状的模具成形并固化。

　　拉挤成形工艺原理如图 4-28 所示,主要工艺包括纤维输送、纤维浸渗、成形与固化、夹持与拉拔、切割。

　　拉挤成形制品包括各种杆棒、平板、空心管或型材,其应用极为广泛,如绝缘梯子架、电绝

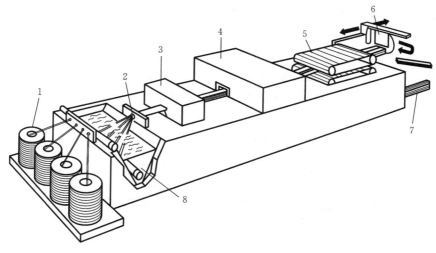

图 4-28　拉挤成形工艺原理

1—纤维　2—挤胶器　3—预成形　4—热模　5—拉拔　6—切割　7—制品　8—树脂槽

缘杆、电缆管等电器材料,抽油杆、栏杆、管道、高速公路路标杆、支架、桁架梁等耐腐蚀结构,钓鱼竿、弓箭、撑竿跳的撑竿、高尔夫球杆、滑雪板、帐篷杆等运动器材,汽车行李架、扶手栏杆、建材、温室棚架等。

7. 压注成形

压注成形是通过压力将树脂注入密闭的模腔,浸润其中的纤维织物坯件然后固化成形的方法(见图4-29)。其工艺过程是先将织物坯件置入模腔内,再将另一半模具闭合,用液压泵将树脂注入模腔内使之浸透增强织物,然后固化。该成形方法工艺环节少,制品尺寸精度高,外观质量好,一般不需要再加工,但工艺难度大,生产周期长。

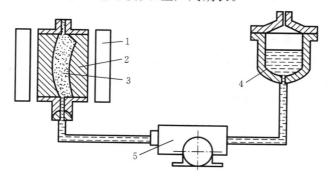

图 4-29　压注成形示意图

1—加热套　2—模具　3—制件　4—树脂釜　5—泵

8. 层压成形

层压成形是玻璃钢成形工艺中发展较早、也较成熟的一种成形方法,采用增强材料经浸胶机浸渗树脂,烘干后制成预浸料,预浸料经过裁切、叠合,在压力机中施加一定的压力、温度,保持适宜的时间而制成层压制品。

层压成形工艺主要用于生产各种平面尺寸大、厚度大的层压板、绝缘板、波形板、覆铜箔层压板或结构形状简单的制品。其优点是生产的机械化、自动化程度较高,制品质量比较稳定;

其缺点是规格会受到设备的限制,一次性投资较大,且生产效率较低。

9. 树脂灌注成形

树脂灌注成形工艺是从湿法铺层和注塑工艺演变而来的一种新的复合材料成形工艺。其基本原理如图 4-30 所示,先在模腔内铺放增强材料预成形体、芯材和预埋件,然后在压力或真空作用力下将树脂注入闭合模腔,浸润纤维,固化后脱模,再进行二次加工等后处理工序。

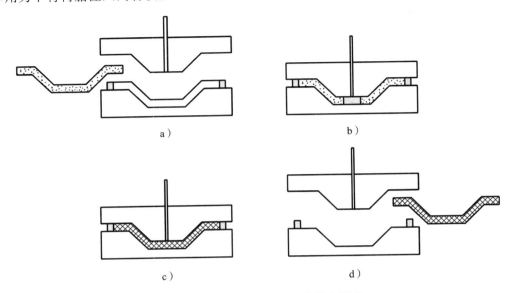

图 4-30 树脂灌注成形工艺的基本原理

a) 铺放增强材料 b) 注入树脂 c) 固化 d) 脱模

树脂灌注成形工艺以其优异的工艺性能,已广泛地应用于舰船、军事设施、国防工程、交通运输、航空航天等。

10. 真空辅助树脂扩散成形

真空辅助树脂扩散成形工艺是在树脂灌注成形工艺基础上发展起来的一种高性能、低成本的复合材料成形工艺。如图 4-31 所示,真空辅助树脂扩散成形工艺的基本原理是:在真空负压条件下,利用树脂的流动和渗透实现对密闭模腔内的纤维织物增强材料的浸渗,然后固化成形。

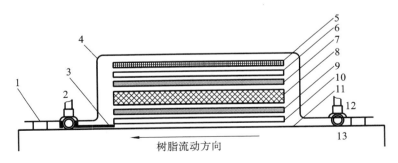

树脂流动方向

图 4-31 真空辅助树脂扩散成形工艺示意图

1—密封胶带 2—真空口 3—透气孔 4—真空袋膜 5—导流网 6,10—多孔膜 7,9—脱模布

8—纤维增强体 11—液体脱模剂 12—树脂注入口 13—加热平台

和传统的开模成形工艺以及树脂灌注成形工艺相比,真空辅助树脂扩散成形工艺具有模具成本低、制品外形可控、制品力学性能好、环保性好、生产效率高等优点。

4.3.3　陶瓷基复合材料的成形

1. 粉末冶金法

粉末冶金法也称压制烧结法或混合压制法,该法广泛应用于制备特种陶瓷及某些玻璃陶瓷。陶瓷基复合材料的基体采用陶瓷粉末,将陶瓷粉末、增强材料(颗粒或纤维等)和加入的黏结剂混合均匀后,冷压制成所需形状,然后进行烧结或直接热压烧结制成陶瓷基复合材料。前者称冷压烧结法,后者称热压烧结法。在热压烧结法中,压力和高温同时作用,可以加速致密化速率,获得无气孔和细晶粒的、力学性能大大提高的制品。但用粉末冶金法进行成形加工的难点是基体与增强材料不易混合,同时,晶须和纤维在混合或压制过程中,尤其是在冷压情况下容易折断。

2. 浆料法

为了克服粉末冶金法中各材料组元,尤其是增强材料为晶须时混合不均匀的现象,生产中往往采用浆料法(也称湿态法)。此种方法与粉末冶金法的不同在于混合体采用浆料形式。在混合浆中各材料组元应保持散凝状,即在浆料中呈弥散分布,这可通过调整水溶液的 pH 值来实现,对浆料进行超声波振动搅拌可进一步改善弥散性。弥散的浆料可直接浇注成形或通过热压或冷压后烧结成形(见图 4-32)。

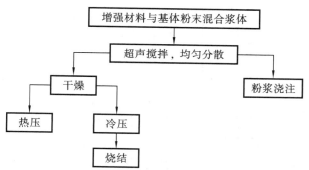

图 4-32　浆料压制烧结工艺流程

3. 浆料浸渗热压成形法

浆料浸渗热压成形法目前在制造纤维增强陶瓷基(或玻璃陶瓷基)复合材料中应用较多,其工艺过程如图 4-33 所示。纤维束或纤维预制件在滚筒的旋转牵引下,于浆料罐中浸渗浆料,浆料由基体粉末、水或乙醇以及有机黏结剂混合而成。浸渗后的纤维束或预成形体被缠绕在滚筒上,然后压制切断成单层薄片,将切断的薄层预浸片按单向、十字交叉法或一定角度的堆垛次序排列成层板,然后放入加热炉中烧去黏结剂,最后热压使之固化。若基体为玻璃陶瓷,要达到完全晶化还需要热处理。

浆料浸渗热压法的优点是加热温度较晶体陶瓷低,不损伤增强体,层板的堆垛次序可任意排列,纤维分布均匀,气孔率低,获得的强度高。此外,这种工艺较简单,不需成形模具,能生产大型零件。其缺点是所制零件的形状不能太复杂,基体材料必须是低熔点或低软化点陶瓷。

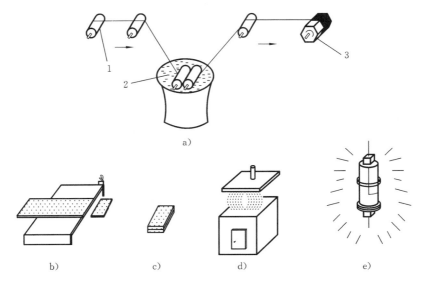

图 4-33　浆料浸渗热压成形工艺示意图

a) 浸浆　b) 切断　c) 堆叠　d) 烧结　e) 加热、加压

1—供料滚筒　2—浆料　3—卷丝滚筒

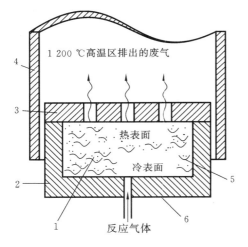

图 4-34　化学气相渗透工艺流程示意图

1—已浸渗的材料　2—石墨模具　3—多孔盖

4—加热元件　5—纤维预制体　6—水冷的表面

4. 化学气相渗透工艺

化学气相渗透法又称 CVI 法,其工艺流程如图 4-34 所示。在预成形体(纤维预制体)的骨架上具有开口气孔,在预成形体内施加一个温度梯度,同时还施加一个反向的气体压力梯度,迫使反应气体强行通过。在低温区,由于温度低而不发生反应,当反应气体到达温度较高的区域后发生反应并沉积下来,在纤维上和纤维之间形成基体。整个预成形体的成形是由上而下进行的。

CVI 法的优点是可制备硅化物、碳化物、氮化物、硼化物和氧化物等多种陶瓷基复合材料,并可获得优良的高温力学性能。由于此法的制备温度较低,也不需要外加压力,因此材料内部残余应力小,纤维几乎不受损伤。CVI 法的另一优点是成分均匀,并可制得多相、均匀和厚壁的制品。CVI 法的主要缺点是生产周期长、效率低、成本高,由于设备和模具等方面的限制,不适于做形状复杂的制品。

4.4　粉末冶金成形简介

粉末冶金是将几种颗粒或粉末状的金属或金属与非金属材料均匀混合后,通过压制成形、烧结、后处理等工序,获得所需的金属材料或制品的工艺方法。由于粉末冶金的生产工艺与陶瓷的生产工艺在形式上相类似,故这种工艺方法又称为金属陶瓷法。

4.4.1　粉末冶金的特点与应用

粉末冶金和金属的熔炼及铸造方法有本质的不同。它是先将均匀混合的粉料压制成形,借助于粉末原子间吸引力与机械咬合作用,使制品结合为具有一定强度的整体,然后在高温下烧结。高温下原子活动能力增强,使粉末接触面积增多,同时通过原子扩散,进一步提高了粉末冶金制品的强度,并获得与一般合金相似的组织。

1. 粉末冶金的特点

(1) 可制造金属与金属、金属与非金属的复合材料。不同材料的组合,便于利用每一种材料的特性。例如:电动机上所用的碳刷用铜和石墨烧结而成,铜用于保证高导电性,石墨用于润滑;电器触点用钨与铜或银烧结而成,因电弧温度高,钨用于保证其抗熔性,铜或银保证其导电性。

(2) 能制成难熔合金(如钨钼合金)或难熔金属及其碳化物的粉末制品(如硬质合金),金属或非金属氧化物、氮化物、硼化物的粉末制品(如 Al_2O_3 陶瓷、氮化硅陶瓷、立方氮化硼等)。它们用一般熔炼和铸造方法很难生产。

(3) 能制成由互不溶解的金属或非金属组成的伪合金。如银钨合金、铜钨合金、银铝合金等。

(4) 可直接制出质量均匀的多孔性制品,如含油轴承、过滤元件等。

(5) 可直接制出尺寸准确、表面光洁的零件,如油泵齿轮等,一般可省去或大大减少切削加工工时,提高材料利用率,显著降低制造成本。

这种方法也存在一些缺点,例如:由于粉末冶金制品内部总存在空隙,因此其力学性能较差,强度比相应的锻件或铸件低 20%～30%;粉末的流动性差,难以压制形状非常复杂的零件;压制成形所需的比压高,制品的质量受到限制(一般小于 10 kg);压模成本高,只适用于成批或大量生产的零件。

2. 粉末冶金的应用

粉末冶金产品在国民经济的各产业部门中得到日益广泛的应用。表 4-2 列出了粉末冶金产品在部分工业部门中的应用。

表 4-2　粉末冶金产品的应用示例

工业部门	粉末冶金产品的应用
汽车及拖拉机制造业	凸轮、轴承衬、链轮、油泵齿轮、气门套管、刹车片、活塞环、含油轴承、垫圈、摩擦离合片
一般机械制造工业	硬质合金、金属陶瓷、立方氮化硼刀片、滤油器、含油轴承、衬套、滚轮、拨叉、齿轮、模具、量具、刀具
电机、电器制造工业	电刷、磁极、触点、衬套、真空电极材料、磁性材料
军事工业	穿甲弹头、多孔炮弹箍、军械零件
宇宙航天工业	耐热材料、固体燃料、火箭与宇航零件
办公用具工业	偏心轴、调整垫圈、齿条导板、小型轴承

　　粉末冶金产品按用途可分为以下三类。

　　(1) 机械零件　粉末冶金可直接制成多种机械零件。如用锡青铜-石墨粉末或铁-石墨粉末经油浸处理后,可制成铜基或铁基的含油轴承,具有良好自润滑作用,广泛用于汽车、食品及医疗器械中。用钢或铁作为基体,加上石棉粉、二氧化硅、石墨、二硫化钠等制成的粉末合金,摩擦系数很大,可用于制造摩擦离合器的摩擦片、刹车片等。用铁基粉末结构合金(以铁粉和石墨粉为主要原料烧结而成)可制造各种齿轮、凸轮、滚轮、链轮、轴套、花键套、连杆、过滤器、拨叉、活塞环等零件,这些零件还可以进行热处理。

　　(2) 各种工具　如用碳化钨与钴烧结制成的硬质合金刀具、冷挤与拉拔模具和量具,用氧化铝、氮化硼、氮化硅等与合金粉末制成的金属陶瓷刀具,以及用人造金刚石与合金粉末制成的金刚石工具等。

　　(3) 各种特殊用途的材料或元件　如制造用作磁心、磁铁的强磁性铁镍合金、铁氧体,用于接触器或继电器上的铜钨、银钨触点,用于原子能工业的核燃料元件和屏蔽材料以及一些耐极高温的火箭与宇航零件。

4.4.2　粉末冶金生产工艺过程

　　粉末冶金生产工艺过程包括制粉、混配料、压制、烧结等工序,以及整形、复压和复烧等后续工序。

1. 制粉与混配料

　　获得优质粉末冶金制品的前提是必须有优质粉末,因为粉末的性质直接影响其成形与烧结性能。

　　1) 粉末的工艺要求

　　(1) 粉末粒度、粒度组成和粒形　粉末粒度即粉末的粗细。粉末越细,制品性能越好。粉末的粒度以“目”来表示,例如石墨粉要求粒度为 200 目,即要求粉末能筛过每英寸筛网长度上有 200 孔的筛子。显然目数越大,颗粒越细。但球磨过细的粉末是很困难的。

　　粒度组成范围广,则制品密度高,性能好,尤其对制品边角强度特别有利。粒形也会影响制品的性能,以球形粒性能最好。

　　(2) 流动性　它表示粉末充填型腔的能力。粉粒形状越接近球形,粒度目数越大,流动性越好。

　　(3) 松装密度　它又称为松装比,是粉末自由松装时单位容积的质量。粉末越细,粒度组成范围越广,松装密度越大。

　　(4) 压制性　它包括压缩性和成形性。压缩性是指粉末在压缩过程中的压缩能力,常用在 400 MPa 压实力下所得到的压坯密度来衡量。压缩性好,则压坯的密度大、强度高。成形性好的粉末有利于保证压坯质量,使之具有一定的强度,并便于生产过程中的运输。生产中常用添加少量润滑剂或成形剂(如硬脂酸锌、石蜡、橡胶等)的方法来改善粉末的成形性。

　　2) 金属粉末的制备

　　金属粉末的制备有机械法、物理法和化学法。

　　(1) 机械法　机械法又分机械破碎法和液态雾化法两种。前者常用球磨法,宜制备脆性金属粉末或经过脆化处理的金属粉末。后者是利用高压气体或高压液体对经由用坩埚嘴流出的金属溶液流进行喷射,通过机械力和激冷作用使金属浓雾化,从而获得粒径大小不同的粉末。

由于此法是在液态下生产粉末,这就为材料选择和合金化提供了很大的灵活性。液态雾化法广泛用于生产铁(包括不锈钢)、铜、铅、锌、铝青铜、黄铜等金属粉末。

(2)物理法　物理法包括气相沉积法与液相沉积法。前者用于制取铅、锌等金属粉末。后者用于制备纯度高、粒度细的铁、镍等金属粉末。

(3)化学法　化学法包括还原法、电解沉积法和化学置换法。还原法是最常用的金属粉末生产方法之一,方法简单,生产费用较低。如铁粉、钨粉等主要是由氧化铁粉、氧化钨粉通过还原法生产的。有些企业利用轧钢厂的氧化皮(铁鳞)用固体碳还原成铁粉,成本更低。电解沉积法的成本很高,仅在制备要求高纯度、高密度、高压缩性的粉末时才用此法。化学置换法用于制备各种难熔的金属化合物粉末,如碳化物、硅化物、硼化物等粉末。

3)混配料

混配料包括配料与混合两个阶段,是根据配料计算并按规定的粒度分布把各种金属粉末与适量的成形剂进行充分混合的过程。混合的目的是使性能不同的组元形成均匀的混合物,以利于压制和烧结时状态均匀一致。

混合时,除基本原料粉末外,还有以下三类添加组元:

(1)合金组元　如铁基中加入碳、铜、铝、锰、硅等粉末。

(2)游离组元　如摩擦材料中加入的 SiO_2、Al_2O_3 及石棉粉等粉末。

(3)工艺性组元　如作为润滑剂的石蜡,作为增塑剂的硬脂酸锌等,作为黏结剂的汽油橡胶溶液、树脂等以及造孔用的氧化铵等。

2. 压制

压制是将松散的粉末置于封闭的模具型腔内加压,使之成为具有一定形状、尺寸、密度与强度的型坯,以便烧结。在加压状态下,粉末微粒密集在一起而发生塑性变形,从而被压实。由于塑性变形,微粒被"焊"在一起,获得了足够的强度,从而使之能接受后续处理。压实后的密度通常为固体材料的80%左右。

压制不仅使粉末成形,而且还决定制品的密度及其均匀性,进而对其最终性能起决定性影响。密度越大,粉末冶金制品的强度越高。压制的比压一般为 150～600 MPa。粉末的压制可在普通机械式压力机或油压机上进行,常用的压力机的吨位为 500～5 000 kN(50～500 t)。国外生产的 30 MN(3 000 t)高速机械压力机每分钟可生产 8～14 kg 的零件 20 件。

由于粉末的流动性不好,压坯各向的密度是不均匀的。单向压制时,与上冲模接近的压坯部分密度大,远离上冲模的部分密度小。采用双向压制,则可减少压坯密度分布上的差异。图 4-35 为双向压制衬套的工步示意图。

粉末冶金制品的理想形状是沿长度方向上具有相同的横截面,当压制阶梯形坯块时,应采用图 4-36 所示的方法,用一个上冲头和一个或两个下冲头同时对粉末加压。

3. 烧结

烧结是将坯按一定的规范加热到规定温度并保温一段时间,使坯获得一定的物理性能与力学性能的工序,它是粉末冶金制品压制成形后的固化工艺过程,其目的是进一步提高压坯的强度和密度。烧结温度一般为基体金属熔点的 70%～80%,某些耐火材料的烧结温度达到其熔点的 90%。烧结过程应在还原性气氛或真空的连续式烧结炉内进行,以防止坯发生氧化和脱碳。

烧结过程中应严格控制温度、加热时间、升温速度与冷却速度等工艺参数。温度过高、加热时间过长,会使坯歪曲变形、晶粒粗大,产生"过烧"废品;温度过低、加热时间过短,会降低坯

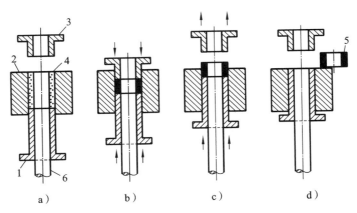

图 4-35　双向压制衬套的工步示意图

a) 充填粉料　b) 双向压制　c) 上模复位　d) 定出坯块

1—下冲模　2—凹模　3—上冲模　4—粉料　5—压好的坯块　6—芯杆

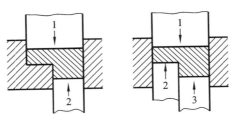

图 4-36　阶梯形坯块压制示意图

1—上冲头　2,3—下冲头

的结合强度,产生"欠烧"废品;升温过快,坯会出现裂纹,氧化物还原不完全;冷却速度不同,会得到不同的显微组织,制品的强度与硬度亦不相同。铁基粉末冶金制品的烧结温度为 1 000～1 200 ℃,烧结时间为 0.5～2 h。

4. 后处理

大部分粉末冶金制品烧结后即成为成品。但有些零件的使用要求高,烧结后还需通过后续工序处理。常见的烧结后处理工艺如下。

1) 整形

整形是将烧结坯置于整形模中,施加一定的压力,使之产生塑性变形和挤压,从而提高制品的精度、强度和耐磨性,降低其表面粗糙度值。

2) 浸渗

浸渗是利用烧结件的多孔性的毛细现象,浸入各种液体。如各种自润滑轴承浸渗润滑剂(主要是油),某些耐压或气密件需要浸塑料,有些零件为了表面保护浸树脂或清漆等。

3) 渗透

渗透是将低熔点金属或合金渗入到多孔压制件的孔隙中,经充填和密闭作用而获得致密制品。渗透所用的材料可以固态形式加到压件的上部(在烧结温度下熔化),也可以液态形式加入,熔化的金属通过毛细作用渗入到压制件的孔隙中。此工序可在烧结过程中进行,也可以在复烧过程中进行。

4) 复压与复烧

复压在比坯料压制更高的比压下进行。复压件的密度可接近于普通同质材料的密度,强度得到大幅度提高,尺寸精度可提高至 IT6～IT7,表面粗糙度 Ra 值可达 $0.63～1.25\ \mu m$。复烧温度相当于退火温度,其余条件与一般烧结相同。经复烧后可消除复压造成的加工硬化和内应力。

5)热处理

粉末冶金制品可以像普通材料一样进行各种热处理。二者热处理的规律是相同的,但粉末冶金制品由于结构和组织上的特殊性,具体热处理参数和做法稍有差异。通常压制件密度越高,热处理效率越好。

6)表面涂层或处理

对粉末冶金制品进行镀敷(如电镀)、喷砂、磷化、渗铬等处理,以提高其表面质量。

7)切削加工

切削加工主要加工一些不能直接压制的部分,如内、外螺纹,与压制方向垂直的孔、凹槽及一些需要精加工的部位。一般采用硬质合金刀具进行高速切削。

粉末冶金制品也可用焊接方法进行连接而得到复杂形状。

4.5　成形技术的新进展

4.5.1　工程塑料成形技术

近年来,随着塑料工业的快速发展,成形加工技术不断创新,涌现出了一批极有价值的新型加工方法和加工设备,使工程塑料成形加工方法更加多样化、更加先进、更加完善并更易于应用。

1. 挤出成形新技术

1)反应挤出技术

所谓反应挤出,是指以螺杆和机筒组成的塑化挤出系统作为连续反应器,将欲反应的各种原料组分如单体、引发剂、聚合物、助剂等一次或分次由相同或不相同的加料口加入螺杆中,在螺杆转动下实现各原料之间的混合、输送、塑化、反应和从模头挤出的过程,聚合物单体或聚合物熔体在螺杆挤出机内发生物理变化,同时发生化学反应,是一种新的工艺方法。它可对挤出机上的各个区段进行独立的温度控制、物料停留反应时间控制和剪切强度控制,使物料在各个区段传输过程中,完成固体输送、增压熔融、物料混合、熔体加压、化学反应、排除副产物和未反应单体、熔体输送和泵出成形等一系列化工基本单元操作。

反应挤出技术具有如下优点:

(1)可连续大规模生产、生产效率高、反应原料形态多样,对原料有较大的选择余地,产品转型快,一条生产线就可以进行小批量、多品种产品的生产。

(2)易于实现自动化,可方便准确地进行物料温度控制、物料停留反应时间控制和剪切强度控制,未反应单体和副产物在机器内熔化状态下可以很容易地除去,节省能源和物耗,不使用溶剂,没有"三废"污染问题。

(3)要求的生产厂房面积小,因而工业生产投资少,操作工人数量要求少,劳动条件和生产环境好。

(4)产品的成本低,但产品的技术含量高,利润高。

（5）在控制产品化学结构的同时还可以控制材料的微观形态结构。

（6）反应物料除了直混外，还有一定的背混能力，物料始终处于传质传热的动态过程；螺杆使熔融物形成薄层，并且不断更新表面，这样有利于热交换、物质传递，从而能迅速精确地完成预定的变化，或很方便地去除熔体中的杂质；同时螺杆具有自清洁能力，使物料停留时间短，因而产品品质好。

但反应挤出技术也存在以下缺点：

（1）技术难度大。不但要进行配方和工艺条件的研究，而且要针对不同的反应设计所需的新型反应挤出机，研发资金投入大，时间长。

（2）难以观察检测。物料在挤出机中始终处于动态、封闭的高温、高压环境中，难以观察检测物料的反应程度；物料停留时间较短，一般只有几分钟，因而要求所要进行的反应必须快速完成。如果反应超时，则用反应挤出技术就没有意义。

（3）技术含量高。反应挤出技术涉及高分子材料、高分子物理、高分子化学、化学工程、聚合反应工程、橡塑机械、聚合物成形加工、机械加工、电子等诸多学科，要取得成果需要长时间的研究和多方合作才行。

综上所述，反应挤出技术具有研发投入高、技术含量高、产品利润高的特点，在研发阶段困难多，在工业应用上优势明显。正因为如此，它才成为当前国际上的研究热点。

2）精密挤出成形技术

聚合物挤出成形过程是一个十分复杂的生产过程，在此过程中，聚合物要经历固体输送、熔融、混合、增压、泵送、成形、冷却固化等过程，并受到剪切、拉伸、压缩以及加热、冷却等作用，发生熔融、固化、取向、解取向、结晶等复杂的相态和结构变化，使得挤出过程的控制难度较大，导致挤出制品的成形精度较低。

精密挤出成形是通过挤出过程要素的精确控制，实现挤出制品几何尺寸高精密化和材料微观形态高均匀化的成形过程。其主要特征是：挤出装备工作状态极为稳定，加工工艺条件得到严格保障，制品的几何精度比常规成形方法提高 50% 以上。挤出成形的精密化更易于实现产品的自动装配及流水线生产。因此，聚合物精密挤出成形技术可以提高制品的尺寸精度和稳定性，是对传统挤出技术的发展，也是对传统挤出技术的挑战。实现挤出成形精密化具有广泛的经济效益和良好的社会效益。

3）气体辅助挤出成形技术

在传统的挤出成形过程中，特别是异型材的挤出过程中，塑料熔体在模腔中的复杂流动使得各点的剪切速率不能完全一致，造成塑料熔体处于不同的应力状态，生产的制品也有较大的内应力，存在较大的翘曲变形倾向；尤其是模腔中同一断面不同部位的剪切速率存在差异，挤出物出口膨胀又随着剪切速率的增大而成比例地增加，从而造成离开口模的挤出物断面不能和口模形状完全一致。

气体辅助挤出成形是在传统挤出成形的基础上发展起来的一种创新的挤出成形工艺。剑桥大学的 R. F. Liang 和 M. R. Mackly 于 2000 年首次提出气体辅助挤出成形。其创新在于通过气体辅助挤出控制系统和气体辅助挤出口模，使聚合物熔体和口模之间形成气垫膜层，使原来的非滑移黏着口模挤出方式转化为气垫完全滑移非黏着口模挤出方式，从而可取得明显的口模减黏降阻的效果。这是一种全新的聚合物口模挤出成形机理。

4）固态挤出成形技术

聚合物固态挤出是将聚合物在熔融温度以下加工的一种成形方法，它是由金属压力加工演化而来的。早在第一次世界大战之前人们就发现,在静水压作用下许多材料的可塑性(延展性)会得到改善,甚至一些脆性材料也发生了脆韧转变,包括大理石、砂石等。20 世纪 40 年代,Bridgman 系统而广泛地研究了室温下静水压对金属加工如拉丝、冷挤压过程的作用,发现金属材料在压力下加工塑性良好,产品大幅度强化并且保留了一部分在压力下获得的可塑性。不过,虽然大多数结晶材料在压力下表现出塑性增加或脆韧转变,但撤去压力后上述现象会消失。他同时研究了压力对部分聚合物玻璃化温度的影响。20 世纪 60 年代,Pugh 与 Low 在研究塑性较差的金属的静水压冷加工时,顺便试验了一些塑料的室温挤出,发现塑料在相当低的压力下即可挤出。这一发现成为聚合物固态挤出的抛砖之作,在随后的 20 年间,相关研究如雨后春笋般蓬勃发展。迄今为止,从通用塑料到工程塑料,从均聚物到共聚物,从聚合物共混物到无机填充体系,成功实现固态挤出的高分子材料不下数十种,并开发了有背压、无背压静水压固态挤出和固态共挤出等工艺。

　　5)复合共挤出技术

　　用多种方法可以改变聚合物的物理特性,采用复合共挤出技术将几种材料机械地黏结在一起是最简便易行的一种。聚合物的共挤出技术是一种使用数台挤出机分别供给几种不同的物料,料流在一个复合机头内汇合而得到多层复合制品的加工过程。

　　复合共挤出技术可以在一个工序内完成多层复合材料的挤出成形,而用其他生产方法则需多个工序才能完成。在某些特定情形下,如 0.25 mm 以下的多层薄膜,很难用共挤出加工以外的其他方法生产,因此复合共挤出技术在制作新产品中非常有吸引力。在复合膜的制取中,采用复合共挤出技术无须黏合剂,生产成本低、能耗少、生产效率高。复合共挤出技术被用来制取那些在特性上、外观上有特殊要求而单一材料的挤出成形又无法满足的复合制品,诸如复合薄膜、板材、管材、电线、电缆等。

　　2. 注射成形新技术

　　1)反应注射成形

　　反应注射成形是指注射过程中伴有化学反应的一些热固性塑料和弹性体加工的新方法。其工艺过程是:利用精密计量泵把液态的 A、B 两种物质从各自的容器送至液体混合头内,在一定的温度和压力下,借助混合头内的螺旋翼的旋转而混合并相互作用,发生化学反应,然后被注射入型腔内,待固化后即可脱模。

　　这是一种用液体原料直接成形塑件的节省能量的工艺。由于使用的液态原料相对分子质量很低,所以黏度很低,因而成形温度、成形压力及锁模力等都比较低。这种成形工艺的主要特点是:节省能量;可成形大型制品,单件质量可大于 50 kg;能成形结构复杂的制品,表面无熔接缝;模具结构简化,生产成本低;成形相同制品,模具质量比一般注射模具轻 30%。

　　2)气体辅助注射成形

　　气体辅助注射成形是在欠料注射后,塑料熔体部分或全部充满型腔,通过气孔、浇口、流道或直接注入压缩气体,所注入的气体在塑料熔体的包围下沿阻力最小的方向流向制品的低压和高温区域,对塑料熔体进行穿透和排空,作为动力推动塑料熔体进一步充满模具型腔并对塑料熔体进行保压,待熔体冷却凝固后再开模顶出制品的一种加工方法。其优点如下:节省原料,节省率可高达 40%;解决和消除产品表面收缩痕问题;缩短产品的生产周期;简化产品繁复的设计;降低产品的内应力,使产品不变形;降低模腔内的压力,减少模具损耗和提高模具的工作寿命;降低注射机的锁模压力,可高达 50%;提高注射机的工作寿命和降低耗电量。但是,气体辅助注射成形也有自身的一些缺点:注射成形过程中气体的引入,必然会带来一些辅助设备的增加,比如需要增加供气装置和进气喷嘴,增加了设备投资;对注射机的注射量和注射压力的精度要求有所提高;注入气体的制品表面与未注入气体的制品表面会产生不同的光泽;制品质量对模壁温度、保压时间等工艺参数也更加敏感。

3) 可熔芯注射成形

采用注射法生产复杂的中空制件一直是产品设计者和工艺装备师追求的目标。由于某些中空制品内部结构和表面轮廓复杂,脱模变得十分困难,传统的注射成形方法对此无能为力。人们借鉴铸造成形技术,预先铸造一个型芯,进行型芯包覆模塑成形,随后再将型芯熔化排出,这种方法称为可熔芯注射成形。其是根据型芯和塑料在一定温度下发生不同相态变化而设计的。注入型腔的塑料熔体在模具温度下交联固化,变成不溶不熔的固体,而可熔型芯也不断受热升温,当塑料达到一定程度的硬度能够自持时,可熔型芯也达到熔点而迅速熔化。

由于可熔型芯要用于注射成形,故要求型芯材料强度高、易成形。又由于型芯要从塑料中熔出,故要求型芯材料的熔点较相应的塑料的熔点(或玻璃化温度)低或可在水等廉价溶剂中溶解。符合以上要求的材料有缩二脲、羟乙基纤维素、明胶等。但是这些材料强度较低、散热慢,而且塑料件开口小,熔出速度慢,熔出物难以处理等,限制了其使用。

4) 共注射成形

共注射成形技术也称多组分注射成形技术,是指使用两个或两个以上注射系统的注射机,将不同品种或者不同色泽的塑料同时或先后注射入模具型腔内的成形方法。该方法可以生产多种色彩或多种塑料复合塑件。国外已有八色注射机在生产中应用,国内使用的多为双色注射机。共注射成形的种类很多,有双色注射成形、双层注射成形等。

5) 热固性塑料注射成形

热固性塑料注射成形是20世纪60年代初出现的一种热固性塑料的成形方法,其是将热固性颗粒或粉状树脂注入料筒内,通过对料筒的外加热及螺杆旋转时对注射料的摩擦热,温度不高的料筒先进行预热塑化,使树脂发生物理变化和缓慢的化学变化而呈稠胶状,产生流动性,然后用螺杆和柱塞在强大的压力下将稠胶状的熔融料经料筒的喷嘴,注入模具的流道、浇口并充满模腔,在高温高压下,进行化学反应,经一段时间的保压后,固化成形,开模取出制品。热固性塑料注射成形是物理变化和化学变化相结合的过程,并且是不可逆的。

6) 粉末注射成形

粉末注射成形是利用模具注射成形坯件,并通过烧结快速制造高密度、高精度、三维复杂形状的结构零件的工艺过程。粉末注射成形工艺过程实际上包括坯料的注射成形和坯料的烧结两个部分。首先,将粉末与起黏结作用的聚合物和石蜡或矿物油进行混合,混合均匀成为颗粒料,这种颗粒材料具有与塑料一样的可加工性,可以用塑料的注射成形进行加工。注射成形得到的坯料在较低温度下用催化工艺脱出黏结剂,然后在惰性气体保护下进行烧结,最后经过很少的后处理(或不需要后处理)就可以得到成品。因此,这一工艺有时也称近终形工艺。粉末注射成形的突出优点是可以成形形状比较复杂的小型制品。与普通塑料注射成形相比,粉末注射成形的成本还是非常高的。

3. 中空吹塑成形新技术

1) 挤出吹塑成形

挤出吹塑成形是采用挤出机将热塑性塑料熔融塑化并通过挤出头挤出型坯,然后将型坯置于吹塑模具内,通入压缩空气或其他介质,吹胀成形,冷却定型后得到中空制品的一种成形方法。挤出吹塑成形是最大的一类吹塑成形方法,80%~90%的中空容器都是挤出吹塑成形的,成形的容器品种主要有不同规格和形状的瓶和桶。适用于挤出吹塑成形的聚合物有低密度聚乙烯、高密度聚乙烯、聚氯乙烯、聚丙烯、聚碳酸酯等,其中高密度聚乙烯是用量最多的聚合物,约占挤出吹塑容器用聚合物总量的 68%。挤出吹塑成形的主要特点是节能降耗、可提高产量和功能多样化。

2)注射吹塑成形

注射吹塑成形是采用注射成形工艺成形带底瓶坯,然后将瓶坯转移到吹塑模具内,用压缩空气将瓶坯吹胀成形的一种方法,广泛应用于药品瓶、化妆品瓶等小型容器的生产。所用材料主要有聚苯乙烯、聚丙烯等。工艺过程如下:首先注射机将塑料熔融塑化,然后将熔融物料注入瓶坯成形模具,成形瓶坯;将成形好的瓶坯转移到吹胀瓶坯模具;通入压缩空气吹胀;冷却成形后得到制品。

注射吹塑成形系统一般由注射系统、注射模具、吹塑系统、吹塑成形模具等组成。注射系统有垂直往复式注射机和水平往复式注射机两种,前者结构相对简单,在同样的充模速度、较低的注射压力下,当注射量相同时,垂直往复式注射机部件少,能耗小,占地面积小,维修简便,适用于要求剪切、低熔融温度等物料的成形。水平往复式注射机的结构相对复杂,但其操作方便,运行可靠性好,应用较广。

近年来,法国西得乐公司、意大利西帕(SIPA)公司、德国 Bekum 公司等国外公司引领着中空成形机的发展,而我国的发展相对滞后,所需的大型、高速中空成形机需大量进口。我国的中空成形机需要在主机设计、自控技术和制造技术等方面全面创新,才能促进中空成形机的发展,满足国内需求。

4. 其他的智能控制技术

精密注射成形过程中对加工条件实行持续性监测和精确控制非常重要。随着计算机技术的发展,计算机化的注射成形已得到广泛的应用。其中有统计过程控制(SPC)技术、P ID 技术、模糊逻辑控制(FCC)方法、神经网络控制(NNC)方法和基于逆向加工模型的中枢网络尺寸控制等。

4.5.2　陶瓷材料成形技术

目前特种陶瓷的粉末制备、成形、烧结、加工等一系列工艺过程很复杂,成本高,且烧结后极难做到像金属材料那样通过冷加工、热加工、淬火等对其显微组织进行改进,所以很大程度上影响了它的推广应用。因此目前的研究主要集中在粉末的低价制备、成形技术、烧结技术、加工技术方面。在粉末制备上,进一步发展了纳米粉末(10~100 nm)制备技术。纳米粉末带来的小尺寸特性,可降低烧结温度,提高材料韧度和强度及其他特殊性能。

目前,陶瓷成形新技术主要有压滤成形、直接凝固注模成形、电泳沉积成形、离心沉积成形、固体无模成形等。

1. 压滤成形

压滤成形技术是近几十年发展起来并受到关注的一种陶瓷成形技术。压滤成形是在注浆成形的基础上通过加压而发展起来的。水不再是通过毛细管作用力脱除,而是在压力的驱动下脱除的,这种方法脱水的速率更快,从而提高了生产效率。其主要原理是在外加压力作用下,使在一定条件下的液态介质中分散有固相陶瓷颗粒的浆料通过输浆管道进入模型腔内,并通过多孔滤层滤出部分液态介质,从而使陶瓷颗粒紧密地排列固化,成为具有一定形状的陶瓷坯体。多孔模具材料可选用多孔不锈钢、多孔塑料和陶瓷等材料。

从工艺原理来看,压滤成形与压力注浆成形很相似,从广义来看其也可以看作是压力注浆成形。但是两者之间还是存在着一定的差别:首先,由于压滤成形采用很薄的多孔滤层,因此对浆料介质的含量要求不如压力注浆那样严格,这样就可以在很大范围内调节浆料的颗粒参数及浆料的流变性能,使其更易于成形高性能的制件;其次,从成形压力来看,压滤成形可以在更大的压力范围内进行。另外,压滤成形可以通过调整成形制件不同部位的模型结构和渗透系数等,使形状复杂的部件的不同部位借助不同固化塑料的模具材料来获得整体均匀的坯体结构,因此压滤成形更有利于成形形状复杂的制件。

压滤成形结合了干压成形和注浆成形工艺的特点,其最终的优点是无宏观大缺陷,可以获得较高的成形密度。因此,压滤成形特别适合于超细粉体的成形。压滤成形工艺只采用少量的有机添加剂,因而可以避免复杂的脱脂过程,而外加压力作用使它能够消除或减少成形时的密度梯度,使坯体较传统的注浆成形更趋于均匀。但是要获得理想的坯体,尤其是复杂形状的坯体,除有理想性能的浆料外,压滤模型的选材也至关重要。模型材料要具有足够小的气孔,适度的气孔率和透过系数,足够的刚度和强度,同时要根据制件不同的部位、不同的形状来选择不同孔结构的材料,以便通过不同的固化率来获得整体均匀的坯体结构。

2. 直接凝固注模成形

直接凝固注模成形(direct coagulation casting)简称 DCC,该成形方法是瑞士苏黎世高校的 L. Gaucker 教授和 T. Graule 博士发明的一种净尺寸原位凝固胶态成形方法。这种成形方法利用了胶体化学的基本原理,利用生物酶催化反应控制陶瓷浆料的 pH 值和电解质浓度,使其在双电层排斥能最小时依靠范德华力而原位凝固。

直接凝固注模成形的工艺原理:对于分散在液体介质中的微细陶瓷颗粒,其所受的作用力主要有胶粒双电层斥力和范德华力,而重力、惯性力等影响较小。根据胶体化学的基本理论,胶体颗粒在介质中的总势能取决于双电层的排斥能和范德华力所引起的吸引能,如图 4-37 所示。颗粒表面的电荷随介质的 pH 值的变化而变化。在远离等电点处,颗粒表面形成的双电层斥力起到主导作用,使胶粒呈分散状态,从而可以得到低黏度、高分散、好的流动性的悬浮液。此时,范德华引力占优势,系统总的势能显著下降,浆料体系将由高度分散状态变成凝聚状态。对于稀悬浮液,这种吸引能将使颗粒产生团聚,体系仍为液态。但是对于高固相体积分数的浓悬浮体,可以形成具有一定强度的网络而凝固成坯体,如图 4-38 所示。根据上述原理,在浓的悬浮液中引入生物酶,通过控制酶对底物的催化分解反应就可以改变浆料的 pH 值,或者通过增加表面电荷相反的离子的浓度压缩双电层,达到悬浮液原位凝固的目的。

DCC 成形工艺可以直接凝固成形各种复杂形状的陶瓷坯体,坯体的密度高,均匀性较好。成形用的有机物无毒且含量少(低于 1%),干燥的坯体可以直接烧结,不需要脱脂。另外,该成形方法所用模具材料的选择范围较广(如金属、橡胶、玻璃等),加工成本低。除此之外,该成形工艺也存在着不足之处:一是该工艺所用陶瓷粉末有局限性,等电点 pH 值为 9 左右的氧化铝陶瓷粉最为合适,其他陶瓷粉末成形控制过程复杂;二是该工艺成形的坯体强度较低,不能进行机械加工。

3. 电泳沉积成形

电泳沉积是一种制备薄膜或涂层材料的方法。电泳沉积成形是电泳和沉积这两个过程的结合。电泳是悬浮液中带电粒子在电场力的作用下做定向运动的过程;沉积是带电粒子在电极上得到或失去电荷,凝聚形成致密膜层的过程。电泳沉积的优点是成膜时间短,基底形状不

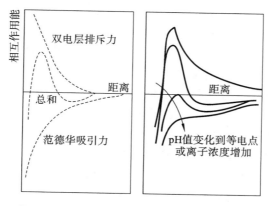

图 4-37　水溶性悬浮体中颗粒的相互作用能

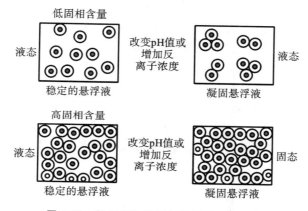

图 4-38　低固相和高固相悬浮体凝固差别

受限制,沉积的薄膜较均匀,膜的厚度可以通过改变沉积时间和外加电压来控制。另外该成形方法设备简单,成本较低,适合于大面积薄膜的制备。

　　电泳沉积的基本原理是:分散于悬浮液中的粒子是带电的,在电场作用下必会发生定向移动,根据 DLVO 理论,电解质浓度的增加可以诱发胶体体系的聚沉。外加电场的作用可使电极附近的电解质浓度增加,其结果相当于降低了电极附近的点位,从而使粒子在作为电极的试样表面发生絮凝。电泳沉积一般不能直接使涂层与基体产生牢固的结合,通常沉积后还需要进行后续热处理来强化涂层与基体的结合力。

　　电泳沉积技术可以用来制备层状复合材料、生物陶瓷、纤维/晶须增强陶瓷基复合材料、功能陶瓷等各类新材料,具有十分广阔的应用前景。与单一结构的陶瓷材料相比,层状复合陶瓷材料的强度和韧度都显著提高。层状复合陶瓷材料中,每一层的厚度越薄,其力学性能越好。B. Ferrari 等人对在水溶液中电泳沉积氧化铝/氧化锆复合材料进行了研究,通过调整溶液和工艺参数分别控制氧化铝和氧化锆的沉积厚度,制备出复合十一层厚度为 $150~\mu m$ 的无翘曲陶瓷复合材料,同时减少了环境污染。Jianling Zhao 等人通过加入分散剂和控制 pH 值在水溶液中电泳沉积出厚度为 $20~\mu m$ 的均质 $BaTiO_3$ 膜,而且其制备成本较低。

　　4. 离心沉积成形

　　材料成形过程中引入离心技术的特点是在离心力的作用下进行成形。金属材料的离心铸造就是将熔融的金属浇入旋转的铸型中,使液体金属在离心力的作用下充填铸型且凝固形成一定形状、尺寸的铸造方法,离心技术在金属材料成形中有广泛的应用。但是,离心技术用于陶瓷材料成形还不如金属材料的离心铸造方法成熟。离心成形技术具有明显区别于其他成形工艺的特点:在离心力的作用下流体流动聚集而成形,因此引入离心技术要求成形过程中必须有流体存在,在流体中通过物质传输进行材料制备。陶瓷材料大多具有高熔点,很难像金属材料和高分子材料那样在熔融状态下利用流体的流动性直接成形。20世纪80年代末对陶瓷浆料流变性的深入研究和胶态成形的快速发展使离心技术在陶瓷材料的制备工艺中的应用成为了可能,并得到了长足的发展。目前,离心技术在陶瓷材料的制备工艺中的应用主要有离心沉积成形、离心注浆成形、离心-SHS工艺等。其中,离心沉积成形技术可以沉积不同的材料并可以改善材料的韧性,而且沉积各层可以是电、磁、光性质的结合——具有多功能性。更重要的是,采用离心沉积成形技术可以制成各向异性的新型材料。这些都使得人们对该成形技术给予了极大的关注。

离心沉积成形是一种制备板状、层状纳米多层复合材料的方法。将离心成形技术最早应用到陶瓷材料的制备中的是美国加州大学圣塔芭芭拉分校的 Lange 小组。由于离心力的作用力均匀地作用于每个颗粒上,从而具有形成均匀结构的优势。因此,离心技术最早也是应用在均匀致密陶瓷材料的成形中。离心沉积成形的工艺原理(见图4-39)如下:在离心过程中由于浆料中颗粒尺寸及密度的不同会引起沉降速率的不同,大颗粒和小颗粒由于范德华引力被吸引在一起,在离心力的作用下聚沉,从而使坯体的不同部位优先沉降不同性质的颗粒,进而形成较为均匀致密的陶瓷坯体。另外,当采用不同浆料制备层状材料时,不同的浆料依次在离心力的作用下一层层地均匀沉积成一个整体,也可以利用颗粒的大小或质量的不同沉积出各层不同性质的材料。

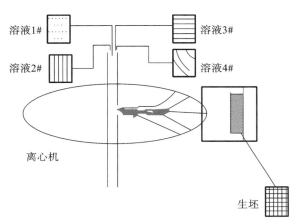

图 4-39 离心沉积成形多层复合材料示意图

离心沉积成形技术的工艺过程:首先将原料粉末与成形助剂、水等加入球磨机进行球磨,从而制备出合适黏度的浆料;接着将制备好的浆料注入离心成形机内的模具中进行成形;然后将成形好的陶瓷坯体进行脱模;最后将生坯进行烧结,从而制备出具有一定尺寸的陶瓷材料。

由于离心沉积成形技术具有其他成形工艺所无法比拟的特点,因此该成形技术被广泛应用于梯度材料、多孔材料及层状材料的成形制备。P. Maatrten Biesheuvel 利用离心沉积成形技术制备了梯度多孔陶瓷材料,并研究了制备过程中浆料中粉末颗粒的粒度与沉积时间的变化关系。研究结果表明,随着沉积时间的增大,悬浮液中的粉末颗粒粒径的分布越来越窄,而且其峰值向小粒径方向偏移。这说明较大的粉末颗粒首先沉积到基体上而较小的颗粒后沉积到基体上，从而制备出梯度多孔材料。层状陶瓷复合材料是模拟贝壳结构而设计出的一种仿生结构材料。该材料的特殊结构使陶瓷材料克服了单体时的脆性，此外，该材料结构在保持其高强度、好的抗氧化性能的同时可以大幅度地提高材料的韧度和可靠性。K. P. Trumble 教授利用多次离心工艺制备了层状陶瓷复合材料，研究结果表明，该材料与普通的陶瓷块体材料相比，其韧度提高了将近两倍。这种结构能够使裂纹扩展到层间界面时发生偏移和敦化，从而使其韧度得到大幅度提高。由于利用离心工艺可以通过控制原始浆料的分散状态来控制材料成形后的界面结合状态，因此，离心沉积成形工艺被认为是一种极具潜力的层状材料的制备工艺。

5. 固体无模成形

固体无模成形工艺的基本原理与过程是直接利用 CAD 设计结果，将复杂的三维立体构件经过计算机软件切片分割处理，形成计算机可以执行的像素单元文件，然后通过类似计算机打印输出的外部设备，将要成形的陶瓷粉体快速形成实际的像素单元，一个一个单元叠加就可以直接成形出所需要的三维立体构件。

4.5.3　复合材料成形技术

复合材料工艺的发展是复合材料发展最重要的基础和条件，只有复合材料工艺的完善才能保证复合材料性能的实现。复合材料工艺发展在继承和吸取各种传统工艺精华的同时，充分利用了当代高新技术的成果。如玻璃钢管的传统生产方法是单件定长缠绕，改进为连续缠管后，不但生产效率提高，质量稳定，而且可以生产不同管壁结构的管材。为了适应节省能源的世界性趋势，现已研制出反应注射模塑和增强反应注射模塑新工艺。将从液态单体合成为高分子聚合物，再从聚合物固化反应生成复合材料的过程改为在模具中一次同时完成，既减少了工艺过程的中间步骤和能耗，又缩短了模塑周期。这是高分子材料和近代高新科学技术成果应用于复合材料工艺的范例。

针对陶瓷基复合材料的烧结工艺存在着耗时长（一般需 21 h）的缺点，目前，人们采用了等离子体烧结或微波加热烧结工艺。等离子体烧结法可将烧结时间缩短到大约几分钟。微波加热工艺的速度要比传统陶瓷烧结工艺快 100 多倍，加热的温度也更高。如 B_4C，若采用微波加热工艺，在 2 000 ℃ 以上的温度只要加热 6 min 即可。微波处理还能使陶瓷材料的颗粒变得更加细微，结构也更加紧密。

针对颗粒增强金属基复合材料而言，采用喷射沉积成形技术制备颗粒增强金属基复合材料，是近年来发展的一个重要方向。但现行国内外喷射成形颗粒增强金属基复合材料的制备，大多是在喷射沉积成形过程中，将一定量的增强相颗粒喷入雾化锥中，与金属熔滴强制混合后，在沉积器上共同沉积获得复合材料坯件。这类方法的最大缺点是增强颗粒分布不匀，利用率低，材料制备成本高。熔铸原位反应喷射沉积成形金属基复合材料制备技术，是将增强相的生成置于熔化室合金熔体中完成（而不是现行的通常在雾化室中进行），然后进行后续的雾化喷射沉积成形。这种技术的突出优点是：颗粒在熔体内部原位反应生成，不存在颗粒损失问题，材料制备成本降低；颗粒在基体中分布均匀；可沿用现行喷射沉积成形制备金属的各项工艺参数，设备无须任何变动。

为提高多组元复合功能陶瓷粉体制备技术水平，人们发展了化学共沉淀法、溶胶凝胶法、水热法、喷雾热分解法等多种多样的液相法。液相法共同的优点是各种原料能够在分子级水平上达到充分混合,煅烧温度低,适当控制工艺可以获得高质量的粉体。但它们各自具有一些缺点,如化学共沉淀法不易选取合适的沉淀剂,工艺复杂、效率低;溶胶凝胶法一般采用昂贵的金属醇盐为原料,对人体有害,且某些原料不容易获得,脱水过程中凝胶体容易发生结块现象,影响粉体性能;水热法对设备要求高,由于晶体生长的优先取向,粉体形貌不易控制;喷雾热分解法中由于生成的产物是动力学稳定相而非热力学稳定相,不易控制粉体的相组成。基于上述原因,目前液相法还难以实现工业化生产。

复习思考题

4-1　工程塑料的工艺性能有哪些?它们对成形工艺有何影响?

4-2　区别下列名词:塑料与树脂、塑料的一次成形与二次成形、塑化与模塑、挤出成形与压制成形、模压法与层压法。

4-3　中空吹塑成形方法适于制造哪一类制品?

4-4　真空成形方法适于制造哪一类制品?

4-5　塑料制品中的嵌件有何作用?

4-6　橡胶材料的最大特点是什么?

4-7　常用橡胶添加剂有哪些?它们起什么作用?

4-8　为什么橡胶在成形前要进行塑炼?

4-9　混炼有什么作用?

4-10　硫化过程的实质是什么?为什么先要塑炼而后又要硫化?

4-11　陶瓷材料的定义是什么?按陶瓷的化学成分与显微结构分类,常用的陶瓷材料有哪几类?

4-12　常用陶瓷材料制品的成形方法有哪些?各有什么特点?

4-13　陶瓷基复合材料的成形方法有哪些?各有什么特点?

4-14　试述化学气相渗透的工艺流程。

4-15　树脂基复合材料成形的工艺特点有哪些?各适于哪些制品?

4-16　金属基复合材料成形的关键问题是什么?如何制造金属基复合材料?

4-17　复合材料是如何分类的?其成形方法与其他成形方法相比有哪些特点?

第5章 材料成形方法的选择

5.1 材料成形方法选择的原则

好的制件应具有物美价廉的特征,只有这样才会具有市场竞争力。工程设计人员应根据制件的使用要求、性能要求、经济指标(如生产条件、生产批量、造价等)等方面进行结构设计,选用材料,选择成形方法,确定工艺路线。因此必须注意不同的制件结构与材料的适应性和不同成形方法对材料性能与零件质量的影响。

材料成形方法的选择还与零件的生产周期和成本、生产条件和批量等因素密切相关。制件的结构设计、材料选用、成形方法、经济性相互影响,它们之间既可协调统一,也可相互矛盾。因此,设计时应根据它们之间的相互作用及其相对重要性进行分析比较,确定最佳方案。制造一个质量好的成形件一般有好几种成形方法,有的可用先进的近净形加工新方法直接从原材料制成成品。也有的用普通的铸造、锻造、冲压、焊接等成形方法制成毛坯件,再经切削加工制成。如何选择材料的成形方法,不仅涉及产品的质量,还涉及产品的使用性能、制造成本等因素。又由于机械零件成形的材料、形状、尺寸、结构和生产批量各不相同,故其成形方法也不尽相同。因此,正确选择材料成形方法是从事机械产品设计与制造的工程技术人员必须具备的基本技能。

5.1.1 使用性原则

使用性能主要指零件在使用状态下所表现出来的力学性能、物理性能和化学性能,使用性能是保证零件在使用状态下实现规定功能的必要条件,不同零件对使用要求是不一样的。有的零件要求强度高,有的零件要求耐磨性好,有的零件要求外观造型美观等。在材料使用要求上就有较大的差别,即使同一类零件其使用要求也是不同的。例如,机床的主轴和手柄(见图5-1),同属杆类零件,但其使用要求不同,主轴是机床的关键零件,尺寸、形状和加工精度要求很高,受力复杂,在长期使用中不允许发生过量变形,应选用 45 钢或 40Cr 钢等具有良好综合力学性能的材料,经锻造成形及严格切削加工和热处理制成;而机床手柄则采用低碳钢圆棒料或普通灰铸铁件为毛坯,经简单的切削加工即可制成。又如燃气轮机叶片与风扇叶片,虽然同样具有空间几何曲面形状,但前者应采用优质合金钢经精密锻造成形,而后者则可采用低碳钢薄板冲压成形。

由此可见,材料成形方法的选择要根据零件在设备上的具体使用要求来确定,其成形方法要适应使用性能的要求。

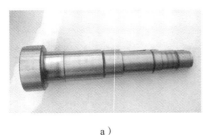
a)

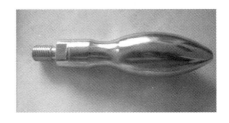
b)

图 5-1　轴类零件

a) 机床主轴　b) 手柄

5.1.2　工艺性原则

工艺性能是指材料适应成形加工方法的能力。各种成形方法都要求零件的结构具有相应的成形加工工艺性,成形加工工艺性能的好坏对零件制造的难易程度、生产效率、生产成本等起着十分重要的作用,选择成形方法时,必须注意零件结构与材料所能适应的成形加工工艺性。

当零件形状比较复杂,尺寸较大时,用锻造成形难以实现,应采用铸造成形或焊接成形,但铸造成形的减振性和耐磨性更好,适应有一定批量的生产。在单件、小批生产时,可考虑焊接成形,对于少数重型机械如轧钢机、大型压力机的床身,可选用中碳钢或合金钢铸造成形,特别大型的还可采用铸钢焊接结构。

当零件形状不太复杂,但力学性能要求较高,则可采用锻造成形。单件、小批生产时,则可采用自由锻造成形,当大量生产时,则可采用模型锻造成形(见图 5-2)。

当零件形状比较简单,尺寸不大,批量较大时,可采用冷锻成形工艺,并通过形变强化的手段来提高零件的力学性能,因此,成形方法要适应工艺性能的要求。

图 5-2　简单锻件

5.1.3　经济性原则

经济性原则是要求在满足使用要求的前提下,尽量降低产品总成本,提高经济效益。应把满足使用要求与降低成本统一起来,脱离使用要求,对成形加工提出过高要求,会造成无谓的浪费;反之,不顾使用要求,片面强调降低成形加工成本,则会导致零件达不到工作要求、提前失效,甚至造成重大事故。因此,为能有效降低成本,应合理选择零件材料与成形方法。例如,汽车、拖拉机发动机的曲轴,承受交变、弯曲与冲击载荷,设计时主要是考虑强度和韧度的要求,曲轴形状复杂,具有空间弯曲轴线,多年来选用调质钢(如 40、45、40Cr、35CrMo 等)模锻成形。现在普遍改用疲劳强度与耐磨性较高的球墨铸铁(如 QT600-3,QT700-2 等),砂型铸造成形,不仅可满足使用要求,而且成本降低了 50 ％～80 ％,加工工时减少了 30 ％～50 ％,还提高了耐磨性。

　　材料成形件的经济性与成形工艺、生产批量有很大关系。当单件、小批生产时,应选用常用材料,一定的设备与工具和低精度、低生产率的成形方法。当大量生产时,应选用专用材料、专用工装,虽然增加了设备和工装费用,但材料的总消耗量和切削加工工时会大幅降低,总制造成本也较低。一般说来,当单件、小批生产时,用铸造成形时,可用手工砂型铸造;锻造成形可选用自由锻造或胎模锻;焊接成形则以手工或半自动焊为主。在大量生产时,可分别选用机器造型、模锻、埋弧焊或自动、半自动气体保护焊。通过高效率的工艺方法来降低产品制造的成本。如单件生产大、重型零件时,一般工厂往往不具备重型与专用设备,此时可采用板、型材焊接,或者将大件分成几小块铸造、锻造或冲压,再采用铸-焊、锻-焊、冲-焊联合成形工艺拼成大件,这样不仅成本较低,而且一般工厂也可以生产。如图 5-3 所示的大型水轮机空心轴,工件净重 4.73 t,可有以下三种成形工艺。

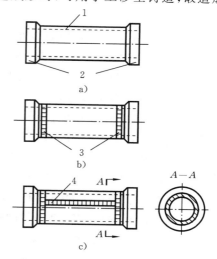

图 5-3　水轮机空心轴三种成形工艺方案
a) 整体自由锻造成形　b) 铸焊成形(环焊缝)
c) 铸焊成形(环焊缝加纵焊缝)
1—轴筒　2—法兰　3,4—焊缝

　　(1) 整轴在水压机上自由锻造,两端法兰锻不出,采用余块,加工余量大,材料利用率只有 22.6 ％,切削加工需 1 400 台时。

　　(2) 两端法兰用砂型铸造成形的铸钢件,轴筒采用水压机自由锻造成形,然后将轴筒与两个法兰焊接成形为一体,材料利用率提高到 35.8 ％,切削加工需用台时数下降为 1 200。

　　(3) 两端法兰用铸钢件,轴筒用厚钢板弯成两个半筒形,再焊成整个筒体,然后与法兰焊成一体,材料利用率可高达 47 ％,切削加工只需 1 000 台时,且不需大型熔炼与锻压设备。

　　三种成形工艺的相对直接成本(即材料成本与工时成本之和)之比为2.2∶1.4∶1.0,若再计算重型与专用设备的维修、管理、折旧费,工艺(1)的生产总成本将超出工艺(3)的三倍以上。

　　又如机床油盘零件,通常采用薄钢板冲压成形,但如果现场条件不够,也可采用铸造成形或旋压成形来代替冲压成形。

　　再如,有一个规模不大的机械工厂,承接了每年生产 2 000 件摩托车附件的生产任务,该产品由一些小型锻件、铸件和标准件组成。这些锻件若能采用锤上模锻成形的方法生产最为理想,但该厂无模锻锤,经过技术、经济分析,认为采用胎模锻成形比较切实可行和经济合理,然后把有限的资金用于对铸造生产进行技术改造,增置了造型机使铸件生产全部采用机器造型,并实现铸造生产过程的半机械化,不仅提高了铸件质量,也提高了该厂的铸造生产能力。

　　成形方法的选择也要全面考虑生产过程的总成本,要综合分析设计试验费、材料费、毛坯加工费、切削加工费、使用维修费等,要全面权衡利弊,结合产品质量和使用性能要求,选择最佳的成形方案。在选择材料与成形方法时,还要考虑生产现实的可能性,所选择的毛坯材料应保证供应上有可能,要符合本国资源情况及市场供应的可能性、尽可能用国产材料代替进口材料,尽可能用库存的材料。

选择成形方法时,在保证零件使用要求的前提下,对几个可供选择的方案应从经济上进行分析比较,从中选择成本低廉的成形方法。如生产一个小齿轮,可以从圆棒料切削而成,也可以采用小余量锻造齿坯,还可用粉末冶金制造,至于最终选择何种成形方法,应该在比较全部成本的基础上确定。因此,成形方法要适应经济性的要求。

5.1.4　安全环保性原则

近几年来,由于工业生产的迅速发展,人们对工业生产中环保问题越来越重视,在工业生产中,必须用引起不良后果的事件的可能性及发生率来表示安全性。事件的后果可能是伤残、疾病、甚至死亡,同时还包括生产损失、设备损失、环境污染等严重问题。因此,在选择成形方法时应充分考虑安全生产问题,要充分认识成形生产过程中的一些典型的不安全因素。如避免生产系统过载,在长期超载运转后造成破坏,或可靠性差,或由于维修不善、人机误差,人工缺乏技术培训,管理不善,工作环境欠佳等造成的可靠性降低,因此必须建立起一个安全、有效的生产环境。如合理地进行工艺设计,尽量采用少无切削加工的新工艺生产,少用或不用煤、石油等直接作为加热燃料,避免大量排出 CO_2 气体,导致地球温度升高;注意减少贵重材料的用量,在满足制件使用要求的前提下,尽量采用普通原材料;不使用对环境有害和会产生对环境有害物质的材料;采用加工废弃物少、容易再生处理、能够实现回收利用的材料;要考虑从原料制成材料,然后经成形加工成制品,再经使用至损坏而废弃,以及回收、再生、再利用整个过程中所消耗的全部能量,考虑 CO_2 气体排放量,以及在各阶段产生的废弃物,有毒气体、废水等情况。因此,成形方法要适应安全和环保性能的要求。

5.1.5　新技术新工艺利用的原则

随着工业的发展、市场的繁荣,人们已不再满足规格化的、粗制制品,而是要求多变的、个性化的、精制制品。这就要求产品的生产由少品种、大批量转变成多品种、小批量;要求产品的类型更新快,生产周期短;要求产品的质量优,而成本低。在这种激烈的市场竞争形势下,选择成形方法就不应只着眼于一些常用的传统工艺,而应扩大对新工艺、新技术、新材料的应用,如精密铸造、精密锻造、精密冲裁、冷挤压、液态模锻、特种轧制、超塑性成形、粉末冶金、注塑成形、等静压成形、复合材料成形及快速成形等,采用少无余量成形方法,以显著提高产品质量、经济效益与生产效率。

使用新的材料往往从根本上改变成形方法,并显著提高制品的使用性能。例如,在酸、碱介质下工作的各种阀、泵体、叶轮、轴承等零件,均有耐蚀、耐磨的要求,最早采用铸铁制造,性能差,寿命很短;随后改用不锈钢铸造成形制造;自塑料工业发展后就改用塑料注射成形制造,但塑料的耐磨性不够理想;随着陶瓷工业的发展,又改用陶瓷注射成形或等静压成形制造。

要根据用户的要求不断提高产品质量,改进成形方法。如图 5-4 所示的炒菜用的铸造铁锅的铸造成形,传统工艺是采用砂型铸造成形,因锅底部残存浇口痕疤,既不美观,又影响使用,甚至产生渗漏,且铸锅的壁厚不能太薄,故较粗笨。而改用挤压铸造新工艺生产,是定量浇入铁液,不用浇口,直接由上型向下挤压铸造成形,铸出的铁锅外形美观、壁薄、精致轻便、不渗漏、质量好、使用寿命长,并可节约铁液,便于组织机械化流水线生产。

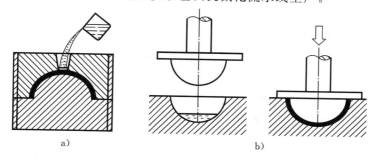

图 5-4　铸造铁锅

a) 砂型铸造　　b) 挤压铸造

在几种成形工艺都可用于制品生产时,应根据生产批量与条件,尽可能采用先进的成形工艺取代落后的旧工艺。如图 5-5 所示的发动机上的排气门,材料为耐热钢,它有下列几种成形工艺方案可供选择。

（1）胎模锻造成形　选用直径较气门杆粗的棒坯,采用自由锻拔长杆部,再用胎模镦粗头部法兰。此法劳动强度大,生产率低,适合小批生产。

（2）平锻机模锻成形　用与气门杆部直径相同的棒坯,在平锻机锻模模腔内需对头部进行五个工步的局部镦粗,形成法兰。平锻机设备和模具费用昂贵,且法兰头部成形效率不高,适用于大量生产。

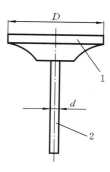

图 5-5　气门

1—法兰　2—杆

（3）电热镦粗成形　按气门杆部直径选择棒坯,对头部进行电热镦粗,再在摩擦压力机上将法兰终（模）锻成形。电热镦粗时,毛坯加热与镦粗是局部连续进行的,坯料镦粗长度不受长径比规则的限制,因此镦粗可一次完成,效率提高,且加工余量小,材料利用率高,劳动条件好,并可采用结构简单的通用性强的工装夹具,可用于中小批量生产。

（4）热挤压成形　选用直径较气门杆粗、较法兰头细的棒坯,在热模锻压力机上挤压成形杆部,闭合镦粗头部形成法兰。热挤压成形较电热镦粗成形更具优越性,主要是热挤压成形工艺采用热轧棒坯,在三向压应力状态下成形,因此原材料价格低,制品内在与外表质量优。而电热镦粗成形采用冷拔棒坯,价格较高,且镦粗部分表面处于拉应力状态,易产生裂纹。另外,热挤压成形的生产率也远高于电热镦粗成形。目前,工业发达国家已普遍采用热挤压成形工艺生产气门锻件。

总之,在具体选择材料成形方法时,应具体问题具体分析,在保证使用要求的前提下,力求做到质量好、成本低和制造周期短,要密切关注新工艺、新技术、新材料的利用。

5.2　常用成形件的成形特点

5.2.1　铸造成形件

铸造成形件（即铸件）是将熔融的液体材料浇注到具有一定形状的型腔中经冷却凝固而形

成的,其特点是尺寸、形状、大小几乎不受限制,常应用于形状复杂,精度要求不太高的场合。今天,铸造已是第五大工业领域,年产数千万吨铸件。如果没有铸造,汽车、家用器具、机械设备等的价格一定会变得很高。

因此,铸造成为优先选用的金属材料的成形工艺。凡是要求耐磨、减振、价廉、必须用铸铁制造的零件(如活塞环、气缸套、气缸体、机床床身、机座等),以及一些形状复杂、用其他方法难以成形的零件(如各类箱体、泵体、叶轮、燃气机涡轮等),几乎只能用铸造成形工艺来制造。按质量计算,在机床、内燃机等机械中,铸件占 70%～90%;在拖拉机中,铸件占 50%～70%;在农业机械中,铸件占 40%～70%。铸件中的 80% 是铸铁件,而且绝大部分是用砂型铸造生产的。

1. 金属铸件

铸件成形方法依生产批量、铸件材料、零件的质量不同而各不相同。通常大多数金属铸件的成形都是采用砂型铸造方法,当单件、小批生产、铸件精度要求不高时,采用手工砂型铸造;当大量生产,铸件精度要求较高时,采用机器砂型铸造。砂型铸造铸件的材料可不受限制,铸铁件应用最多,铸钢和非铁合金件也有一定应用。

尺寸、形状精度要求较高的优质铸件一般采用特种铸造方法,如熔模铸造、金属型铸造、离心铸造和压力铸造等。

熔模铸件精度高,表面粗糙度值低,形状较为复杂,熔模铸造适用于高熔点和难切削合金铸件的成形。

金属型铸件精度高,表面质量好,其生产率高,可一型多用,适用于非铁合金件的批量生产。

离心铸造件内部组织致密,力学性能好,特别是外表面的质量好于内表面,离心铸造适用于钢铁金属及铜合金中空状毛坯的成形。

压力铸造件精度高,表面粗糙度值低,加工量小,压力铸造可在铸件上铸出各种花纹图案、文字等较复杂结构,但需要专用的压铸设备,适用于形状较复杂,尺寸不大,铸壁相对较薄铸件的大批量生产。

2. 非金属铸件

工程塑料件的材料主要是热固性塑料(也有少数热塑性塑料),一般采用压力加工成形,但也可采用液态成形。其工艺过程是在液态的树脂中加入适量的固化剂和添加剂,混合均匀后浇注到模具中,物料在常压或低压以及常温下通过化学反应逐渐固化,成形塑料制品。此种方法设备简单、成本低、工艺简单,但生产率不高,产品形状受到一定限制。

陶瓷件也有采用液态成形方法的,如工业陶瓷制品成形大多数采用注浆,利用石膏模作为铸型,将陶瓷泥浆浇注到石膏模中成形。这种方法一般多用于家庭洁具制造。

5.2.2　压力加工成形件

压力加工成形件是材料受外力作用而发生塑性变形而获得的,其特点是除了自由锻件外,都需要专用模具来成形,其形状复杂程度受到较大限制,常用于生产批量较大的场合。用压力加工成形工艺制造的金属零件,其晶粒组织较细,没有铸件那样的内部缺陷,其力学性能优于相同材料的铸件。所以,一些要求强度高、抗冲击、耐疲劳的重要零件,多采用压力加工成形工艺来制造。但与铸造成形工艺相比,压力加工成形工艺一般难以获得形状复杂,特别是一些带复杂内腔的零件。

1. 金属成形件

金属成形件主要有锻件和冲压、挤压件。锻件是用锻造方法所获得的毛坯件,它可采用自由锻和模锻两种方法。自由锻件不使用专用模具,生产率低、加工余量大、精度低,一般只适用于单件、小批生产。

模锻件需要专用模具,尺寸精度高,加工余量小,生产效率高,可以锻造形状较为复杂的毛坯件,适用于中小型锻件的批量生产。

冲压件主要用于 8 mm 以下金属薄板的冲压成形。冲压件的尺寸精度较高,加工余量小,一般可不需要机械加工,适用于大批量生产。

挤压件是一种生产率很高,少无切削加工的成形件,其尺寸精确,表面粗糙度值低,可制成薄壁、深孔、异形截面等形状复杂的零件,适用于大批量生产。

2. 非金属成形件

非金属材料的受压成形主要指受挤压和模压成形。如工程塑料的挤压成形件,就是将颗粒状和粉末塑料放入挤压机的料筒内,经加热熔融成黏流态,依靠柱塞(推杆)的压力,使黏流态塑料以连续状不断地挤入模腔,冷却后成为一定形状的塑料制品。如塑料管、塑料棒、板等。而模压成形件是粉状、颗粒状或纤维状的物料放入具有一定温度的模腔中合模压型,然后升温,最后取出成形件。如工程塑料的模压成形和陶瓷材料的压制成形等。目前,此类方法在工程上应用很广。

5.2.3　焊接成形件

焊接成形件是将可焊材料通过焊接方法制成的工件,如梁柱、桁架、管道、容器等金属结构件。一些单件生产的大型机件,如机架、立柱、箱体、底座、水轮机机体、蜗壳、转子与空心转轴等,有些是采用焊接成形工艺制造的。焊接成形工艺具有非常灵活的特点;它能以小拼大,焊件不仅强度与刚度好,且重量轻;还可进行异种材料的焊接,材料利用率高;工序简单、工艺准备和生产周期短;一般不需专用重型设备;产品的改型较方便。例如一些受力复杂的大型机件,对强度、刚度要求均高,若采用锻件必须为之先铸钢锭,钢锭锻造之前还要截头去尾,材料利用率低,且大件自由锻造所用的巨型水压机不是一般工厂所能具备的。若采用铸钢件,则需用大容量炼钢炉,还需巨大的模样与专用砂箱等工艺装备,不但工艺准备周期长,而且单件生产采用这些大型专用装备的成本也太高,产品改型时,必须改变所有工艺装备,十分麻烦。而采用钢板或型材焊接,或采用铸-焊、锻-焊或冲-焊联合成形工艺,其优点就十分明显了。

焊接件的特点是生产过程简单、周期短、运用范围广,缺点是成形过程是一个不均匀的加热和冷却过程,焊接结构内部容易产生应力与变形,同时焊接结构上的热影响区的力学性能也会有所下降。因此,若工艺措施不当,焊件可能产生不易发现的缺陷,这些缺陷有时还会在使用过程中逐步扩展,导致焊件突然失效,酿成事故。焊接结构应尽可能采用同种金属材料焊接,采用异种金属材料焊接时,往往由于两者热物理性能不同,在焊接处会产生很大的压力,甚至造成裂纹,选择焊接材料时要特别慎重。重要的焊件必须进行无损探伤,并且做定期检查。

5.2.4　粉末冶金成形件

粉末冶金是用金属粉末或金属与非金属粉末的混合物作为原料,经压制烧结等工序后,制得某些金属制品或金属材料的成形工艺。它既是一种生产特种金属材料的方法,又是一种少无切削生产零件的新工艺。它是近十几年来快速发展的一种新方法。其特点是材料利用率高,效率高,适合于生产形状复杂的零件,无须机械加工或少量加工,适用于生产各种材料或各种具有特殊性能材料配在一起的零件。但需要专用模具,模具成本高,材料成本相对较高。

粉末冶金成形可制造的机械零件有铁基或铜基含油轴承,铁基齿轮、凸轮、滚轮、链轮、气门座圈、顶杆套、枪机、模具、铜基或铁基加石墨、二硫化钼、氧化硅、石棉粉末制成的摩擦离合器、刹车片等,还可制造各种刀具、工模具及一些特殊性能的元件,如硬质合金刀具、模具量具、金刚石工具、金属陶瓷刀具、接触点及极耐高温的火箭、宇航零件与核工业零件。

将粉末冶金与精密锻造成形联合加工,形成的粉末冶金锻造成形工艺,制品质地均匀,晶粒细化,无各向异性现象,其性能甚至超过模锻件,可降低模锻设备吨位,减少工装与设备的投资,缩短工艺准备周期,提高材料利用率。这种联合工艺主要用于汽车工业与农业机械上的齿轮、凸轮、阀头、小型曲轴、连杆等零件的制造。

5.2.5　其他成形件

1. 陶瓷件成形

陶瓷是指用天然或人工合成的粉状化合物经过成形和高温烧结而制成的一类无机非金属材料,它具有高强度、高硬度、耐磨损、耐高温、耐氧化等优点,作为结构材料在许多方面能承担金属材料和高分子材料所不能胜任的工作,同时它的某些特殊性能又可使它作为功能材料使用,如压电陶瓷用作内燃机的点火系统、导弹的引爆信管等。

陶瓷制品的生产过程包括配料、成形、烧结三个阶段。烧结是通过加热使粉体产生颗粒黏结,经过物质迁移使粉体产生高强度并导致致密化和再结晶的过程。陶瓷由晶体、玻璃体和气孔组成。显微组织及相应的性能都是经烧结后产生的。烧结过程直接影响晶粒尺寸与分布、气孔尺寸与分布等显微组织结构。陶瓷经成形、烧结后还可根据需要进行磨削加工和抛光,甚至切削加工。通过研磨、抛光,陶瓷表面可达镜面的光洁水平。

2. 复合材料成形

1) 颗粒、晶须、短纤维增强复合材料

制备方法通常包括下列三个步骤。

(1) 混合　基体材料熔化(溶化)为液态,采用搅拌方法均匀混入增强材料;或者制成粉末,采用滚筒或球磨等方法混入增强材料,并均匀化。

(2) 制坯　采用铸造、液态模锻、喷射、粉末热压等方法使复合成分凝固或固化,制备出复合材料坯体或零件。

(3) 成形　根据需要,通过挤压、轧制、锻造、机加工等二次加工,制备出性能、形状均满足要求的零件。

2) 纤维增强体增强复合材料

制备方法通常包括下列两个基本步骤。

（1）增强体预成形　按设计要求将增强纤维（或纤丝）排列成特定形状或模式,对长纤维（或纤丝）,采用缠绕、织物铺层、三维编织等方法成形;对晶须或较短的纤维,采用磁力、静电、振荡、压延或悬浮法进行预处理,再用挤压等方法成形。

（2）复合　将基体材料与增强体复合,通常采用粉末冶金法、液态浸透法、化学气相沉积法等。

常用成形方法的比较如表 5-1 所示。

表 5-1　常用成形方法的比较

比较内容	成形方法			
	铸造	锻造	冷冲压	焊接
成形特点	液态成形	固态塑性变形	固态塑性变形	永久连接
对原材料工艺性要求	流动性好,收缩率低	塑性好,变形抗力小	塑性好,变形抗力小	强度高,塑性好,液态下化学稳定性好
常用材料	铸铁、铸钢、非铁合金	低、中碳钢,合金结构钢	低碳钢薄板、非铁合金薄板	低碳钢、低合金结构钢、不锈钢、非铁合金
适宜成形的形状	一般不受限制,可相当复杂,尤其是内腔	自由锻简单;模锻较复杂,但有一定限制	可较复杂,但有一定限制	一般不受限制
适宜成形尺寸与重量	砂型铸造不受限制,特种铸造受限制	自由锻不受限制;模锻受限制,一般小于 150 kg	最大板厚 8～10 mm	不受限制
材料利用率	高	自由锻低,模锻较高	较高	较高
适宜的生产批量	砂型铸造不受限制	自由锻单件小批,模锻成批、大量	大量	单件、小批、成批
生产周期	砂型铸造较短	自由锻短,模锻长	长	短
生产率	砂型铸造低	自由锻低,模锻较高	高	中、低
应用举例	机架、床身、底座、工作台、导轨、变速箱、泵体、阀体、带轮、轴承座、曲轴、凸轮轴、齿轮等形状复杂的零件	机床主轴、传动轴、齿轮、连杆、凸轮、螺栓、弹簧、曲轴、锻模、冲模等对力学性能（尤其是强度和韧度）要求较高的零件	汽车车身覆盖件、仪器仪表与电器的外壳及零件、油箱、水箱等各种用薄板成形的零件	锅炉、压力容器、化工容器、管道、厂房构架、吊车构架、桥梁、车身、船体、飞机构件、重型机械的机架、立柱、工作台等各种金属结构件、组合件,还可用于零件修补

5.3　常用机械零件的成形方法

常用机械零件按其形状和结构特征可分为轴杆类,盘套类,机架、箱体类零件。由于形状和结构的差异,生产批量和用途不同,其成形方法也各不相同。下面分别介绍各类零件成形的一般方法。

5.3.1　轴杆类零件成形

轴杆类零件的结构特点是轴向(纵向)尺寸远大于径向(横向)尺寸,这类零件包括各类传动轴、机床主轴、光杠、丝杠、曲轴、凸轮轴、连杆等。这类零件主要用来支承传动零件和传递转矩,受力较大,要求具有较高强度、疲劳强度、塑性、韧度及良好的综合力学性能。

此类零件大多采用锻造成形,常用中碳钢和合金钢材料,经调质处理后可获得良好的综合力学性能。对于某些异型截面或弯曲轴线的轴如凸轮轴、曲轴等,可采用球墨铸铁材料进行铸造成形。对一些较长型零件,可采用锻-焊或铸-焊的方式制造轴类件,如发动机的进、排气阀门。采用合金耐热钢的头部与碳素钢的阀杆焊在一起,可节省合金材料,如图 5-6 所示。又如我国制造的 12 000 t 水压机立柱,采用铸焊结构,该立柱每根净重 80 t、长 18 m,若采用整体铸造或整体锻造不易实现,而采用了分成六段铸造,粗加工后采用电渣焊拼焊成整体件,如图5-7所示。

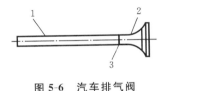

图 5-6　汽车排气阀

1—普通碳素钢　2—合金耐热钢　3—焊缝

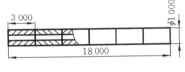

图 5-7　水压机立柱

5.3.2　盘套类零件成形

盘套类零件的结构特点是零件长度一般小于直径或两个方向尺寸相差不大,此类零件包括各种齿轮、飞轮、联轴器、盘、轴承环、手轮等。这类零件在机械设备中的使用要求和工作条件不同,其材料选择和成形工艺也有所不同。如齿轮件,要求轮齿表面有足够的强度、硬度,同时也要求齿轮本身有一定的强度和韧度,故一般采用锻造成形制成齿轮毛坯件,如图 5-8a 所示。当尺寸很大时(直径大于 500 mm)锻造成形比较困难,可采用铸造成形方法,材料可选择铸钢和球墨铸铁。一般以辐条结构代替锻钢齿轮中的辐板结构,如图 5-8b 所示。在单件生产大型齿轮件时,常采用焊接成形方法,如图 5-8c 所示。在大批量生产中小齿轮的情况下,可采用热轧或精密模锻方法制造仪器、仪表等受力不大的齿轮,还可用尼龙为材料通过注塑成形制成。带轮、套环、手轮等受力不大或承压为主的零件,通常采用灰铸件材料通过铸造成形,单件生产时,也可采用低碳钢焊接成形。

法兰、套环、垫圈等零件根据受力情况和形状、尺寸的不同,可分别采用铸造成形、锻造成形或直接用圆钢或钢板下料成形,各种模具毛坯一般采用合金钢通过锻造成形。

图 5-8　各种方法成形的齿轮

a）锻造齿轮　b）铸造齿轮　c）焊接齿轮

5.3.3　机架、箱体类零件成形

机架、箱体类零件的结构特点是壁厚均匀，有不规则的外形和内腔，结构比较复杂，质量从几千克到数十吨，工作条件相差较大。此类零件是机械设备很重要的支撑件，如各类机械的机身、底座、支架、齿轮箱、轴承座、内燃机缸体等，如图 5-9 所示。

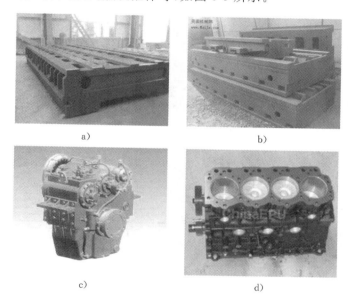

图 5-9　机架类零件

a）床身　b）底座　c）齿轮箱　d）内燃机缸体

这类零件常以承压为主，要求有较好的刚度和减振性。有些机身支架同时受压、拉和弯曲应力的联合作用，甚至有冲击载荷。而工作台和导轨等零件则要求较好的耐磨性。箱体类零件还要求较大的刚性和较好的密封性。

这类零件大多数选择铸造毛坯，以铸铁毛坯为主。承载量较大的箱体，可采用铸钢件。要求质量轻、散热较好的箱体，如飞机发动机气缸体可采用铸造铝合金。对于单件、小批生产或形状简单的支架类零件，可选择钢材焊接而成。

不论是铸造毛坯还是焊接毛坯，都不同程度存在内应力，为避免使用过程中因变形而失效,机械加工前应进行去应力退火或时效处理。

复习思考题

5-1　选择材料成形方法的主要依据有哪些?

5-2　液态成形件和固态成形件各有何特点?

5-3　结合实际,根据不同生产条件(生产批量),确定某一齿轮(直径大于 500 mm)的成形方法。

5-4　试分别确定下列各类零件的成形方法。

机床主轴　连杆　手轮　轴承环　齿轮箱　内燃机缸体

第6章 快速成形技术

20世纪90年代以后,制造业面临信息社会中瞬息万变的市场对小批量多品种产品要求的严峻挑战。用户需求的个性化和多变性,迫使企业不得不逐步抛弃原来以"规模效益第一"为特点的少品种、大批量的生产方式,进而采取多品种、小批量、按订单组织生产的现代生产方式。同时,市场的全球化和一体化,更要求企业具有高度的灵敏性,面对瞬息万变的市场环境,不断地迅速开发新产品,变被动适应用户为主动引导市场,这样才能保证企业在竞争中立于不败之地。可见,在这种时代背景下,市场竞争的焦点就转移到速度上来,能够快速提供更高性能/价格比产品的企业,将具有更强的综合竞争力。快速成形(rapid prototyping,RP)技术是先进制造技术的重要分支,无论在制造思想上还是实现方法上都有很大的突破,利用快速成形技术可对产品设计进行迅速评价、修改,并自动快速地将设计转化为具有相应结构和功能的原型产品或直接制造出零部件,从而大大缩短新产品的开发周期,节约产品的开发成本,使企业能够快速响应市场需求,提高产品的市场竞争力和企业的综合竞争能力。

6.1 快速成形技术概述

6.1.1 快速成形技术的发展简史

20世纪70年代末,3D Systems公司的Alan Herbert提出RP的思想。1980年,日本的小玉秀男,1982年,美国UVP公司的Charles Hull,1983年,日本的丸古洋二,在不同的地点各自独立地提出了RP概念。1986年,Charles Hull发明了用于直接制造三维零件的设备(美国专利号4575330),这成为现在光固化成形(stereo lithography apparatus,SLA)设备的雏形,也标志了快速成形技术从理论设想跨入实际应用,此后20余年间,快速成形技术迈入快速发展期,如表6-1所示。同年,Charles Hull和UVP的股东们一起建立了3D Systems公司,随后许多关于快速成形的概念和技术在3D Systems公司中发展成熟。与此同时,其他的成形原理及相应的成形机也相继开发成功。1984年Michael Feygin提出了分层实体制造(laminated object manufacturing,LOM)的方法,并于1985年组建Helisys公司,1990年前后开发了第一台商业机型LOM-1015。1986年,美国Texas大学的研究生C Deckard提出了Selective Laser Sintering(SLS)的思想,稍后组建了DTM公司,于1992年开发了基于SLS的商业成形机(Sinterstation)。Scott Crump在1988年提出了熔丝沉积成形(fused deposition modeling,FDM)的思想,1992年开发了第一台商业机型3D-Modeler。自从20世纪80年代中期SLA技术发展以来到90年代后期,出现了十几种不同的快速成形技术,除前述几种外,典型的还有3DP、SDM、SGC等。但是,SLA、LOM、SLS和FDM四种技术,目前仍然是快速成形技术的主流。

表 6-1   快速成形技术的发展时期

名　　称	简　　称	发 展 时 期
光固化成形	SLA	1986—1988
逐层固化成形	SGC	1986—1988(1999 年消失)
分层实体成形	LOM	1985—1991
熔丝沉积成形	FDM	1988—1991
选择性激光烧结成形	SLS	1987—1992
三维印刷成形	3DP	1985—1997

6.1.2 快速成形技术的原理

　　RP 技术是在现代 CAD/CAM 技术、激光技术、计算机数控技术、精密伺服驱动技术以及新材料技术的基础上集成发展起来的。不同种类的快速成形系统因所用成形材料不同,成形原理和系统特点也各有不同,但是,其基本原理都是一样的,那就是"分层制造,逐层叠加",即离散-堆积的制造原理,如图 6-1 所示。

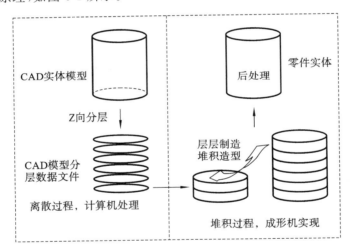

图 6-1   快速成形技术制造原理

　　RP 技术从成形原理上提出一个全新的思维模式,即将计算机上设计的零件三维模型进行网格化处理并存储,再对其进行分层处理,得到各层截面的二维轮廓信息,按照这些轮廓信息自动生成加工路径,在控制系统的控制下,选择性地固化或切割一层层的成形材料,形成各个截面轮廓薄片,并逐步顺序叠加成三维坯件,然后进行坯件的后处理,形成零件,其具体工艺过程如下。

1. 三维模型的构建

　　由于 RP 系统是由三维 CAD 模型直接驱动,因此首先要构建所加工零件的三维 CAD 模型。该三维 CAD 模型可以利用计算机辅助设计软件(如 Pro/E、I-DEAS、Solid Works、UG 等)直接构建,也可以将现有的产品利用反求工程方法来构造三维模型。

2. 三维模型的近似处理

由于产品往往有一些不规则的自由曲面,加工前要对模型进行近似处理,以方便后续的数据处理工作。目前快速成形技术的接口大多采用 STL 格式,它是用一系列的小三角形平面来逼近原来的模型,每个小三角形用 3 个顶点坐标和 1 个法向量来描述,三角形的大小可以根据精度要求进行选择。

3. 三维模型的切片处理

根据被加工模型的特征选择合适的加工方向,在成形高度方向上用一系列一定间隔的平面切割近似后的模型,以便提取截面的轮廓信息。间隔越小,成形精度越高,但成形时间也越长,效率就越低;反之则精度低,但效率高。

4. 零件的成形及后处理

根据切片处理的截面轮廓,在计算机控制下,相应的成形头(激光头或喷头)按各截面轮廓信息做扫描运动,在工作台上一层一层地堆积材料,然后将各层相黏结,最终得到原型产品。将从成形系统里取出的成形产品进行打磨、抛光、涂挂,或放在高温炉中进行后烧结,进一步提高其强度(按照成形方法的不同进行不同的后处理工序)。

6.1.3 快速成形技术的种类

1. 光固化成形

光固化成形又称 SLA,该方法的基本原理如图 6-2 所示。早在 1977 年,美国的 Swainson 就提出使用射线引发材料相变、制造三维物体的想法。遗憾的是,由于资金及实际工程问题,该研究于 1980 年终止。随后,日本的 Kodama 提出通过使用遮罩以及在横截面内移动光纤,分层照射光敏聚合物来构建三维物体的方法。然而真正实现 SLA 技术商业化的是美国的 Charles Hull。他于 1986 年获得美国专利,并推出了世界上第一台基于 SLA 技术的商用 3D 打印机 SLAA-250,开创了 SLA 快速成形技术的新纪元。

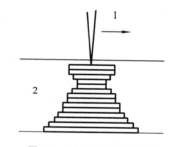

图 6-2　光固化成形原理
1—紫外激光　2—光固化树脂(液体)

美国 3D Systems 公司是 SLA 技术的开拓践行者。该公司在如何提高成形精度及激光诱导光敏树脂聚合的化学、物理机理等方面进行了深入的研究,并提出了一些有效的制造方法。其开发的 SLA 系统有多个商品系列。除了 3D Systems 公司的 ProJet 系列和 iPro TM 系列外,许多国家的公司、大学也开发了 SLA 系统并商业化。如日本 CMET 公司的 SOUP 系列、D-MEC(JSR/sony)公司的 SCS 系列和采用杜邦公司技术的 Teijin Seiki 公司的 Soliform 系列;在欧洲有德国 EOS 公司的 STEREOS 系列、Fockele&Schwarze 公司的 LMS 系列以及法国 Laser 3D 公司的 SPL 系列。目前,3D Systems 公司的 SLA 技术在国际市场上占有比例较大。

我国在 20 世纪 90 年代初开始了 SLA 技术的研究,经过 10 余年的发展,取得了长足的进展。华中科技大学、西安交通大学等高校对 SLA 原理、工艺、应用等进行了深入的研究。国内从事商品化 SLA 设备研制的单位有多家,基于 SLA 技术的 3D 打印机也不断增多,比如西通的 CTC SLA 光固化 3D 打印机、智垒的 SLA 光固化 3D 打印机、ATSmake 3D 打印机、上海联泰开发的 Lite 系统(见图 6-3)。目前国内研制的 SLA 设备在技术水平上与国外已相当接近,且由于售后服务和价格的原因,国内企业在市场竞争中已经占据绝对优势。

3D打印机 Lite450

Lite450 3D Printing System

设备特点

▶ 采用振镜扫描技术
▶ 负压吸附式刮板,涂层均匀可靠
▶ 00级大理石基板
▶ 真空值闭环控制(专利技术)
▶ 高精度液位传感器闭环控制
▶ 扫描路径自动化
▶ 自动工艺参数
▶ 便拆式工作台,操作方便

图 6-3　上海联泰 Lite450 3D 打印机

2. 分层实体成形

　　分层实体成形又称 LOM,该技术用箔材或纸等作为原材料,由计算机存储零件的三维模型信息,由 CAD 或 CAM 软件驱动分层,再将分层片逐层黏结在一起完成三维实体造型。LOM 工艺成形原理如图 6-4 所示。具体过程是先铺上一层原材料,在计算机控制下由激光切割出所需轮廓,然后再铺上一层新的材料,用热压辊加热使两层材料黏结在一起,并切割该层材料的轮廓,重复上述操作直至整个工件加工完成。在 1986 年,美国的 Helisys 公司研制成功了 LOM 工艺。日本 Kira 公司的 KSC-50 成形机以及美国 Helisys 公司的 LOM-2030 和 LOM-1050 成形机在这方面是比较成熟的。我国很多专家学者也致力于研究、生产和改进 LOM 系统,清华大学推出了 SSM 系列成形机及成形材料。华中科技大学推出了 HRP 系列成形机和成形材料。此外,西安交通大学的余国兴、李涤尘等人对 LOM 系统进行了改进,提出用经济适用的刀切法代替激光切割法;中北大学的郭平英提出了一种基于大厚度切片的金属功能零件的 LOM 技术。LOM 技术已经在很多方面得到了广泛的应用,如汽车、航空航天、电器、医学、机械、玩具、建筑等行业对这项技术有着较为深入的应用。之所以 LOM 技术能够如此快速地被推广,在很大程度上取决于这种技术采用了相对成本较低的原材料(例如纸、复合材料或塑胶等比较经济及常见的一些材料)。

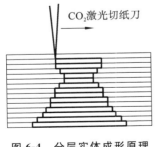

图 6-4　分层实体成形原理

CO$_2$激光切纸刀

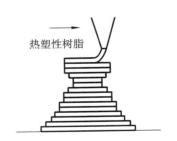

图 6-5　熔丝沉积成形原理

热塑性树脂

3. 熔丝沉积成形

　　熔丝沉积成形又称 FDM,该技术的原理如图 6-5 所示,加热喷头受计算机控制,根据水平分层数据做X-Y平面运动,丝材由送丝机构送至喷头,经过加热、熔化,从喷头挤出黏结到工作台面,然后快速冷却并凝固。每一层截面完成后,工作台下降一层的高度,再继续进行下一层的造型。如此重复,直至完成整个实体的造型。1988 年,Scott Crump 发明了熔丝沉积成形技术,之后由 Stratasys 研发了首台商用 FDM 打印机。Stratasys 公司于 1993 年开发出第一台FDM-1650 机型后,先后推出了 FDM-2000、FDM-3000 和 FDM-5000 机型。1998 年 Stratasys公司推出的 FDM-Quantum 机型,最大造型体积为 600 mm×500 mm×600 mm。由于采用了挤出头磁浮定位系统,其可在同一时间独立控制两个挤出头,因此造型速度为过去的 5 倍。1999 年 Stratasys 公司开发出水溶性支撑材料,有效地解决了复杂、小型孔洞中的支撑材料难以去除或无法去除的难题,并在 FDM-3000 上得到应用,另外从 FDM-2000 开始的快速成形机上,采用了两个喷头,其中一个喷头用于涂覆成形材料,另一个喷头用于涂覆支撑材料,加快了造型速度。Stratasys 公司 1998 年与 MedModeler 公司合作开发了专用于一些医院和医学研究单位的 MedModeler 机型,并于 1999 年推出可使用聚脂热塑性塑料的Genisys型改进机型 Genisys Xs。在国内,上海富力奇公司的 TSJ 系列快速成形机采用了螺杆式单喷头,清华大学的 MEM250 型快速成形机采用了螺杆式喷头,华中科技大学和四川大学正在研究开发以粒料、粉料为原料的螺杆式双喷头。其中,北京殷华公司通过对熔融挤压喷头进行改进,提高了喷头可靠性并在此基础上新推出了 MEM200 小型设备、MEM350 型工业设备以及基于光固化工艺的 AURO350 型设备,如图 6-6 所示。

图 6-6　北京殷华公司的 AURO350 型设备

4. 选择性激光烧结成形

选择性激光烧结成形又称 SLS,该技术的原理如图 6-7 所示。SLS 使用粉末材料作为加工物质,并用激光束进行逐层扫描烧结,最终完成实体造型。目前国内外从事 SLS 打印设备研究的单位较多,也开发出了一大批各具特色的 SLS 成形系统。美国 DTM公司 1992 年推出了 Sinterstation 2000,1996 年推出了Sinterstation 2500,并于 1999 年研制了 Sinterstation2500plus SLS 成形设备,成形体积比之前增加了 10%,由于优化了加热系数,减少了各环节的加热时间,其成形速度大大提高。3D Systems 公司的 Vanguard si2 SLS 成形设备扫描速度可达到 10 m/s。德国 EOS 公司研制出了

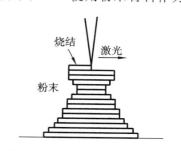

图 6-7　选择性激光烧结成形原理

Eosint M 系统,该系统可以直接对未经预热的金属粉末进行烧结,制作精度高,表面质量好,

可制作形状复杂的注塑模具。华中科技大学的 HRPS 激光烧结成形设备采用振镜式动态聚焦系统,具有高速度高精度的特点,另外,该系统采用美国 CO_2 激光器,具有稳定性好、寿命长、性价比高的特点,可直接制作各种复杂精细结构的金属件以及注塑模、压铸模等。此外,北京隆源自动成型系统有限公司开发生产了以选区粉末烧结为原理的 AFS 系列激光快速成形机,华中科技大学开发了世界最大的选择性激光烧结快速成形设备,成形尺寸达 $1.4 \sim 2.2$ m。

5. 其他快速成形技术

三维印刷成形又称 3DP,该技术与 SLS 类似,采用粉末材料成形,如陶瓷粉末、金属粉末。所不同的是粉末材料不是通过烧结黏结起来的,而是通过喷头用黏结剂(如硅胶)将零件的截面"印刷"在粉末材料上面。用黏结剂黏结的零件强度较低,还须后处理。3DP 法是美国麻省理工学院 Emanual Sachs 等人最初提出的,于 1989 年获得专利。1993 年 Emanual Sachs 的团队开发出基于喷墨技术与 3D 打印成形工艺的 3D 打印机,随后于 1997 年成立了 Z Corporation 公司,开始系列化生产该类 3D 打印成形机。2012 年该公司被当今世界上最大的三维打印设备厂商 3D Systems 公司并购,而且还与传统的选择性激光烧结技术相结合,推出了 Z 系列 3DP 打印成形设备。现如今发展较为成熟的 3DP 成形设备主要有美国 Z Corporation 公司的 Z 系列产品、3D systems 公司的 Projet 系列产品、以色列 Objet 公司的 Connex 和 Eden 系列产品以及德国 Voxeljet 公司的 VX 系列产品等。国内相对于国外发达国家来说,技术引入相对较晚,虽然在近年来也获得了较为迅速的发展,但仍与国外水平有着一定的差距。国内目前对 3DP 法研究较多的高校有华中科技大学、上海交通大学、华南理工大学等。南京宝岩自动化有限公司、杭州先临三维科技股份有限公司自主研发出了各自类型的 3DP 打印机。

除了上述的快速成形技术,当今主流 3D 打印快速成形技术还有 EBF、DMLS、EBM、DLP、SLM、PJ 等,这些技术的工作原理将在本章的最后一节进行简单的介绍。

6.1.4　快速成形技术的特点

1. 快速性

通过 STL 格式文件,快速成形制造系统几乎可以与所有的 CAD 造型系统无缝连接,从 CAD 模型到完成原型制作通常只需几小时到几十小时,可实现产品开发的快速闭环反馈。

2. 高度集成化

RP 技术是计算机、数据、激光、材料和机械的综合集成,只有在计算机技术、数控技术、激光器件和控制技术高度发展的今天才可能诞生快速成形技术,因此快速成形技术带有鲜明的时代特征。

3. 自由成形制造

快速成形技术由于采用分层制造工艺,将复杂的三维实体离散成一系列层片加工和加工层片的叠加,大大简化了加工过程。自由的含义有两个:一是指可以根据零件的形状,无须专用工具的限制而自由地成形,可以大大缩短新产品的试制时间;二是指不受零件形状复杂程度限制。

4. 高度柔性

快速成形系统是真正的数字化制造系统,仅需改变三维 CAD 模型,适当地调整和设置加工参数,即可完成不同类型的零件的加工制作,特别适合新产品开发或单件小批量生产。并且,快速成形技术在成形过程中无须专用的夹具或工具,成形过程具有极高的柔性,这是快速成形技术非常重要的一个技术特征。

5. 材料的广泛性

快速成形技术可以制造树脂类、塑料原型,还可以制造出纸类、石蜡类、复合材料以及金属材料和陶瓷的原型。

6. 自动化程度高

快速成形是一种完全自动的成形过程,只需要在成形之初由操作者输入一些基本的工艺参数,整个成形过程操作者无须或较少干预。出现故障,设备会自动停止,发出警示并保留当前数据。

6.1.5　快速成形技术展望

快速成形技术自诞生以来,由于其自身的特点,在某些领域具有传统加工方法不可比拟的优势且获得迅猛的发展。但从现状看,快速成形技术最突出的问题是,成形零件的物理性能不是很理想,设备价格相对较高,运行成本较高,零件精度低,表面粗糙度高,成形材料仍然有限。因此从上述快速成形技术的发展现状来看,可以预见,未来快速成形技术的发展主要集中在以下几个方面。

1. 提高快速成形系统的速度、控制精度和可靠性

通过优化设备结构,选用性能价格比高、寿命长的元器件,使系统更简洁、更方便、更可靠、更快速。

2. 提高数据处理速度和精度

研究开发用 CAD 原始数据直接切片方法,减少数据处理量以及由 STL 格式转换过程而产生的数据缺陷和轮廓失真。

3. 研究开发成本低、易成形、变形小、强度高、耐久及无污染的成形材料

将现有的材料,特别是功能材料进行改造或预处理,使之适合于快速成形技术的工艺要求;同时从快速成形特点出发,结合各种应用要求,发展全新的快速成形材料,特别是复合材料。

4. 开发新的成形能源

前述的主流成形技术中,SLA、LOM 和 SLS 均以激光作为能源,而激光系统的价格及维护费昂贵且传输效率较低,影响制件的成本,因此新成形能源方面的研究也是快速成形技术的一个重要方向。

5. 研究开发新的成形方法

传统的成形方法基本上都基于立体平面化—离散—堆积的思路。这种方法还存在着许多不足,今后有可能研究集"堆积"和"切削"于一体的快速成形方法,以提高制件的性能和精度,降低生产成本。

6. 向大型制造与微型制造进军

由于大型模具的制造难度和快速成形在模具制造方面的优势,可以预测将来的快速成形市场将有一定比例为大型成形制造所占据。与此形成鲜明对比的将是快速成形向微型领域的进军。

6.2　光固化成形法

6.2.1　光固化成形原理

利用光能的化学和热作用可使液态树脂材料产生变化的原理,对液态树脂进行有选择的固化,就可以在不接触液态树脂材料的情况下制造所需的三维实体模型。利用这种光固化的技术进行逐层成形的方法,称为光固化成形法,国际上称 stereolithography,简称 SL,也有用 SLA 表示光固化成形技术的。

光固化树脂是一种透明、黏性的光敏液体。当光照射到该液体上时,被照射的部分由于发生聚合反应而固化,其基本原理如图 6-8 所示,液槽中盛满液态光敏树脂,氦-镉激光器或氩离子激光器发出的紫外激光束在控制系统的控制下按零件的各分层截面信息在光敏树脂表面进行逐点扫描,使被扫描区域的树脂薄层产生光聚合反应而固化,形成零件的一个薄层。一层固化完毕后,工作台下移一个层厚的距离,以使在原先固化好的树脂表面再敷上一层新的液态树脂,刮板将黏度较大的树脂液面刮平,然后进行下一层的扫描加工,新固化的一层牢固地黏结在前一层上,如此重复直至整个零件制造完毕,得到一个三维实体原型。因为树脂材料的高黏性,在每层固化之后,液面很难在短时间内迅速流平,这将会影响实体的精度。采用刮板刮切后,所需数量的树脂便会被十分均匀地涂敷在上一叠层上,经过激光固化后可以得到较好的精度,使产品表面更加光滑和平整。

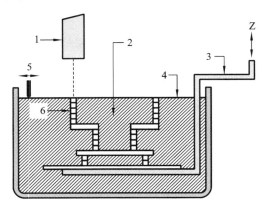

图 6-8　光固化成形基本原理
1—激光器　2—光固化树脂　3—升降台　4—液体表面　5—刮板　6—零件

6.2.2　光固化成形材料

1. 光固化成形对树脂材料的要求

与一般用途的光敏树脂不同,SLA 技术中的光敏树脂是用于三维实体零件成形的,树脂不仅要有较高的成形精度,而且要有较高的成形速度,并具有更高的性能指标。

(1)固化收缩率要小　大多数光敏树脂固化都存在一定的收缩,对于 SLA 打印过程,固化收缩不仅影响成形件的尺寸精度和形状精度,而且还会产生较大的成形应力,这些应力会导致变形、翘曲甚至开裂。所以用于 SLA 技术的树脂的收缩量越小越好,收缩率不能超过 8%。

(2)一次固化的程度高　一般光敏树脂固化分为两个部分,即短时光照阶段形成的一次固化和此后延续较长时间的后固化,为减少后者产生的变形、收缩,希望 SLA 树脂的一次固化能力越高越好。这里的一次固化能力包括两个方面:一是固化速度要快,二是湿态强度要高。

(3)溶胀系数要尽量小　SLA 打印成形过程一般为几小时,甚至几十小时,先期固化部分长时间浸泡在液态树脂中,会出现溶胀,尺寸变大且强度下降,这会导致制造误差甚至失败。因此要求 SLA 光敏树脂要具有较强的抗溶胀能力。

(4)黏度要低　液态树脂的黏度低,流动性好,有利于在成形过程中树脂快速流平,从而减少分层扫描的层间等待时间,以提高效率。

(5)毒性要尽量小　光敏树脂含有有害成分,特别是光固化时其挥发的气体一般具有较大的刺激性。对于成形时间较长的 SLA 打印过程来说,无毒无害化的产品具有重要意义。

2. 光敏树脂的固化机理

光敏树脂中主要成分包括光引发剂、低聚物和稀释剂,光引发剂在紫外光源的照射下会吸收能量,发生光解反应,产生自由基或超强质子酸,这两种物质可以使对应的单体和低聚物活化,使小分子的物质发生交联反应,聚合生成高分子固化物。一般来说,预聚物和稀释剂都有两个以上的双键和环氧基团,所以在发生聚合反应后,得到的高分子聚合物不是线性的结构,而是交联的体形结构,反应过程可以表示如下:

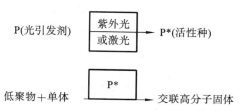

3. 光敏树脂的组成

光敏树脂中主要成分包括光引发剂、低聚物和稀释剂,当然也包括一些添加剂和颜料,不过占比很小,在此我们主要介绍光敏树脂的三种主要组成部分。

(1)低聚物　低聚物是光敏树脂中含量最大的一种成分,低聚物中含有不饱和的活性官能团。官能团是低聚物发生聚合反应的基团,所以在官能团的末端有可以发生聚合反应的活性基团。这种活性基团可以使低聚物在活性种的激发下继续聚合长大,低聚物本是分子量较大的物质,不同分子间的双键或环氧基团如果发生聚合反应,低聚物的分子量会快速增加,很快就会聚合成固体物质,也就是发生固化反应。由于低聚物是光敏树脂的主要成分,所以它就决定了树脂的基本物理性能、力学性能、化学性能,如树脂的黏度、硬度、固化强度、固化收缩率等。低聚物根据基团的不同,也可以分为很多种类,我们使用比较多的低聚物主要有聚醚丙烯酸酯不饱和聚酯、环氧丙烯酸酯、聚氨酯丙烯酸酯、聚酯丙烯酸酯、乙烯基醚类等。

(2)光引发剂　光引发剂是一种特殊的基团,它能够激发树脂发生交联反应,光引发剂基团的多少、性能的优劣直接决定了树脂的固化程度和固化速度。现在的光引发剂大部分为紫外光区的,也有一小部分是可见光区的引发剂。根据光引发剂的引发基团不同,我们可以将引发剂分为自由基型和阳离子型两类。自由基型光引发剂主要有香豆酮类、安息香类、硫杂蒽酮类、苯乙酮类、苯甲酮类等;阳离子型的光引发剂主要有芳香重氮盐类、芳茂铁盐类和鎓盐等。

(3)稀释剂　稀释剂也是光敏树脂的重要组成部分,它是一种功能性的活性单体,如乙烯基、烯丙基等。它可以调节低聚物的黏度,提高树脂的反应速度,结构中含有不饱和双键,能够发生聚合反应,而且不容易挥发。根据官能团的个数,稀释剂一般可分为单官能度单体、双官能度单体和多官能度单体。官能度影响稀释剂的各种性能,一般来说官能度越大,树脂的固化速率也会越快,而且多官能度的活性单体发生聚合反应后,容易形成交联网络结构。光敏树脂需要具有较快的固化速度,因此使用的稀释剂也应该具有很高的活性,能够保证光敏树脂快速地发生聚合反应。如 N-乙烯基吡咯烷酮、脂肪烃缩水甘油醚丙烯酸酯、三羟甲基丙烷三丙烯酸酯等,它们都具有很高的活性,反应速度快。

(4)其他添加剂　在光敏树脂的组成中,除了基体树脂低聚物、光引发剂和活性稀释剂外,还有一些辅助添加剂,如颜料、填料、消泡剂、流平剂、阻聚剂、抗氧剂等。消泡剂能够抑制或消除光敏树脂体系中的气泡,其具有表面张力小、消泡力强、扩散性和渗透性良好、气体透过性好等特点。阻聚剂可提高光敏树脂的储藏稳定性,延长使用寿命,保证光敏树脂在有效期内不会自动固化。

4. 光敏树脂的分类

根据光引发剂引发聚合反应的机理,我们一般将光敏树脂分为自由基型光敏树脂和阳离子型光敏树脂两类。

(1)自由基型光敏树脂　在 SLA 技术刚诞生时,使用的光敏树脂是自由基型光敏树脂,这种光敏树脂成本比较低,其中的低聚物主要是丙烯酸酯,使用的引发剂是自由基型光引发剂。自由基型光引发剂可以在紫外光的照射下自行分解出自由基团,大量的自由基团会引发丙烯酸酯内的双键断裂,双键断裂后,就会引发一系列的聚合反应,聚合反应将双键转化成共价单键。相互反应的分子间会彼此相互聚合,随着聚合反应的持续,小分子会聚合成分子量较大的高分子化合物。自由基型光敏树脂的主要优点是反应速度快,光敏性好,黏度低,成形效果好,最主要的是成本较低,基本能够满足快速成形的要求。自由基型光敏树脂主要包括三种类型:一是环氧丙烯酸酯,二是聚酯丙烯酸酯,三是聚氨酯丙烯酸酯。

(2)阳离子型光敏树脂　因为自由基型树脂收缩率大的缺点,所以研究人员又开发出了阳离子型光敏树脂。阳离子型光敏树脂主要有两种低聚物,即环氧化合物和乙烯基醚。环氧化合物的固化机理是:在阳离子引发剂的作用下,环氧化合物发生聚合反应,低聚物之间的距离会由范德华力的作用距离转变为固化之后的共价单键之间的作用距离,二者之间的距离大大缩短,而且聚合后各分子排列更加有序,这就使得树脂聚合后体积明显收缩。此外,环氧化合物上的环打开后形成新的结构单元,尺寸也发生改变,其尺寸是大于单体分子的,一个使固化后体积收缩,一个使固化后体积变大,二者综合的结果是使环氧化合物固化后的体积收缩率减小甚至消失,内应力也相应变小,成形零件的翘曲变形也小,力学性能优异。由于乙烯基醚类树脂固化速度比较慢,不能满足光敏树脂对固化速度的要求,所以应用比较少,不如环氧化合物应用广泛。

5. 光敏树脂的设计基本准则

首先,自由基固化体系和阳离子固化体系各具特点,可根据使用要求来合理搭配选择。如成形精度要求较低时,可采用环氧丙烯酸树脂自由基固化体系;成形精度要求较高时需采用环氧树脂为主和丙烯酸树脂为辅的混合固化体系,甚至在该混合体系中添加一些不影响使用性能的填料或者膨胀性的单体来降低或者消除固化收缩率,同时,还需要合理调节自由基固化与阳离子固化的比例,减小混合固化体系的固化收缩率,提高固化速率。

其次,依据光敏树脂采用的固化光的波长,选择合适的光引发剂。最理想的情况是该光引发剂的最大吸收峰波长为固化光源的主要波长,以最大效率地利用光源使光敏树脂固化。如果没有合适的光引发剂,也可使用一些光敏剂和增感剂与相应的光引发剂配伍,使光敏树脂固化成形。

再次,根据选定的体系选择合适的基体低聚物。如要求耐候性能好,可选耐候性好的氢化双酚 A 环氧树脂为基体树脂;如要求耐热性好,可选酚醛环氧树脂;也可选择两种或者多种低聚物树脂以提高光敏树脂的综合性能。

然后,活性稀释剂的类型和用量要与基体低聚物相匹配、相适应。活性稀释剂的用量较少时,体系的黏度大,不利于 3D 打印成形;活性稀释剂用量较多时,固化速率慢,成形的制品力学性能差;另外,单官能团活性稀释剂、双官能团活性稀释剂和多官能团活性稀释剂的合理搭配使用也非常重要,在一定程度上影响着固化制品的力学性能等。

最后,可根据需要加入颜料、助剂等添加剂。如需要固化的制品具有特定的颜色,可添加一定量的颜料和润湿分散剂;体系的储藏稳定性不好,可添加一定量的阻聚剂;体系容易产生气泡,可添加一定量的消泡剂等。另外,体系中一般还需要添加一定量的润湿分散剂,提高颜料在光敏树脂中的悬浮稳定性。填料可以提高光敏树脂的力学性能和固化产品的尺寸精度,常用填料有 $CaCO_3$、$BaSO_4$、SiO_2、滑石粉等。

6.2.3 光固化成形工艺

光固化成形件的成形精度和成形效率与制作工艺密切相关,不合理的制作方式和不合理的制作参数组合,往往会降低制件的形位精度、尺寸精度和表面质量,或者降低成形的效率,严重时会使制件产生较大的翘曲变形、层间剥离,甚至使制作过程中断。因此必须选择合理的制作工艺来保证制件的成形过程。光固化成形的工艺过程如图 6-9 所示,其步骤如下。

1. 模型设计

光固化成形工艺的第一步是在三维 CAD 造型软件中完成原型的设计。所构造的三维 CAD 图形可以是实体模型,也可以是表面模型,这些模型应该具有完整的壁厚和内部描述功能。CAD 的存储文件必须转换成光固化成形所需的标准文件(STL 文件)的格式,并以此作为在计算机上进行切片的输入文件。完成模型设计后,需要选择模型的摆放方向和位置,设计支撑。在造型过程中,树脂由液体固化成实体的时候将产生体积收缩,从而产生内应力,同时因为光固化成形是从底部开始逐层造型的,硬化的光敏树脂第一个切片层将与工作台连接。为了

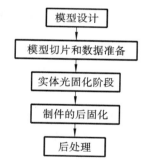

图 6-9 光固化成形的工艺过程

防止片层漂移或损坏最终制件和工作台面,对模型中的悬垂部分和较大的悬臂及梁等结构必须设计支撑或连接结构。模型的支撑结构一般在切片前单独生成。

2. 模型切片和数据准备

当原型的设计完成后,CAD 模型被转换成 STL 格式的文件传送到光固化成形设备上负责处理数据的计算机中。利用分层软件选择参数,将模型分层,得到每一片层的平面图及其有关的网格矢量数据,用于控制激光束的扫描轨迹。这一过程中还包括切片层厚度的选择、建造模式、固化深度、扫描速度、扫描间距、光斑补偿和扫描线补偿的选择。分层参数的选择对造型时间和模型精度影响很大,一般根据两者的权重选择分层参数的组合。

3. 实体光固化阶段

该阶段是光敏树脂开始聚合、固化到一个原型制作完成的过程。首先将树脂槽灌满树脂，将一个可以上下移动的升降台置于树脂液面下，调整光固化成形机的控制计算机，使升降台上有一定厚度的树脂，此厚度即模型的切片厚度。其次，利用分层切片时得到的数据生成计算机控制指令，然后计算机根据这些指令迅速驱动振镜扫描系统使激光束在树脂平面运动。凡是激光扫描的部分，光敏树脂便在激光的作用下迅速固化，形成制件的底层并黏结在升降台上。扫描完一个片层后，升降台下降一个片层厚度的高度，液态光敏树脂迅速覆盖在刚刚固化的片层上，激光束按照新一层的数据所给定的轨迹，扫描固化第二层，同时前后两层黏结在一起。如此重复直到生成整个原型件。

4. 制件的后固化

当原型件在光固化快速成形设备中制作完成后，升降台从树脂槽中上升，升到一定高度后，把原型件从平台中取出并进行清洗，之后进行检验及后固化。此时，原型件上有部分树脂没有完全固化，必须再利用紫外光照射，使之完全固化。清洗过程中，去除残留在原型件表面的多余的树脂，然后在后固化箱内进行后固化。依据原型件的尺寸确定固化的时间长短，一般以原型件完全硬化为宜，以满足制件力学性能的要求。在固化结束后，原型件的支撑必须去除并进行修整。

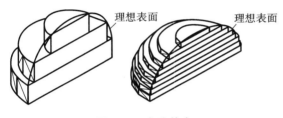

图 6-10 台阶效应

5. 后处理

由于光固化成形的制件均为逐层固化、层层堆积而成，在原型件的侧表面不可避免地产生了"台阶效应"，如图 6-10 所示，加之去除支撑后有残留的痕迹，这些都降低了原型件的表面质量，必须进行打磨或喷砂处理，并在此基础上进行抛光、喷漆，进而得到最终的原型件。

6.2.4 光固化成形的精度

1. 影响精度的因素

自快速原型制造(RP&M)技术出现以来，RP&M 领域的不少学者一直在提出新理论、新发现、新工艺方法，扩大了该技术的应用范围，每一次精度上的突破使 RP&M 技术不断进步。随着成形精度的提高，光固化成形技术被应用到各个制造领域，大大提高了生产效率。在光固化成形过程中影响成形精度的最主要环节有造型及工艺软件、成形过程及材料、后处理过程。而在众多因素中影响最大的是液态光敏树脂的固化收缩，其次是利用材料叠加原理成形而出现的"台阶效应"。

1) 前处理误差

(1) 数字模型近似误差　STL 是对 CAD 三维模型进行离散三角化处理后得到的数字模型文件，这种文件是用许多小三角形来逼近 CAD 三维模型的自由表面形成的，小三角形数量的多少直接影响逼近精度。也就是说精度越高，所用小三角形数量越多。但小三角形数量又不能无限制地增加，因为那样会造成 STL 文件的数据量急剧增加，加大计算机数据处理难度，因此精度不能提得过高。当模型完全是平面的组合时，不会产生近似误差；但对于曲面而言，无论精度怎么高，都不可能完全拟合出原始的图形，所以这种逼近误差是不可避免的，势必会对成形件精度造成影响,如图 6-11 所示。

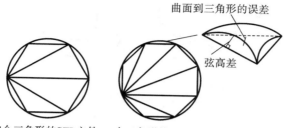

4个三角形的STL文件　　6个三角形的STL文件

图 6-11　数字模型近似误差

(2) 分层切片误差　分层切片是以 STL 文件为基础的,确定分层方向后,用一簇垂直于分层方向的平行平面与 STL 文件模型相截,所得到的截面与模型实体的交线就是每一薄层的轮廓与实体信息。平行平面间的距离就是分层切片厚度,也就是成形叠加时的单层厚度。由于层间存在距离,因此切片不仅破坏了模型表面的连续性,而且不可避免地丢失了两层间的信息,导致原型产生形状和尺寸上的误差。层厚越小,误差越小。但层厚又受精度、制作时间和成本等的影响,并不是越小越好。所以,合理选择分层厚度有助于减小或消除误差。当沿分层方向的尺寸能被层厚整除时,则没有误差。

2) 成形过程造成的误差

(1) 成形机的影响　成形机本身的误差是影响成形件精度的原始误差。这种误差在制造设备出厂前就该得到较好的调整,且主要应从系统的设计和制造过程入手。因为它是提高制件精度的硬件基础,所以不容忽视。设备误差主要表现在 X、Y、Z 三个方向上的运动误差,以及激光束或扫描头的定位误差。工作台主要由丝杠控制,通过上下移动来完成最终的零件加工。所以它的运动误差直接影响成形件的层厚精度,最终导致 Z 方向的尺寸误差。工作台在垂直面内的运动直线度误差也将在宏观上产生成形件的形状误差和位置误差,而微观上片层的错位会导致较大的粗糙度。X-Y 方向上伺服机构的精度将影响到扫描头的定位,它的性能直接影响成形件的形状和位置误差,好的加减速性能可以有效地控制工作台在成形件边缘部分的运动惯性力,保证固化线的质量,并减少失步,从而减小层间错位,减小尺寸和位置误差,最终减小成形件的表面粗糙度。

(2) 树脂固化收缩的影响　树脂从液态到固态要产生线性收缩和体积收缩。线性收缩在逐层堆积时会产生复杂的层间应力,该应力将使成形件发生翘曲变形,丧失精度;而这种变形的机理又相当复杂,与材料的组分、光敏性、聚合反应的速度均有关。体积收缩在成形中对成形件的翘曲有一定影响,但无直接的定量关系。翘曲主要来自于线性收缩,但翘曲和线性收缩之间确定的量关系并不恒定。故而为了提高精度,就应减小材料的收缩率。除选择低树脂收缩率外,还可通过改进材料的配方来降低收缩率。

(3) 光斑直径的影响　对于采用紫外光作为光源的光固化成形机,其光斑直径要比激光的大很多,所以无法将其看作一个光点。实际固化线宽等于在一定扫描速度下实际光斑直径大小。如果不采用补偿,成形件实体部分周边轮廓将增大一个光斑半径,导致成形件的实体尺寸增大一个光斑直径,使成形件出现正偏差,尤其在转角处还会出现圆角,直接影响成形件的尺寸,如图 6-12 所示。

(4) 扫描速度的影响　扫描速度是指光束扫描二维片层时的线速度。其大小与光敏树脂的固化深度有关。扫描速度越低,树脂吸收的能量越多,固化深度就越深,固化程度越高。尤

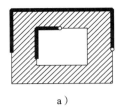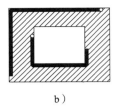

图 6-12　光斑直径的影响

a) 不采用光斑补偿　b) 采用光斑补偿

其在靠近成形件边缘处,扫描速度较低,且由于存在扫描方向的变换,有一定时间的滞留,因此边缘处常会出现过固化现象。但扫描速度也不能一味地追求低,过低的扫描速度使各层树脂固化速度太快,影响各层间的连接,同样会造成成形件的翘曲。而当扫描速度较高时,树脂不能吸收足够的能量来固化,或固化深度不够,使得成形件相邻层间黏合力变小,出现层间的黏结不牢靠及滑移。

(5)扫描间距的影响　扫描间距是指光束扫描二维区域时相邻扫描线之间的距离。在扫描固化过程中,层面是由若干固化线组成的,相邻线条相互嵌入成为一体。扫描间距的大小决定了同一层内相邻固化线间的嵌入程度和扫描线的数目。扫描间距较大时,扫描线的数目较少,相邻固化线间的嵌入程度也较小,则会出现"锯齿效应",严重影响成形件的表面质量。当扫描间距大于固化线线宽时线条之间将会出现液态树脂填充的空隙,使整个成形件破坏。扫描间距较小时,固化相同面积要求的扫描次数增加,固化线的数目较多,能量过高,后面扫描线的收缩变形将对已固化部分产生影响,易使成形件产生收缩和翘曲,甚至开裂,严重影响成形件质量。所以扫描间距的选择应该兼顾制作精度、强度以及成形效率的要求。

3)后处理误差

光固化成形完成后,需将成形件取下并去除支撑,对于固化不完全的还需进行二次固化。固化完成后还需进行抛光、打磨和表面处理等,这都将对成形件精度造成一定的影响,如成形件在去除支撑后可能有形状及尺寸的变化,会破坏已有的精度。所以在支撑设计时应选择合理的支撑结构,既能起到支撑作用又方便去除,且在允许的范围内尽量减少支撑。

2. 提高精度的方法

针对以上误差的来源,提高成形件精度的技术可以分为四个大的方面:

(1)树脂材料　需要材料有很高的强度、低的黏度,并且变形很小;

(2)硬件方面　使加工用的激光束更精细并使得流体的平面能有非常高的精度;

(3)软件方面　使扫描路径不断优化,提供更加精确的加工文件文档(如分层数据等);

(4)制造工艺　使得整个设备很好地利用树脂、硬件和软件等方面的优势,并进一步协调来增强整个光固化系统的精度和机能。

6.2.5　光固化成形应用案例

自从光固化成形技术出现后,应用领域和范围不断地扩大。目前,主要用于新产品开发设计,以及航空航天、汽车制造、电子信息、玩具、工程测试、医学、模具制造等领域。

1. 航空航天领域中的应用

航空发动机上的许多零件采用精密铸造,对母模精度要求较高。采用传统工艺,不仅成本高,而且制作时间长。而采用 SLA 工艺,数小时之内可直接基于 CAD 三维模型制作出成本较低、结构复杂的熔模铸造的母模,时间和成本都得到了显著降低。然后通过快速熔模铸造、快速翻砂铸造等辅助技术,进行涡轮、叶片、叶轮等特殊复杂零件的单件、小批量生产,组装后即可进行发动机等部件的试制和试验。采用 SLA 工艺制作的消失模模芯如图 6-13 所示。

图 6-13　消失模模芯

图 6-14　汽车面罩原型

2. 汽车领域中的应用

现代汽车生产的特点是产品的型号多、周期短。虽然计算机模拟可以完成各种动力、强度和刚度的分析,但仍需制成实物以验证其工装的可安装性和可拆卸性。采用 SLA 工艺制作零件原型,可在较短时间内,以较低的成本,验证设计人员的设计思想,并进行功能性和装配性检验。采用 SLA 工艺制作的汽车面罩原型如图 6-14 所示。

3. 医学领域中的应用

Khan 来自英国曼彻斯特地区,她出生时就患有一种很罕见的先天疾病:她心脏里的两个腔室之间出现了一个孔,而且这个孔的位置正好位于控制血液循环的两个心室之间。这种类型的手术通常来说是很危险的。不过幸运的是在伦敦 St Thomas 医院的医生们使用了 SLA 3D 打印技术。为了打印出心脏准确的模型,St Thomas 医院的 Gerald Greil 医生使用了 MRI 扫描等一系列的断层扫描,然后将这些数据整合在一起,形成一个心脏 3D 模型,如图 6-15 所示。他们用塑料打印出了小女孩微小心脏的完整复制——包括其缺陷。这种 3D 打印的精准模型让他们得以正确地进行必要的手术准备,最大限度地提高成功概率。当然,像这样的手术也有可能会在没有 3D 打印模型的帮助下取得成功,但无疑 3D 打印模型大幅提高了手术的成功率。

4. 其他应用案例

光固化成形技术的其他应用案例如图 6-16 至图 6-19 所示。

图 6-15　心脏 3D 模型

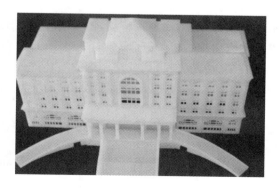

图 6-16　建筑模型

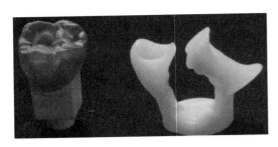

图 6-17　牙齿模型

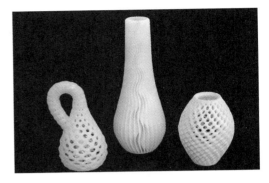

图 6-18　艺术品模型

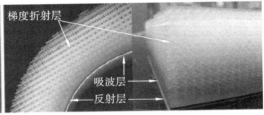

图 6-19　梯度超材料吸波结构

6.3　分层实体成形法

6.3.1　分层实体成形原理

　　LOM 技术用箔材或纸等作为原材料,由计算机存储零件的三维模型信息,由 CAD 或 CAM 软件驱动分层,再将片层逐层黏结在一起完成三维实体造型。LOM 工艺成形原理如图 6-20 所示。LOM 工艺采用薄片材料,如纸、塑料薄膜等。片材表面事先涂覆上一层热熔胶,加工时,热压辊热压片材,使之与下面已成形的工件黏结;用 CO_2 激光器在刚黏结的新层上切割出零件截面轮廓和工件外框,并在截面轮廓与外框之间多余的区域内切割出上下对齐的网格;激光切割完成后,工作台带动已成形的工件下降,与带状片材(料带)分离;供料机构转动收料轴和供料轴,带动料带移动,使新层移到加工区域;工作台上升到加工平面;热压辊热压,工件的层数增加一层,高度增加一个料厚;再在新层上切割截面轮廓。如此反复直至零件的所有截面黏结、切割完,得到分层制造的实体零件。LOM 工艺的优点是支撑性能好、成本低、效率高;缺点是前后处理烦琐,而且无法制造中间空心的结构件。

6.3.2　分层实体成形材料

　　LOM 材料一般由薄片材料和黏结剂两部分组成,薄片材料根据对原型性能要求的不同可分为纸片材、金属片材、陶瓷片材、塑料薄膜和复合材料片材。用于 LOM 纸基的热熔性黏结剂按基体树脂类型分,主要有乙烯-醋酸乙烯酯共聚物型热熔胶、聚酯类热熔胶、尼龙类热熔

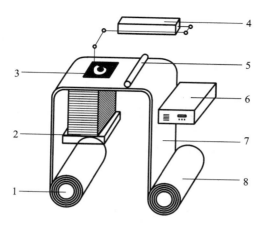

图 6-20　LOM 工艺成形原理

1—收料轴　2—升降台　3—加工平面　4—CO$_2$ 激光器　5—热压辊　6—控制计算机　7—料带　8—供料轴

胶或其混合物。

目前 LOM 基体薄片材料主要是纸材。这种纸由纸质基底和涂覆的黏结剂、改性添加剂组成。材料成本低,基底在成形过程中始终为固态,没有状态变化,因此翘曲变形小,最适合中、大型零件的成形。在 KINERGY 公司生产的纸材中,采用了熔化温度较高的黏结剂和特殊的改性添加剂,所以,用这种材料成形的制件坚如硬木(制件水平面上的硬度为 18 HR,垂直面上的硬度为 100 HR),表面光滑,有的材料能在 200 ℃ 下工作,制件的最小壁厚可达 0.3～0.5 mm,成形过程中只有很小的翘曲变形,即使间断地进行成形也不会出现不黏结的裂缝,成形后工件与废料易分离,经表面涂覆处理后不吸水,有良好的稳定性。

作为纸基黏结剂的热熔胶是一种可塑性的黏结剂,在一定温度范围内其物理状态随温度改变而改变,而化学特性不变。困扰分层实体打印的一个重要问题就是翘曲问题,而黏结剂的选择往往对零件的翘曲与否有着重要的影响。

现在已经运用 LOM 技术制造出了金属薄板的零件样品,相关工艺也在进一步完善。美国 Helsiys 公司采用金属带、不锈钢带为成形材料,利用 LOM 工艺,通过切割这些金属薄板并层压可以直接制造出金属件或金属模具。这是目前 LOM 技术发展的一个主要方向。

目前国外 3D 打印的材料已有 100 多种,而国产材料仅几十种,许多材料还依赖进口,价格相对高昂。对于金属的分层实体打印无论是材料还是在打印方面,国内开展研究的都较少,可以搜集的资料不多,纸材、塑料的分层制造技术大多是在模具成形和模型制造方面的应用,陶瓷基的 3D 打印主要是应用于工艺品的制备,距离应用于工程的结构件的生产尚存一定差距。

LOM 对基体薄片材料的要求是厚薄均匀、力学性能良好并与黏结剂有较好的涂挂性和黏结能力。对黏结剂性能的基本要求是,在 LOM 成形过程中,通过热压装置的作用能使得材料逐层黏结在一起,形成所需的制件。材料品质的优劣主要表现为成形件的黏结强度、硬度、可剥离性、防潮性能等。用于 LOM 的黏结剂通常为加有某些特殊添加组分的热熔胶,它的性能要求是:良好的热熔冷固性能(室温固化)、在反复"熔融-固化"条件下其物理化学性能稳定、熔融状态下与薄片材料有较好的涂挂性和涂匀性、足够的黏结强度和良好的废料分离性能。

6.3.3　分层实体成形工艺

LOM 工艺流程如图 6-21 所示。

1. CAD 模型创建

CAD 模型的创建与一般的 CAD 造型过程没有区别,其作用是进行零件的三维几何造型。许多具有三维造型功能的软件,如 Pro/E、AutoCAD、UG、CATIA 等均可以完成这样的任务。利用这些软件对零件造型后,还能够将零件的实体造型转化成易于对其进行分层处理的三角面片造型格式,即 STL 文件格式。

2. 模型 Z 向离散(分层)

模型 Z 向离散(分层)是一个切片的过程,它将 STL 文件格式的 CAD 模型,根据有利于零件堆积制造而优选的特殊方位,横截成一系列具有一定厚度的薄层,得到每一层面的内外轮廓等几何信息。

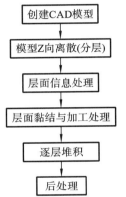

图 6-21　LOM 工艺流程

3. 层面信息处理

层面信息处理就是根据经过分层处理后得到的层面几何信息,通过层面内外轮廓识别及料区的特性判断等,生成成形机工作的数控代码,以便成形机的激光头对每一层面进行精确加工。

4. 层面黏结与加工处理

层面黏结与加工处理就是将新的切割层与前一层进行黏结,并根据生成的数控代码,对当前层面进行加工,它包括对当前层面进行截面轮廓切割以及网格切割。

5. 逐层堆积

逐层堆积是指当前层与前一层黏结且加工结束后,使工件下降一个层面,送料机构送上新的材料,成形机再重新加工新的一层,如此反复,直到加工完成。

6. 后处理

后处理是对成形机加工完的制件进行必要的处理,如清理掉嵌在加工件中不需要的废料等。余料去除后,为了提高产品表面质量或是进一步地翻制模具,就需要进行相应的后处理,如防潮、防水、加固以及打磨产品表面等,经过必要的后处理后,才能达到尺寸稳定性、表面质量、精度和强度等相关技术的要求。

6.3.4　分层实体成形的精度

1. 影响精度的因素

分层实体成形的精度除了与 CAD 模型的前处理有关外(其精度影响与前述的光固化成形相同),还与其成形过程密切相关,具体可以分为以下几点。

(1) 分层厚度分布不均　新铺设的一层胶纸被热压后,该胶纸可能不在一个平面上,因为热压过程中会产生比纸大得多的变形,几百层至几千层黏胶变形的累积将引起分层厚度分布不均,其厚度差别能达到毫米级。

(2) 分层的热翘曲变形　胶纸热压之后的冷却过程中,胶、纸的不同热膨胀系数,加上相邻层间不规则的约束,会导致分层的翘曲变形,在制件内部产生残余应力。

（3）激光功率过大造成制件表面损伤　由于分层块表面不平和机器控制误差，激光功率要调到正好切透一层胶纸是十分困难的。激光功率过小将引起废料剥离困难，实际操作时，常将激光功率略微调大，因此可能损伤制件前一层胶纸表面。

（4）机器的控制误差　成形头的 X-Y 平面扫描运动以及工作台的 Z 方向运动的位置误差会直接导致成形件的形状误差和尺寸误差。

（5）温度、湿度的变化引起的误差　分层块从工作台上取下后，温度下降会引起分层块进一步翘曲；剥离边框和废料后，制件将吸收空气中的水分而产生吸湿膨胀。如果制件所处的环境（温度、湿度）发生变化，制件会进一步变形。

（6）不适当的后处理可能引起的误差　通常，成形后的制件需要进行打磨和喷涂等处理，如果处理不当，对形状、尺寸控制不严，也可能导致误差。

2. 提高精度的方法

（1）精度的匹配　在保证成形件形状完整平滑的前提下，进行 STL 文件格式转换时应尽量避免过高的精度，同时，原型制作设备上切片软件中 STL 文件的拟合精度值的设定应与 STL 文件输出精度的取值相匹配。

（2）平面选择　在制作过程中应将精度要求较高的轮廓（例如有较高配合精度要求的圆柱、圆孔）尽量放置在 X-Y 平面加工。

（3）网格长度　在保证易剥离废料的前提下，应尽可能减小切碎网格线的长度。

（4）新材料和新涂胶方法　首先在选择加工用的纸张和定型胶时，尽量采用热膨胀系数相近的复合材料，减少热变形；其次，改进黏胶的涂覆方法，一般采用高压静电喷涂，可以获得好的黏胶状态。

（5）通过改进后处理方法控制制件的热湿变形　成形完成后，对分层件施加一定的压力，待其充分冷却后再撤除压力，这样可以控制分层件冷却时产生的热翘曲变形。在成形过程中，若有较长时间的间断，也应对分层件加压，使其上表面始终保持平整，有助于预防继续成形时的表面开裂。成形完成后，不立即剥离废料，让工件在分层件内冷却，使废料可以支撑工件，减少因工件局部刚度不够和结构复杂引起的变形。

6.3.5　分层实体成形的优缺点

1. LOM 技术的优点

与其他快速成形技术相比，由于 LOM 工艺只需在片材上切割出零件截面的轮廓，而不用扫描整个截面，因此工艺简单，成形速度快，易于制造大型零件；工艺过程中不存在材料相变，因此不易引起翘曲、变形，零件的精度较高，激光切割精度为 0.1 mm，刀具切割精度为 0.15 mm；工件外框与截面轮廓之间的多余材料在加工中起到了支撑作用，所以 LOM 工艺无须加支撑；材料广泛，成本低，用纸作原料还有利于环保。因此该技术得到了广泛的应用，其具体表现如下。

（1）LOM 技术在成形空间大小方面的优势　LOM 技术的工作原理简单，一般不受工作空间的限制，可以采用 LOM 技术制造较大尺寸的产品。

（2）LOM 技术在原材料成本方面的优势　相对于 LOM 技术，其他的加工系统都对其成形材料有相应的要求。例如 SLA 技术需要液体材料并且材料要可光固化，SLS 技术要求较小尺寸的颗粒粉材，FDM 技术则需要可熔融的线材。不仅在种类和性能上这些成形原材料有差异,而且在价格上也各不相同。从材料成本方面来看:FDM 技术和 SLA 技术所需的材料价格较高,SLS 技术所需材料的价格比较适中,相比较而言 LOM 技术所用材料最为便宜。

(3) LOM 技术在成形工艺加工效率方面的优势　相对于其他快速成形技术,LOM 技术加工中以面为加工单位,因此有最高的加工效率。

2. LOM 技术的缺点

(1) 费用较高　有激光损耗,并且需要建造专门的实验室,维护费用昂贵。

(2) 原材料种类少　可以应用的原材料种类较少,尽管可选用若干原材料,但目前常用的还是纸,其他的还在研发中。

(3) 需防潮　打印出来的模型必须立即进行防潮处理,纸制作的零件很容易吸湿变形,所以成形后必须用树脂、防潮漆涂覆。

(4) 仅限结构简单零件　该技术很难构建形状精细、多曲面的零件。

(5) 安全隐患　制作时,加工室温度过高,容易引发火灾,需要专门的人看守。

6.3.6　分层实体成形应用案例

快速原型制造技术的发展历史较短,早期的研究主要集中于开发快速原型的构造方法及其商品化设备上,随着快速原型制造设备的日趋完善和市场需求的推动,近期研究的热点转向了开发快速原型的应用领域和完善制作工艺、提高原型制作质量。分层实体成形技术的应用领域也在不断扩展,概括起来主要有以下几个方面。

1. 产品概念设计可视化和造型设计评估

产品开发与创新是把握企业生存命脉的重要经营环节,过去所沿用的产品开发模式是产品开发—生产—市场开拓,三者逐一开展,主要问题是将设计缺陷直接带入生产,并最终影响到产品的市场推广及销售。分层实体成形技术可以解决这一问题,也就是将产品概念设计转化为实体,为设计开发提供了充分的感性参考。大体说来,可以发挥以下作用:为产品外形的调整和检验产品各项性能指标是否达到预想效果提供依据;检验产品结构的合理性,提高新品开发的可靠性;用样品面对市场,调整开发思路,保证产品适销对路,使产品开发和市场开发同步进行,缩短新产品投放市场的时间。

2. 产品装配检验

当产品各部件之间有装配关系时,就需要进行装配检验,而图样上所反映的装配关系不直接,很难把握。LOM 技术可以将图样变为实体,其装配关系显而易见。

3. 熔模铸造型芯

LOM 实体可在精密铸造中用作可废弃的模型,也就是说可以作为熔模铸造的型芯。由于在燃烧时 LOM 实体不膨胀,也不会破坏壳体,因此在传统的壳体铸造中,可以采用此种技术。

4. 砂型铸造木模

传统砂型铸造中的木模主要是由木工手工制作的,其精度不高,而且对于形状复杂的薄壁件根本无法实现。LOM 技术则可以很轻松地制作任何复杂的实体形状,而且完全可以达到高精度要求。

5. 快速制模的母模

LOM 技术可以为快速翻制模具提供母模原型,已开发出多种多样的快速模具制造工艺方法。模具按材料和生产成本可分为软质模具（或简易模具）和钢质模具两大类,其中软质模具主要用于小批量零件生产或用于产品的试生产。此类模具,一般先用 LOM 等技术制作零件原型,然后根据原型翻制成硅橡胶模、金属树脂模和石膏模等,再利用上述的软质模具制作产品。

6. 直接制模

用 LOM 技术直接制成的模具坚如硬木,并可耐 200 ℃的高温,可用作低熔点合金的模具或试制用注塑模以及精密铸造用的蜡芯模等。

图 6-22 至图 6-25 所示为应用 LOM 技术的案例。

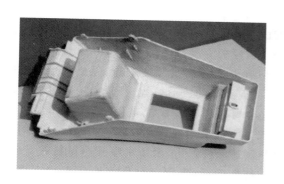

图 6-22　轿车零件

图 6-23　工艺品

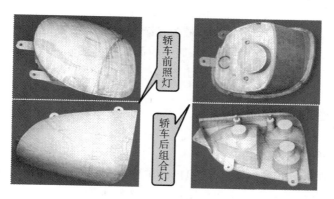

图 6-24　轿车前照灯和后组合灯

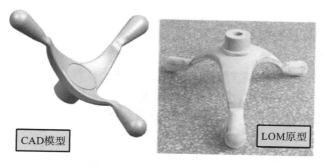

图 6-25　某机床的操作手柄

6.4　熔丝沉积成形法

6.4.1　熔丝沉积成形原理

熔丝沉积成形工艺的基本特征是将丝状热塑性成形材料连续地送入挤出头并在其中加热熔融后挤出,靠材料自身黏性逐层堆积成形。如图 6-26 所示,熔丝沉积成形系统一般采用双挤出头结构,分别加热实体丝材和支撑丝材至熔融态。成形过程中,挤出头在 X、Y 轴运动系统的带动下进行二维的扫描填充运动,当材料挤出和扫描填充运动同步进行时,由喷嘴挤出的材料丝按照填充路径铺开,并与相邻材料在其成形室温度下固化黏结,通过路径的控制形成一个层面的由线到面的积聚成形。堆积完一层后,挤出头上升一个层厚的高度,进行下一层的堆积,新的一层与前一层黏结并固化,如此反复进行,完成一个实体的由线到面、由面到体的成形过程。FDM 工艺过程决定了它在制造悬臂件时需要添加辅助工艺支撑,所以快速成形系统一般都采用双挤出头独立加热,一个用来喷模型材料制造制件,另一个用来喷支撑材料做支撑,两种材料的特性不同,以便于制作完毕后方便支撑的去除。熔丝沉积成形系统主要包括挤出机构、运动机构、工作台、控制系统和床身五个部分。其中挤出机构是最为复杂也是最为关键的部分,它主要包括送丝机构、加热腔和喷嘴三部分,图 6-26 中虚线框内所示为挤出机构的组成。

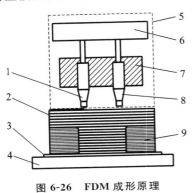

图 6-26　FDM 成形原理

1—模型材料喷嘴　2—模型　3—基底支撑
4—工作台　5—挤出机构　6—送丝机构
7—加热腔　8—支撑材料喷嘴　9—支撑

6.4.2　熔丝沉积成形材料

1. 熔丝沉积成形对材料的要求

高分子丝材是适用于 FDM 型 3D 打印机的主要材料。可以说,作为 3D 打印技术的物质基础,打印材料的研究与发展在一定程度上决定了该技术能否取得进一步的推广和应用。作为适用于 FDM 型 3D 打印的高分子丝材,应当具备以下一些基本条件。

(1)力学强度好　FDM 所用耗材通常是直径为 1.75 mm 或 3 mm 两种规格的丝状材料,丝状材料的进样方式要求所用丝材具有一定的力学强度,这样丝状材料在进丝系统的驱动力作用下才不会发生断丝现象。

(2)适宜的熔融温度　FDM 所用材料通常为高分子材料,熔融温度过高的高分子材料可能在达到熔融温度前就发生分解反应,且熔融温度过高,对 FDM 型 3D 打印机的损耗较大,会缩短喷头和加热系统的使用寿命。因此 FDM 所用高分子材料应具有适宜的熔融温度。

(3)收缩率小　材料收缩率大,会使成形产品产生收缩变形,甚至导致层间剥离和零件表面翘曲。因此,FDM 所用高分子材料应具有尽可能小的收缩率。

(4)适宜的流动性　打印材料只有具有适宜的流动性才能使打印过程更加顺利。流动性太好可能会导致漏料现象,而流动性不佳则会阻塞打印喷头。

　　(5) 气味、毒性小　　FDM 技术是有望最早实现民用化和家庭化的打印技术,因此所用材料应具有无毒、打印过程无气味、清洁环保等优良特点。

　　此外,适用于 FDM 技术的材料在熔融态应具有一定的黏结强度,以保证各层之间有足够的黏合力。目前,应用于 FDM 的成形材料主要为热塑性高分子聚合物,例如聚乳酸(PLA)、丙烯腈-丁二烯-苯乙烯共聚物(ABS)、聚碳酸酯(PC)、聚对苯二甲酸乙二醇酯-1,4-环己烷二甲醇酯(PETG)以及热塑性聚氨酯弹性体(TPU)等。

2. 熔丝沉积成形材料

　　ABS 是 FDM 技术最常用的热塑性塑料之一。ABS 的强度、韧性、耐高温性及机械加工性等性能良好。ABS 在 3D 打印的冷却过程中收缩问题明显,当打印至一定厚度时,温度场不均匀引起的收缩往往使 ABS 制件从底板上局部脱离,产生翘曲、开裂等问题,而且 ABS 在打印过程中会释放刺鼻的气味。为了改善 ABS 在 3D 打印成形中出现的问题,许多研究者对 ABS 材料进行了相关的改性研究,通过填充改性及共混改性提高其性能和打印效果是常见且有效的途径。ALGIX 3D 公司推出过一款基于 ABS 的生态 3D 打印线材 DURA,保持了 ABS 线材的基本物理性能,却更加健康环保。与普通的 ABS 相比,该线材不但使打印制品具有更精细的表面质量,实现了更高的打印分辨率,且毒性和挥发性更低。研究者还采用 10% 的气相生长碳纤维来增强 3D 打印 ABS 耗材,使其拉伸强度和拉伸弹性模量得到较大提高。有的还以钛酸酯偶联剂处理的纳米导电炭黑掺入 ABS 树脂中进行改性,获得了具有导电性能的 3D 打印 ABS 耗材。

　　PLA 是早期用于 FDM 技术中打印效果最好的材料,它本身具有良好的光泽质感,易于着色成多种颜色。PLA 是一种环境友好型塑料,它主要源于玉米淀粉和甘蔗等可再生资源,而非化石燃料。借助于 3D 打印机的风扇板对 PLA 所打印模型的快速冷却和定型,能够有效避免模型的翘曲变形,因此使用 PLA 可以完成一系列其他材料难以打印的复杂形状,但是,它也存在不耐高温、抗冲击力学性能不佳等缺陷。为了提升 PLA 打印件的强度,近年来,学术界展开了 PLA 改性的针对性研究,并且成果显著。如以熔融共混方式将适当扩链剂添加入 PLA 中,制备了改性 PLA 耗材,其打印制件的缺口冲击强度比纯 PLA 材料增加了 140%。美国橡树岭国家实验室的研究人员正在研发并测试竹纤维复合的 PLA 打印材料,以确定这种生物基材料是否可用于增材制造。为此,研究人员已开发出分别含有质量分数为 10% 和 20% 的竹纤维的 PLA 3D 打印材料,并将其作为 Cincinnati 公司的大尺寸 BAAM 3D 打印机的耗材,成功打印出桌子等大型制品。由于这两种材料都是完全基于生物成分的,保证了其环保和可持续性。

　　PETG 属于共聚酯类热塑性高分子材料,是一种新型的环保透明工程塑料,具有优异的韧性、透明度、易加工等优点,在打印过程中无气味且无翘曲现象产生。

　　另外,FDM 用高分子 3D 打印丝材还包括 TPU、PA、聚醚醚酮(PEEK)等。2016 年 10 月,Graphene 3D 公司推出了一款柔性的导电 TPU 线材,这是该公司设计的一款适用于 FDM 技术的导电性 3D 打印材料,不但能够导电,而且十分柔软。该材料可以用于柔性导电线路、柔性传感器、射频屏蔽,以及可穿戴式电子产品。美国的 3D 打印机供应商 Matter Hackers 公司推出了一款号称最强的 3D 打印线材 Nylon X,该材料为碳纤维复合的尼龙材料。该公司称其具有“优异的韧性和耐久性,同时具有出色的耐化学腐蚀性和耐磨性”,能够打印出特别高强度的功能部件。不过,这种材料需要 250~265 ℃ 的打印温度等较高的打印条件,很多 3D 打印机不支持这种材料。

PEEK 作为一种性能优异、被广泛研究和关注的特种工程塑料,具有一般工程塑料难以比拟的独特优势,如优异的力学性能、良好的自润滑性、耐腐蚀、耐磨、阻燃、抗辐射、耐温高达260 ℃,可用于航空航天、核工程和高端的机械制造等高技术领域。包括众多 3D 打印企业在内的公司都想要充分利用 PEEK 所具有的独特优势,进而实现高性能的零件制造。比如,Impossible Objects 公司就新推出了一个 PEEK/碳纤维复合材料的 3D 打印耗材品种。国内外的很多企业和专家也都看好 PEEK 应用于汽车等领域。

PC 是指分子链中包含碳酸酯基的一类高聚物,分为脂肪族、脂环族、脂肪族-芳香族及芳香族几类聚碳酸酯。其中仅有芳香族中的双酚 A 型聚碳酸酯得到了大规模工业化生产。PC是一种非晶、透明、无毒、无味的热塑性工程塑料,具备均衡的力学性能、热性能及电性能。力学性能:PC 的力学性能优异,抗冲击性特别突出,在工程塑料中屈指可数,而且尺寸稳定,蠕变性小,低温下的力学性能仍保持良好。热性能:PC 可在 120 ℃以上长期使用,耐热性较高的同时又能保持良好的耐寒性。电性能:PC 的分子极性小,吸水率低,玻璃化转变温度高达140 ℃,因此电性能良好。耐溶剂性:PC 在油类介质及酸中稳定,耐碱性不佳,易溶于卤代烃,长期浸入沸水中会引起降解和开裂。光学性能:PC 制品无色透明,具有良好的可见光透过能力,透光率可达 85%～90%,接近有机玻璃。PC 可采用多种成形方法进行加工,加热至黏流态时,可用注塑、挤出的方法对其加工,当其处于玻璃化转变温度与黏流温度之间时,可采用吹塑和辊压等成形加工方法,室温下的 PC 的强迫高弹形变能力相当大、冲击韧度很高,因此可采用冷拉、冷压等冷成形加工方法。另外,PC 可通过共聚、共混、增强等多种改性方法,形成数量众多的各种产品。用玻璃纤维增强 PC,可提高其拉伸强度、弹性模量、弯曲强度、疲劳强度等力学性能,显著改善其应力开裂问题,并且可较大幅度地提高其耐热性。有机硅嵌段共聚碳酸酯,可降低 PC 的软化温度,提高伸长率,增加弹性,拓宽加工温度范围。

PC 性能优异,也是应用最为广泛的工程塑料。PC 目前出现了多种适用于不同应用场合的合金材料,作为应用于 FDM 技术的新热点,对其的研究开发工作意义非凡。如能够在保持其某些优异性能的前提下,设法将其通用于 FDM 技术,将会进一步拓展 FDM 技术在工程领域的应用范围。

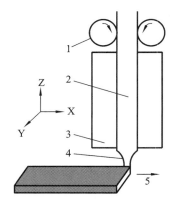

图 6-27　FDM 成形挤出机构
1—摩擦轮　2—丝材　3—加热腔
4—喷嘴　5—喷嘴运动方向

成形系统设计的重要组成部分。

6.4.3　熔丝沉积成形挤出机构

挤出头系统应包括三个基本部分:送丝驱动部分、加热腔、喷嘴部分,如图 6-27 所示。同时,作为基本机电单元,挤出头应包括机械结构和控制系统。

挤出技术是 FDM 工艺的关键使能技术。挤出机构是实现熔丝沉积成形的关键部件,与运动系统配合在信息的驱动下实现材料的均匀有序转移,从原材料的形态转换到堆积路径单元的形态,进而实现层层堆积、黏结形成三维实体制件。挤出头是实现堆积成形的前提和核心,挤出头能否合理、可靠、稳定的工作直接关系到成形过程能否顺利进行,并影响成形制件的质量,所以挤出头的设计是熔丝沉积

熔丝沉积成形系统对挤出机构系统的基本要求是,将原料丝材送入加热腔中,并在其中及时而充分地熔化,由固态变为熔融态,然后再进一步从孔径更小的喷嘴中挤出成细丝状,按扫描路径填充堆积成形。送丝速度要与扫描速度相匹配,以形成均匀一致的材料堆积路径,满足成形工艺要求。采用功能分解思想,挤出头系统的功能要求可以分解为以下几点:

①将原料丝材从丝筒上拉出,提供成形原料,即原料丝材的供应功能;

②将原料丝材送入加热腔,称为原料丝材送进功能,简称送丝功能;

③将送进的固态原料丝材及时而充分地熔化为熔融态,简称熔丝功能;

④提供熔融态材料稳定流动的通道,简称流道功能;

⑤将熔融材料挤出喷嘴,简称挤出功能;

⑥对挤出熔融态物料进行定径,变为满足要求的更细小直径的丝材以进行堆积,简称定径功能;

⑦出丝速度应该可控,并能根据扫描速度进行调整,以相互匹配,简称速度匹配功能;

⑧出丝应能根据路径扫描要求及时起停,以保证高质量的成形路径,尤其在路径起停处,简称出丝起停控制功能。

在以上各项功能中,前六项是基本功能要求,是实现工艺原理的必要条件,后两项则是实现高质量成形的必要条件,是提高造型精度的关键。在进行挤出头系统设计时,还应遵守工艺优化的要求以及其他特殊要求等,具体包括以下方面:

①在合适的加热功率下按一定速度送入加热腔的材料经过充分熔化,在加热腔中处于合适的熔融区间(靠控温系统实现);

②加热腔加热功率应尽量小,该部分应采取隔热措施,一方面减少热量损失,减少能源消耗,另一方面减少高温对其他部件的影响;

③送丝机构应能提供足够大的推动力,以克服高聚物材料挤出时产生的阻力;

④加热腔和喷嘴结构对流动的阻力尽量小,在满足要求的前提下加热腔流道应尽量短,既减少流动阻力,又可减小挤出头总体尺寸;

⑤结构合理易于安装和拆卸,并可方便地与系统其他部件集成;

⑥符合人机工程原理,方便人工操作和维护。

6.4.4　熔丝沉积成形的精度

与传统的加工技术追求的目标相同,加工件的精度与成形质量一直也是 FDM 技术的关键所在。FDM 的过程包含模型的前处理、成形加工以及成形件的后处理。在整个的成形过程中,针对各个因素产生的误差对成形质量的影响,参照传统的加工技术对成形质量的评价,对FDM 技术成形质量的分析将从 FDM 技术的成形件的尺寸精度、形状精度和表面粗糙度三个方面进行。

1. 尺寸精度

尺寸精度是表征成形质量好坏最为直接也是最重要的性能指标。尺寸精度越低,成形质量越差。成形件的精度直接决定着其是否能够使用,超出成形件的误差,可直接视为废品或者次品,将不能够进行应用。因此,对尺寸精度的分析是分析 FDM 成形质量的关键一步。影响FDM 成形件尺寸精度的最主要因素是成形材料的收缩产生的误差、后处理误差以及成形过程中的工艺参数设置造成的误差。

1) 成形材料的收缩产生的误差

由 FDM 技术的成形原理可知,其成形材料需加热成熔融态,再由喷嘴挤出到工作台,然后冷却固化成形,在这一过程中,其实成形材料经历了由固态到熔融态再回到固态的物理变化过程,而其间所发生的主要是热收缩(thermal shrinkage)。热收缩主要是指热塑性材料(ABS、石蜡等)因其固有的热膨胀率而产生的体积变化,它是收缩产生的最主要原因。由热收缩引起的收缩量为

$$\Delta L = \delta \times L \times \Delta T \tag{6-1}$$

式中　δ——材料的线膨胀系数(/℃);

L——零件 X/Y 向尺寸(mm);

ΔT——温差(℃)。

式(6-1)中的δ为材料在理想环境中的线膨胀系数,然而成形材料的实际收缩还会受到其成形件的形状、成形尺寸以及成形过程中的工艺参数设置等因素的单独或交互制约,因此,必须通过实验得出一个相对可靠的δ_1,才能准确地估算出成形件的收缩量,从而在 FDM 前期的三维建模过程对材料收缩的尺寸进行补偿,以期得到尺寸精度较高的成形件。

2) 后处理误差

成形件在打印完成以后还需要进行相应的后处理,一般有物理法和化学法。物理法一般包含对支撑结构的机械剥离,对表面进行修补、打磨、抛光等处理;化学法是用一些有机溶剂和成形材料进行有机反应,生成表面光洁度较高的另一种物质,从而改善 FDM 直接成形件的表面粗糙度高的问题。现在比较成熟的 FDM 成形材料主要是 ABS 和 PLA。对于 ABS 工程材料,一般是用丙酮溶液或者丙酮蒸气熏蒸,通过控制反应的时间来改善其表面质量。而 PLA 则采用的是氯仿溶液浸泡的方法,在处理过程中需严格控制浸泡的时间才能达到最佳的处理效果。无论是采用物理法还是化学法,都不可避免带来一些新的误差,这些误差严重地影响了成形件的尺寸精度,也是不可忽略的。

3) 工艺参数设置造成的误差

影响 FDM 成形精度的工艺因素很多,有层厚、喷嘴直径、打印温度、平台温度、打印速度、填充速度、填充率等工艺参数,其中打印温度、打印速度及层厚是决定成形精度的最重要的三个因素,三者之间的合理搭配是获得高精度成形件的关键。打印温度是指喷头的加热温度,是决定喷头能否顺利挤出的关键参数。基于不同的 FDM 成形材料的性能,喷头的温度必须保持在比成形材料的融化温度稍高的温度,使成形材料达到黏结性和流动性的最优化,并配合挤出速度均匀挤出在加热平台上,否则会导致堵头或者出丝不均的现象,从而使尺寸精度大大下降。打印速度是直接影响打印精度和效率的因素。打印速度越快,喷头运动越快,打印的精度就越低;反之打印精度就越高。这仅是单一的线性关系,必须和喷头的挤出速度相匹配,使其在一个合理的范围之内,避免挤出速度过快而运动过慢使成形材料挤出相对过多,导致喷头堵塞,或者运动速度过快而挤出速度过慢造成成形件翘曲变形甚至开裂,严重的导致成形材料不足而无法完成打印过程。层厚是模型在进行切片处理时每一层的厚度,一般是 0.1 mm、0.2 mm、0.3 mm。层厚越小,尺寸精度越高,成形件的质量就越好,但总的打印层数会成倍增加,反过来又导致成形效率下降,因此,一般选择 0.2 mm 的层厚,它是成形效率和成形质量综合效果最优化值。

2. 形状精度

形状精度是限制加工表面的宏观几何形状误差的量度,如圆度、圆柱度、平面度、直线度。

在 FDM 技术中,引起成形件形状误差的主要因素就是成形设备的误差。成形设备主要指的是设备的机械模块,其为成形过程的基础元件,硬件设备的精度直接影响到成形精度。成形过程中主要包含喷头沿 X-Y 面的扫面运动及工作平台的 Z 向运动。X-Y 面的平面度及其与导轨的垂直度会影响成形件的形状精度。步进电动机与皮带的配合度及皮带的松紧度都会影响成形件的形状。皮带过松可能造成喷头运动的周期性失步,从而大大降低成形件的形状精度。

3. 表面粗糙度

表面粗糙度是指加工表面具有的较小间距和微小峰谷的不平度。两波峰或两波谷之间的距离(波距)很小(在 1 mm 以下),它属于微观几何形状误差。表面粗糙度值越小,则表面越光滑。影响 FDM 成形件的表面粗糙度的主要误差是模型切片处理误差和模型导出为 STL 文件格式的误差。

1)切片处理误差

FDM 技术的原理是分层叠加,成形是一个离散—堆积的过程。它是通过沉积一层一层的切片来形成三维零件,只有保证了每一切片层的信息准确性,才能得到成形质量高的三维零件。而一个零件的模型数据在每一层的轮廓形状不尽相同,大多数的模型都为曲面或者过渡表面,需要通过分层去逼近模型的实际表面,这就像数学上的积分过程,用无限个小的矩形块逼近曲面的面积,但最终会形成"台阶效应"。这是 3D 打印成形过程的一种原理性误差。在对 STL 文件进行切片时,会破坏零件表面的连续性,丢失层与层之间的数据,同时引入阶梯误差,大大地增大零件的表面粗糙度。对于曲面曲率变化大的模型表面,"台阶效应"更加明显,这将直接导致曲面精度降低,模型表面的精度误差增大。

2)模型导出为 STL 文件时的误差

在完成三维建模之后,需要将所建立的三维模型导出成 3D 打印通用的 STL 文件格式。而在文件格式转换的过程中,不同数据格式的选择决定了数据处理的流程和方法的不同。STL 格式是由无数个小三角形面片的定义组成的,每个小三角形面片的定义包括三角形各个顶点的三维坐标及三角形面片的法矢量。采用小三角形来近似逼近三维 CAD 模型的外表面,小三角形数量的多少直接影响着近似逼近的精度。三角网格越小,其精度越高,数据丢失率就越低,成形效果就比较好。但只要是数据转换就可能造成数据的丢失,使得模型在未成形之前其表面粗糙度就受到影响,且数据丢失越多后续的修复工作难度越大。

4. 提高 FDM 技术成形精度的方法

鉴于 FDM 过程中各阶段的误差对制件成形质量的影响,提高制件成形质量是 FDM 技术的必然需求。在模型处理前期,采用对 CAD 实体模型直接进行切片的方法消除因 STL 文件格式所导致的截面轮廓线误差,以得到精确完整的实体截面轮廓线。优化切片过程,改进切片算法,消除切片可能导致的轮廓冗余、轮廓线不清等问题。在构造模型时尽可能地规避斜面的设计,设置合适的层厚以减少台阶效应。注意制件在切片时的摆放位置和方向,优化结构,减少或者避免过多的支撑,提高成形质量的同时也可缩短成形的时间。在成形过程中,优化工艺参数,针对制件的大小、形状等不同,得出不同的工艺参数以更好地提高成形件的精度和质量。选择合理的后处理工艺,防止刮伤甚至破坏制件,以保证处理后制件的精度。

5. 熔丝沉积成形的特点

FDM 技术和其他 3D 打印技术一样,也是基于层层堆积成形原理,但它还具备以下几个特点:

①系统构造和原理简单,其主要采用的是热熔型喷头挤出成形,运行维护费用低,设备成本远低于激光和等离子等高能束加热装置成形的成本;

②使用材料无毒环保,适宜在办公室环境安装使用;

③可以成形任意复杂程度的零件,产品设计与生产并行,可以根据零件的具体形状和要求适时改变成形工艺参数,从而控制成形质量;

④成形过程无化学变化,制件的翘曲变形小;

⑤原材料的利用率高,且材料的寿命较长;

⑥可直接制作彩色的模型。

6. 熔丝沉积成形应用案例

目前,FDM 技术在工业上也已经有了实际应用。例如日本丰田公司利用 FDM 技术仅在 Avalon 汽车 4 个门把手上一年就省下了超过 30 万美元的加工费用。2016 年 3 月 26 日,NASA 将一台 FDM 型 3D 打印机送入太空,以测评在太空微重力条件下 3D 打印技术的工作情况,并且可以帮助宇航员打印在太空所需的物品。

德国 EDAG 汽车公司最新公布了一部概念汽车,如图 6-28 所示,该汽车的设计灵感来自于乌龟,汽车的内部结构仿造于乌龟骨骼外形。这款汽车具有不可思议的保护性和减震性,就像是动物的外壳。车身使用高分辨率熔丝沉积模型仪制造,结合碳纤维和塑料,之后覆盖金属进行保护。

FDM 技术的其他应用案例如图 6-29 至图 6-33 所示。

图 6-28　德国 EDAG 公司概念车

图 6-29　PEEK 材料 FDM 打印人体骨骼

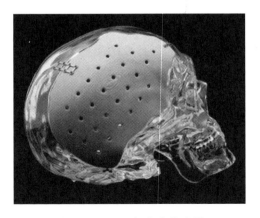

图 6-30　FDM 打印人体头骨

图 6-31　ABS 材料 FDM 打印方向盘

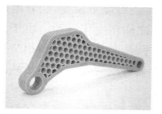

图 6-32　PC 材料 FDM 打印模具　　　　　　图 6-33　FDM 技术的应用案例

6.5　选择性激光烧结成形法

6.5.1　选择性激光烧结成形原理

选择性激光烧结(selective laser sintering,SLS)技术主要是利用粉末材料在激光照射下高温烧结的基本原理,通过计算机控制光源定位装置实现精确定位,然后逐层烧结堆积成形。SLS 的工作过程是基于粉床进行的,通过红外波段激光源有选择性地对固体粉末材料分层烧结或熔化。如图 6-34 所示,成形过程为:送粉活塞首先上升,在工作平台上用滚轴均匀铺上一薄层粉末材料,为减少薄层粉末热变形,且有利于前一层面结合,将其加热至略低于粉末材料熔点的某一温度;后续激光束在计算机控制光路系统精确引导下,按成形件分层轮廓有选择性地对固体粉末材料分层烧结或熔化,使粉末材料烧结或熔化后凝固成产品的一个二维层面,激光束未烧结位置仍保持粉末状态,并作为成形件微结构下一层烧结的支撑;这一层烧结完成后,工作台下移一个截面层厚,送粉系统重新铺粉,激光束再次扫描进行下一层烧结;如此循环,层层叠加,直至完成整个三维成形件制造,取出成形件,再对成形件进行填充、修补、打磨、烘干等后处理工艺,最终获得理想成形件。

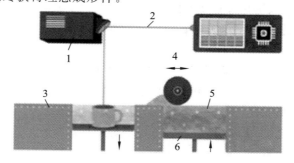

图 6-34　SLS 成形原理

1—扫描镜　2—激光　3—平台　4—滚轴　5—粉末　6—活塞

6.5.2　选择性激光烧结成形机理

选择性激光烧结成形机理可以分为四大类:固相烧结、液相烧结及部分熔化、完全熔化和化学黏结。

1. 固相烧结

固相烧结在低于材料的熔点温度下发生,随着时间流逝,原子在固相中的扩散(晶界扩散、表面扩散)会使相接触的颗粒之间产生连接颈。由于原子在固相中扩散速度很慢且与粉末激光烧结的高速性和经济性不协调,因此这种机理很少运用于粉末激光烧结。但该原理适用于陶瓷粉末的烧结,有时应用于金属或陶瓷粉末烧结件的后处理。

2. 液相烧结及部分熔化

液相烧结及部分熔化分为两种情况:一种是区分黏结剂和基体材料,一种是没有明确区分黏结剂和基体材料。第一种包含一部分黏结剂机制,即一些粉末材料被熔化而其他部分仍保持固态。熔化的材料在强烈的毛细作用力下在固态粉末颗粒之间迅速扩展并将它们连在一起。熔化的材料与保持固态的材料可以不同:低熔点材料被称为黏结剂,而高熔点材料叫做基体材料,黏结剂可能会作为最终产品的一部分成为永久的,也有可能只作为中间成分在后处理中去除。第二种部分熔化即使在没有明确区分黏结剂和基体材料的情况下也可发生。调整粉末烧结参数可使粉末颗粒发生部分熔化,这时的粉末材料可以是单一材料或没有明确的黏结剂的多种粉末颗粒的混合物,具体如下。

①当粉末颗粒受到热作用,颗粒的边界被熔化了而处于中心的核仍保持固态。这样熔化的粉末颗粒间会形成烧结颈,烧结颈连接了未熔化的核,作用等同于黏结剂。这种黏结机制多适用于金属粉末烧结,也是聚合物烧结机理的一部分。

②粉末由多个相或多种粉末颗粒的混合物组成,对它们进行烧结只有一部分发生熔化时,可以归类为部分熔化。

③部分熔化还可能发生于颗粒大小不均的同种粉末材料中,小颗粒熔化了而大颗粒还保持着固态。

3. 完全熔化

完全熔化适用于通过直接烧结即获得不需要致密化后处理的完全致密零件的情况。采用先进的激光源和光学手段可获得高能量密度的激光光斑,用它对金属粉末进行完全熔化的激光烧结已可以获得致密度高达 99.9% 的零件。但它也有需要进行严格工艺控制才可改善的缺点:高温度梯度及材料致密化过程使零件产生较大的内应力和较严重的变形;球化效应和熔池中形成的残渣会导致较差的表面质量。

4. 化学黏结

化学黏结在现有的激光粉末烧结中用得较少,但事实证明它对于聚合物、金属及陶瓷材料都是可行的。如在 N_2 气氛中进行 Al 粉末的烧结,N_2 和 Al 发生反应生成 AlN 黏结剂来连接 Al 粉末颗粒,使烧结不断继续。

6.5.3　选择性激光烧结成形材料

烧结用成形材料多为粉末材料,国内外学者普遍认为当前选择性激光烧结技术的进一步发展受限于烧结用粉末材料。选择性激光烧结技术发展初期，成形件多用于新产品或复杂零部件的效果演示或试验研究，粉末材料成形偏重于产品完整的力学性能和表面质量。随着选择性激光烧结技术工业产品需求日趋强烈，选择性激光烧结技术对粉末材料的种类、性能和成形后处理工艺等的要求越来越高，因此，材料工程师需要对各类粉末材料的综合性能与局限性进行更深层次研究。从理论上讲，任何加热后能相互黏结的粉末材料或表面涂覆有热塑（固）性黏结剂的粉末材料都可用作选择性激光烧结成形材料，但研究表明，成熟应用于选择性激光烧结技术的粉末材料需具备以下特征：适当的导热性；烧结后足够的黏结强度；较窄的"软化-固化"温度范围；良好的废料清除功能。因此，当前烧结用成形主流材料主要分为三大类：高分子及其复合粉末材料、金属粉末材料、陶瓷粉末材料。高分子及其复合粉末材料是现阶段应用最成熟、最广泛的成形材料，金属粉末材料是直接进行工业级成形件制造的重点研究材料，而陶瓷粉末材料则正处于研究起步阶段，正面临黏结剂种类和用量的精准确定、烧结件成形精度差、致密度低等棘手问题，有待进一步探索。

1. 高分子及其复合粉末材料

高分子粉末材料是选择性激光烧结技术的主要原材料之一，材料基本的受热性能和力学性能对成形件的成形工艺影响大。高分子粉末材料分为热塑性和热固性塑料两类，热塑性材料作为激光烧结工艺主要应用材料，又分为全晶、半晶和非晶三种类型。在工程热塑材料中，全晶高分子材料类别少，且结晶过程中晶相变化引起的剧烈应变有损成形件尺寸精度的控制；非晶高分子材料无临界熔点，预热温度难以精准调控。因此，半晶热塑性材料是目前激光烧结的首选材料，主要有以下三大类：

（1）传统工程高分子粉末材料　包括 polypropylene（PP）、polystyrene（PS）、polyethylene（PE）、nylon 12（PA12）、nylon（PA11）、polycarbonate（PC）、polyether ether ketone（PEEK）及其复合材料。

（2）功能高分子粉末材料　如热塑性生物兼容性塑料、polylactic acid（PLA）和 polycaprolactone（PCL），是生物工程领域制作生物支架的首选材料，将其混合生物陶瓷能提升生物支架活性。柔性热塑性高分子粉末材料（thermoplastic polyurethane，TPU）可用于制造可穿戴产品，但 TPU 作为非晶热塑性材料，预热温度控制存在难题。

（3）复合高分子粉末材料　主要由聚合物混合（polymer blends）和纤维强化聚合物（fiber reinforced polymer composite）组成。聚合物混合粉末原则上要选择熔化温度接近的高分子粉末材料，以满足激光烧结预热和温度控制要求。纤维增强型聚合物可根据纤维特性来增强相应薄弱性能，如微米碳纤维、陶瓷和黏土等主要增强高分子材料的力学性能，纳米碳纤维和炭黑主要增强导电性，阻燃材料纤维主要增强阻燃性能。

针对高分子及其复合粉末材料，材料工程师主要从两个方面评估其实用性：一是高分子粉末材料基本性能，主要包括化学性能、热性能和流变性能；二是高分子粉末材料基本特性，粉末态材料所呈现的流动性和光学特性直接影响选择性激光烧结工艺。这两个方面的物性参数对成形件烧结质量的影响规律：化学性能涉及分子链长度、聚合物分散指数和高温降解程度等，这些重要参数将决定某种高分子粉末的可回收利用率；热性能主要决定烧结工艺参数和预热窗口；流变性则主要决定粉末表面张力和熔融状态下材料黏度，主要影响高温和快速扫描后粉末材料融合状态；流动性影响铺粉厚度和铺粉效率；光学特性则影响粉末材料对激光的吸收效率，继而直接影响系统的热能损耗。

2. 金属粉末材料

金属粉末烧结成形已成为热点,可以直接用金属粉末烧结成理想的零件。按金属粉末的成分可分为以下四种类型。

(1) 单一成分金属粉末　目前主要使用的单一金属粉末有 Sn、Zn、Fe 等。选择性激光烧结工艺通常被用在低熔点金属粉末的烧结上,而针对高熔点金属粉末,其对操作环境的要求较高,需要在大功率激光器外加保护气氛下工作,但是所能达到的性能非常单一,无法满足所需的各种性能指标。

(2) 预合金粉末　与单一金属粉末不同,预合金粉末在熔化-凝固的过程中,存在一个固液共存区,欲实现半固态成形,烧结温度需位于固相线与液相线温度之间,称之为超固相线液相烧结。SLS 预合金粉末的研究主要有 Ti-6Al-4V、Cu 基、不锈钢、高碳钢、Ni 基等金属粉末。

(3) 多组元混合金属粉末　其主要成分由两种高、低熔点的金属和其他元素混合而成。熔点较低的金属粉末起相当于黏结剂的作用,熔点较高的金属粉末被用来作为合金的基体。在 SLS 成形过程中,低熔点材料被激光能量熔化,浸润固相,冷却后低熔点的液相凝固后将高熔点的固相黏结在一起。多组元混合金属粉末采用的低熔点材料以 Sn 为主,强度和熔点相对较低,性能较差。提高性能的主要方法为:提高其中低熔点金属的熔点,采用更高熔点的金属来提高合金基体强度。因此,人们越来越多地关注和研究高熔点金属粉末,如表 6-2 所示。

(4) 金属和有机黏结剂的混合粉末　使用此类粉末烧结的方法属于间接烧结法,是利用有机黏结剂得到一定性能的零件。间接法有两种制粉法:第一种是有机黏结剂与金属粉末均匀混合,第二种是有机黏结剂包覆金属粉末,这种方法成本较高,但成形件性能较好。在 SLS 过程中,一般只需使用小功率的激光器就可得到形坯,形坯经过二次处理,最终得到一定强度和组织良好的制件。

表 6-2　多组元混合金属粉末

研究者	成分
Austin 大学 Agarwda 等	Cu-Sn、Ni-Sn 或青铜-锡粉复合材料进行 SLS 成形研究,成功研制出金属零部件
比利时的 Schueren、Boure 等	选用 Fe-Sn、Fe-Cu 混合粉末,Cu-(70Pb-30Sn)粉末进行烧结试验
Kruth 等	用 Fe-Cu 合金粉末成功进行了烧结
南京航空航天大学的张剑峰等	用大功率激光器初步探索 Ni 基合金 16Cr4B4Si(粒度 150 目)、混铜粉(FTD4,粒度 200 目)及其混合粉末,以及 Ni 基 F105(8Cr、4B、4Si50WC)等金属粉末的直接激光烧结

针对金属粉末材料,材料工程师主要从以下几方面评估其实用性:烧结特性、摊铺特性和粉末稳定性。烧结特性包括:

①熔化特性　选择性激光烧结机制为熔化固结或液相烧结,粉末需在激光作用下产生液相来完成产品烧结致密化;

②表面张力　粉末烧结过程有液相生成,良好的表面张力对成形件致密化有积极作用;

③激光能量吸收率　其对提升成形件烧结质量有重要作用;

④摊铺特性　包括粉末流动性、粉末粒度和分布、摊铺密度、粉层厚度;

⑤粉末稳定性　包括物理化学性质稳定和烧结气氛。

3. 陶瓷粉末材料

陶瓷材料具有高强度、高硬度、低密度、耐高温等优异性能,被广泛用于汽车、航空航天、生物等领域。3D 打印所用陶瓷粉末材料主要有 Al_2O_3、SiC、ZrO_2 等,烧结有直接烧结和间接烧结两种。

（1）直接烧结法　在 SLS 过程中,粉末被激光加热,以固相烧结或熔融的方式成形。陶瓷熔点较高、可塑性不好,直接导致了制件的致密度较低、力学性能较差。陶瓷材料在直接激光烧结时液相表面张力较大,在凝固过程中会形成热应力,从而导致微裂纹。目前,此技术还处于初步的研究阶段,尚不成熟,还没有实现商品化。

（2）间接烧结法　目前,对陶瓷材料的烧结主要集中在间接烧结法,即在陶瓷粉末中加入某些低熔点的黏结剂粉末,在 SLS 加热过程中使黏结剂熔化而黏结陶瓷颗粒,再去除黏结剂并通过后处理来提高制件的性能。间接法主要有两大类:一类是陶瓷粉末与黏结剂机械混合均匀,另一类是黏结剂包覆陶瓷粉末烧结。

影响陶瓷粉末烧结质量的关键物性参数与金属粉末大致相似,但鉴于陶瓷粉末自身烧结难度和其选择性激光烧结工艺发展不成熟,烧结用陶瓷粉末对自身物性参数要求更苛刻。针对陶瓷粉末材料,材料工程师应从以下六方面评估其实用性:适当的粉末纯度、粉末组分控制精确、粉末化学成分均匀、适当的粉末粒度、粉末表面形貌和粗细配比、粉末稳定性。

6.5.4　选择性激光烧结成形工艺

选择性激光烧结是激光和粉末材料相互作用的过程,粉体、黏结剂、激光功率、扫描速度、扫描间距、层厚等工艺参数对形坯质量有很大影响,由于篇幅所限,下面以 Al_2O_3 间接成形法作为选择性激光烧结成形工艺代表进行介绍。

1. Al_2O_3 陶瓷粉末激光烧结成形机理

陶瓷材料的烧结温度很高,很难用激光直接烧结。目前,较为普遍的是采用间接成形的方法,将难熔的高熔点陶瓷颗粒包覆或混合低熔点高分子黏结剂,激光熔化黏结剂以烧结各个层,从而制出陶瓷生坯。添加高分子黏结剂的陶瓷粉末在激光烧结成形时,激光作用在粉末上的能量主要对作为黏结剂的环氧树脂起作用,而陶瓷颗粒并不发生任何变化。激光作用在粉末上时,粉末吸收热量,温度逐渐升高,当温度达到玻璃化温度时,环氧树脂从常温下的玻璃态变为柔软而富有弹性的高弹态,当温度超过熔融温度时,变为液相的黏流态。温度升高,熔体的黏度下降,但其流动性增加,容易与其周围的金属颗粒接触,冷却后固化,黏结在一起。激光烧结成形后的形坯,主要通过黏结力把粉末黏结在一起,黏结力的大小由内聚力和黏附力所决定。内聚力是指高分子黏结剂本身分子之间的作用力,即环氧树脂的强度。黏附力是环氧树脂与陶瓷颗粒之间的作用力,即环氧树脂黏附在金属颗粒表面上的力。图 6-35 为陶瓷粉末间接成形法激光烧结原理示意图。

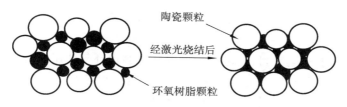

图 6-35　陶瓷粉末间接成形法激光烧结原理示意图

2. Al₂O₃陶瓷粉末激光烧结成形工艺

1）Al₂O₃粉体的确定

SLS 粉末体系中的 Al₂O₃ 粉末性能对陶瓷件的性能有决定性的影响,确定 Al₂O₃ 粉末应遵循以下两个原则:材料的制品有较好的强度、硬度和耐摩擦性等力学性能;价格低廉、来源广泛,最好是市面上可以直接购买的粉末材料,无须购买制粉设备来加工粉末,降低开发成本。研究表明,粉末材料的粒度也不宜过大或过小,粒径一般要求在 $50\sim150~\mu m$,对于 SLS 零件可以获得良好的表面质量和力学性能。

2）黏结剂的确定

根据 SLS 材料,激光烧结成形规定两个成形质量指标:一是原型件的精度;二是原型件的强度。这也是衡量黏结剂好坏的重要指标。华中科技大学史玉升等人根据目前陶瓷 SLS 成形常用黏结剂,对无机黏结剂 $NH_4H_2PO_4$、B_2O_3 和金属 Al 粉,以及有机黏结剂环氧树脂等进行了相关的实验研究,研究结果如表 6-3 所示,可见环氧树脂可以作为 Al₂O₃ 的 SLS 成形的黏结剂,从而制得高精度的形坯。

表 6-3　采用不同黏结剂成形的原型件质量对比

黏结剂种类	质量分数	成形精度	成形强度
$NH_4H_2PO_4$	$5\%\sim20\%$	无法成形,单层无黏结	无
B_2O_3	$5\%\sim20\%$	无法成形,单层无黏结	无
Al	$5\%\sim10\%$	无法成形	无
	$15\%\sim20\%$	勉强可以成形,精度差,容易翘曲、拖动	很低
环氧树脂 E06	$5\%\sim20\%$	成形性好,成形尺寸保持好,无明显翘曲,表面精度高	强度较高,随环氧树脂含量增加呈递增趋势

3）粉末材料的制备

首先将作为黏结剂的环氧树脂粉碎至 $50~\mu m$ 以内;然后将待烧结的陶瓷粉末与粉碎后的黏结剂加入到球磨机中,其中陶瓷粉末的粒度为 $140\sim180$ 目,与黏结剂的质量比为 $100:8$,混料球与原料粉末的体积比为 $1:3$ 左右,在球磨机中大约混合 2 h,粉末混合均匀即可取出使用。如粉末需要长期使用,最好对粉末进行真空包装。采用该方法制备的陶瓷粉末烧结性能好,黏结强度高,成形精度高,而且还具有制作工艺简单、加工周期短、成本低、环保等特点。

4）SLS 成形工艺

（1）切片　采样过程是从高度方向上按照一定的厚度逐层切片、生成一系列离散的二维片层信息的过程。沿模型高度方向切片时,切片厚度过大则会忽略局部细微特征;反之,将延长加工时间,使生产效率降低。实际加工零件时,切片厚度通常在 $0.1\sim0.3$ mm 范围内取值。

（2）粉体预热温度　E06 的玻璃化温度为 77 ℃,因此,工作面预热温度应该接近该温度而不能超过该温度,否则,粉体会全部黏结,影响零件精度。对于 E06 来说,一般预热温度为 $55\sim65$ ℃。

（3）激光功率　激光功率过高,激光瞬间的能量会使环氧树脂燃烧,使其失去黏结作用。反之,激光功率过低,不能使环氧树脂软化,粉末不能充分黏结在一起,使得形坯强度不足。需要注意的是,激光功率应根据环境温度进行适当的调整。

（4）扫描速度　扫描速度减小时,激光入射能量密度增加,扫描点附近区域材料吸收的能量密度也相应增加,这将增大熔化区域的宽度和熔化深度。但熔化区域的宽度和熔化深度对扫描间距和层厚的影响很大,所以扫描速度需要和扫描间距和层厚两个参数相配合。

(5)扫描间距　当激光器的光斑直径为 0.12 mm 时,可以选择扫描间距为 0.1 mm,这样既可以使两相邻的扫描线之间有一微小的重叠,而不至于相邻扫描线在选择区单层中产生黏结分界现象,使选择区单层的黏结具有整体性,又可以使扫描区产生的温度场对其周围区域影响不会太大,保证形坯的尺寸精度。

(6)层厚　激光能量密度的分布在厚度方向上是不断减小的,因此激光烧结的层厚很有限。过大的层厚将导致层与层之间黏结不牢靠,使形坯分层或高度方向上的强度减小。而过小的层厚会导致部分已烧结的粉末重新烧结,增加环氧树脂的烧损,也不利于强度的增加。

(7)光斑直径　在用激光束烧结粉末时,成形件的轮廓线和光斑中心的扫描轨迹之间有一个偏差,即零件外轮廓有尺寸增大的现象。另外,光斑还会造成成形件的尖角变圆,影响成形件的形状精度。

5)清粉

烧结完成后需要对坯体进行清理,首先是清理未烧结的粉末,然后再清理坯体上的粉末。清理坯体上的粉体可以用毛刷、压缩机、气枪、吸尘器等工具或设备。这种方法也可以用于规则形状的沟、槽或者凹进去的边角。

6)浸渗处理

为了保证坯体的尺寸精度,需要在脱脂前进行浸渗处理,以增强颗粒之间的结合力,提高强度,防止溃散。一种可靠的浸渗剂应该能够完全地浸渗到坯体的孔隙中,对孔隙结构具有良好的流动性、润湿性和黏结性,而且有利于陶瓷的高温烧结。因此浸渗剂应该具有以下特点:在室温下是液态,但是在一定的条件下又能够转变为固态,且转变是不可逆的;应该具有较低的黏度和对陶瓷具有较高的润湿性,以至于可以浸渗到烧结实体中填充其孔隙;耐温性好,能够在 Al_2O_3 陶瓷高温烧结时起到促进烧结的作用,或者不引入杂质成分。研究表明,用硅溶胶浸渗 Al_2O_3 陶瓷作用最好。

7)降解脱脂

脱脂的目的是除去坯体中的黏结剂(环氧树脂),为高温烧结做准备。环氧树脂降解后会留下孔洞,孔洞的多少与坯体中环氧树脂的含量有关,高温烧结时,陶瓷颗粒间会相互连接形成骨架,孔洞将变成与表面连通的孔隙。为增加强度,可通过二次浸渗填充这些孔隙。因此,必须在降解过程中完全除去环氧树脂。如果有环氧树脂降解不完全,残留的树脂就成为烧结件的杂质,将降低烧结件强度,影响烧结件的力学性能。

8)高温烧结

坯体在降解脱脂后,强度还很低,需要进一步高温烧结以提高零件的强度和密度。烧结是使材料获得预期的显微结构,赋予材料各种性能的关键工序。坯体高温烧结时,随着温度的上升和时间的延长,陶瓷颗粒之间开始接触形成烧结颈,在体积扩散机制、表面扩散机制、蒸发凝聚机制、晶界扩散机制联合作用下,烧结颈开始长大,而后经历连通孔洞闭合、孔洞圆化、孔洞收缩和致密化、孔洞粗化、晶粒长大等一系列过程后,烧结体成为多孔组织。烧结体强度和密度与烧结工艺有关。

6.5.5　选择性激光烧结成形应用案例

选择性激光烧结成形技术由于具有成形材料选择范围宽、应用领域广的突出优点,得到了迅速的发展,正受到越来越多的重视。它的应用已从单一的模型制作向快速模具制造(rapid tooling,RT)及快速铸造(quick casting,QC)等多用途方向发展。其应用领域涉及航空航天、机械、汽车、电子、建筑、医疗及美术等行业。目前,SLS 技术的应用主要包括以下几个方面。

1. 快速原型制造

利用快速成形方法可以方便、快捷地制造出所需要的原型,主要是塑料(PS、PA、ABS 等)原型。它在新产品的开发中具有十分重要的作用。通过原型,设计者可以很快地评估设计的合理性、可行性,并充分表达其构想,使设计的评估及修改在极短的时间内完成。因此,可以显著缩短产品开发周期,降低开发成本。

2. 快速模具制造

利用 SLS 技术制造模具有直接法和间接法两种。直接制模是用 SLS 工艺方法直接制造出树脂模、陶瓷模和金属模具;间接制模则是用快速成形件做母模或过渡模具,再通过传统的模具制造方法来制造模具。

3. 快速铸造

铸造是制造业中常用的方法。在铸造生产中,模板、芯盒、蜡模、压模等一般都是机加工和手工完成的,不仅加工周期长、费用高,而且精度不易保证。对于一些形状复杂的铸件,模具的制造一直是个难题,快速成形技术为实现铸造的短周期、多品种、低费用、高精度提供了一条捷径。

图 6-36 至图 6-42 所示为 SLS 技术的应用案例。

 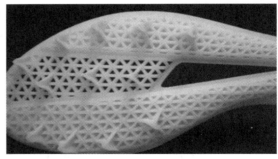

图 6-36　SLS 技术制造的跑鞋鞋底

图 6-37　SLS 技术制造的锡合金模具　　　　　　　图 6-38　SLS 技术制造的陶瓷零件

图 6-39　SLS 技术制造的无人机

图 6-40　SLS 技术制造的衣服

图 6-41　SLS 技术制造的蜡型

图 6-42　SLS 技术制造的工艺品

6.6　其他快速成形技术

6.6.1　三维印刷成形法

　　三维印刷(three dimensional printing,3DP)也被称为黏合喷射(binder jetting)、喷墨粉末打印(inkjet powder printing)。从工作方式来看,三维印刷与传统二维喷墨打印最接近。与SLS 工艺一样,3DP 也是通过将粉末黏结成整体来制作零部件,不同之处在于,它不是通过激光熔融的方式黏结,而是通过喷头喷出的黏结剂实现黏结。3DP 工作原理如图 6-43 所示,首先设备会把工作槽中的粉末铺平,接着喷头会按照指定的路径将液态黏结剂(如硅胶)喷射在预先粉层上的指定区域中,此后不断重复上述步骤直到工件完全成形,再除去模型上多余的粉末材料即可。3DP 技术成形速度非常快,适用于制造结构复杂的工件,也适用于制作复合材料或非均匀材质材料的零件。

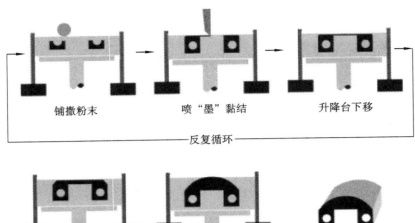

铺撒粉末　　　　喷"墨"黏结　　　　升降台下移

——反复循环——

打印中　　　　最后一层　　　　打印成形

图 6-43　3DP 工作原理

6.6.2　聚合物喷射技术

聚合物喷射(polyjet,PJ)技术是以色列 Objet 公司于 2000 年初推出的专利技术,也是当前最为先进的 3D 打印技术之一,它的成形原理与 3DP 有点类似,不过喷射的不是黏结剂而是聚合成形材料,如图 6-44 所示为 PJ 系统的结构。

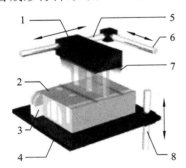

图 6-44　PJ 系统的结构

1—喷头　2—成形材料　3—支撑材料
4—工作台　5—X 轴导轨　6—Y 轴导轨
7—紫外光灯　8—Z 轴导轨

PJ 技术的工作原理与喷墨打印机的十分类似,不同的是喷头喷射的不是墨水而是光敏聚合物。当光敏聚合材料被喷射到工作台上后,紫外光灯将沿着喷头工作的方向发射出紫外光对光敏聚合材料进行固化。完成一层的喷射打印和固化后,设备内置的工作台会极其精准地下降一个成形层厚,喷头继续喷射光敏聚合材料进行下一层的打印和固化。就这样一层接一层,直到整个工件打印制作完成。工件成形的过程中将使用两种不同类型的光敏树脂材料,一种是用来生成实际的模型的材料,另一种是类似胶状的用来作为支撑的树脂材料。支撑材料被精确控制地添加到复杂成形结构模型的所需位置,例如一些悬空、凹槽、复杂细节和薄壁等结构。当完成整个打印成形过程后,只需要使用水枪就可以十分容易地把这些支撑材料去除,而最后留下的是拥有整洁光滑表面的成形工件。

6.6.3　直接金属激光烧结技术

通过使用高能量的激光束再由 3D 模型数据控制来局部熔化金属基体,同时烧结固化粉末金属材料并自动地层层堆叠,以生成致密的几何形状的实体零件。这种零件制造工艺被称为直接金属激光烧结技术(direct metal laser-sintering，DMLS)。通过选用不同的烧结材料和调节工艺参数，可以生成性能差异变化很大的零件，从具有多孔性的透气钢，到耐腐蚀的不锈钢再到组织致密的模具钢。这种离散法制造技术甚至能够直接制造出非常复杂的零件，避免了采用铣削和放电加工，为设计提供了更大的自由度。

早些年只有相对软的材料适用这种技术，而随着技术的不断进步，适用领域也扩展到了塑料、金属压铸和冲压等各种量产模具。应用这项技术的优点不仅是周期短，而且使模具设计师能够把心思集中于建构最佳的几何造型，而不用考虑加工的可行性。结合 CAD 和 CAE 技术可以制造出任意冷却水路的模具结构。

DMLS 技术由德国 EOS 公司开发，与 SLS 和 SLM 技术原理非常类似。EOS 公司出品的 EOSINT M 系列机型能打印铝合金、钴铬合金、钛合金、镍合金和钢。

6.6.4　电子束自由成形技术

电子束自由成形(electron beam freeform fabrication，EBF)是一种采用电子束作为热源，利用离轴金属丝建造零件的工艺。采用该工艺制造的近净成形零件需要通过减材工艺进行后续的精加工。如图 6-45 所示，在真空环境中，高能量密度的电子束轰击金属表面形成熔池，金属丝材通过送丝装置送入熔池并熔化，同时熔池按照预先规划的路径运动，金属材料逐层凝固堆积，形成致密的冶金结合，直至制造出金属零件或毛坯。该工艺最初为美国 NASA 兰利研究中心开发，主要用于航空航天领域。EBF 工艺可替代锻造技术，大幅降低成本和缩短交付周期。它不仅能用于低成本制造和飞机结构件设计，也为宇航员在国际空间站或月球表面加工备用结构件和新型工具提供了一种便捷的途径。EBF 技术可以直接成形铝、镍、钛或不锈钢等金属材料，而且可将两种材料混合在一起，或将一种材料嵌入另一种，例如将一部分光纤玻璃嵌入铝制件中，从而使传感器的区域安装成为可能。

6.6.5　电子束熔化成形

电子束熔化(electron beam melting，EBM)技术是快速成形技术的主要方向之一。目前世界上仅有瑞典的 Arcam AB 公司可提供商业化设备。其工作原理如图 6-46 所示，主要是利用金属粉末在电子束轰击下熔化的原理，先在铺粉平面上铺展一层粉末并压实；然后，电子束在计算机的控制下按照轮廓截面信息进行有选择的烧结，金属粉末在电子束的轰击下烧结在一起，并与下面已成形的部分黏结，层层堆积，直至整个零件全部烧结完成；最后去除多余粉末便得到想要的零件。EBM 技术采用金属粉末为原材料，其应用范围相当广泛，尤其在难熔、难加工材料方面有突出用途，包括钛合金、钛基金属间化合物、不锈钢、钴铬合金、镍合金等，其制品能实现高度复杂性并达到较高的力学性能。此技术可用于航空飞行器及发动机多联叶片、机匣、散热器、支座、吊耳等结构的制造。

6.6.6　数字光处理技术

在数字光处理(digital light procession，DLP)技术中，大桶的液体聚合物被暴露在数字光处理投影机的安全灯环境下，暴露的液体聚合物快速变硬，然后设备的构建盘以较小的增量向

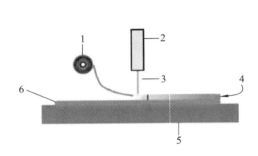

图 6-45　EBF 技术原理

1—送丝系统　2—电子束枪　3—电子束
4—沉积物　5—定位系统　6—基底

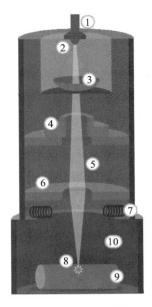

图 6-46　EBM 技术原理

1—高压线　2—炽热阴极　3—放射杯
4—前置阳极　5—电子束　6—聚焦线圈
7—偏转线圈　8—焊缝　9—工作台　10—真空室

下移动,液体聚合物再次暴露在光线下。这个过程不断重复,直到模型建成,最后排出桶中的液体聚合物,留下实体模型。采用 DLP 技术的代表设备是德国 EnvisionTec 公司的 Ultra 3D 打印数字光处理快速成形系统。

DLP 技术和 SLA 技术比较相似,也是采用光敏树脂作为打印材料,不同的是 SLA 的光线是聚成一点在面上移动,而 DLP 是在打印平台的顶部放置一台高分辨率的数字光处理器投影仪,将光打在一个面上来固化液态聚合物,逐层地进行光固化,因此比同类型的 SLA 的速度更快。DLP 的应用非常广泛,最近几年该技术放入 3D 打印中,利用机器上的紫外光(白光灯)照出一个截面的图像,把液态的光敏树脂固化。该技术成形精度高,在材料属性、细节和表面光洁度方面可匹敌注塑成形的耐用塑料部件。

复习思考题

6-1　简述快速成形技术的原理。

6-2　简述快速成形技术的特点。

6-3　快速成形技术的发展趋势是什么?

6-4　简述光固化成形技术原理。

6-5　光敏树脂的固化机理是什么?

6-6　光敏树脂的设计准则有哪些?

6-7　影响光固化成形精度的因素有哪些? 如何提高光固化成形的精度?

6-8　简述分层实体成形技术原理。

6-9　简述分层实体成形技术基体材料的特性要求。

6-10　分层实体成形的优缺点有哪些?

6-11　影响分层实体成形精度的因素有哪些?

6-12　简述熔丝沉积法的成形原理。

6-13　简述熔丝沉积法对材料的要求。

6-14　影响熔丝沉积成形精度的因素有哪些? 如何提高熔丝沉积成形的精度?

6-15　简述选择性激光烧结技术的原理。

6-16　简述选择性激光烧结技术对粉体材料的特性要求。

6-17　选择性激光烧结技术的成形机理是什么?

6-18　简述 Al_2O_3 陶瓷粉末激光烧结成形工艺的基本步骤。

参 考 文 献

[1] 邓文英.金属工艺学[M].4 版.北京:高等教育出版社,2000.

[2] 沈其文.材料成形工艺基础[M].3 版.武汉:华中科技大学出版社,2003.

[3] 童幸生.材料成形技术基础[M].北京:机械工业出版社,2006.

[4] 鄂大辛.成形工艺与模具设计[M].北京:北京理工大学出版社,2007.

[5] 张士宏,程明,宋鸿武,等.塑性加工先进技术[M].北京:科学出版社,2012.

[6] 王忠堂,夏鸿雁.无模成形理论与应用[M].北京:国防工业出版社,2015.

[7] 唐颂超.高分子材料成型加工[M].3 版.北京:中国轻工业出版社,2013.

[8] 朱海.先进陶瓷成型及加工技术[M].北京:化学工业出版社,2016.

[9] 黄家康.复合材料成型新技术及应用[M].北京:化学工业出版社,2011.

[10] 刘伟,李飞,姚鹤鸣.焊接机器人操作编程及应用[M].北京:机械工业出版社, 2016.

[11] 兰虎.焊接机器人编程及应用[M].北京:机械工业出版社,2013.

[12] 王运赣,王宣,孙健.三维打印自由成形[M].北京:机械工业出版社,2012.

[13] 王运赣.快速成形技术[M].武汉:华中理工大学出版社,1999.

[14] 郭戈,颜旭涛,唐果林.快速成形技术[M].北京:化学工业出版社,2005.

[15] 莫健华.液态树脂光固化增材制造技术[M].武汉:华中科技大学出版社,2013.

[16] 杨继全,徐国财.快速成形技术[M].北京:化学工业出版社,2006.

[17] 莫健华.快速成形及快速制模[M].北京:电子工业出版社,2006.

[18] 范春华,赵剑锋,董丽华.快速成形技术及其应用[M].北京:电子工业出版社, 2009.

[19] 史玉升,刘锦辉,闫春泽,等.粉末材料选择性激光快速成形技术及应用[M].北京:科学出版社,2012.